U0231018

高职高专土建类专业教材编审委员会

"十二五"职业教育国家规划教材
经全国职业教育教材审定委员会审定

建筑制图与CAD

第三版

吴慕辉 · 主编

黄　浦　郑威华　曹兴亮 · 副主编

 化学工业出版社

· 北 京 ·

内 容 提 要

本书主要分为基础知识模块、CAD绘图模块、专业知识模块和BIM应用模块。

基础知识模块采用理论知识与绘图实例相结合的授课方式，实例紧扣知识点讲解，边讲解边举例，多方位循序渐进启迪学生的空间想象力和识图、绘图能力。

CAD绘图模块采用任务驱动教学法，将教学内容中的知识点、操作技能和方法融入到每个任务中，提高学生的CAD绘图能力。

专业知识模块采用"理论＋案例"教学，融专业制图知识与计算机绘图内容于一体，建立以建筑制图知识与计算机绘图内容同步进行的教学体系。

BIM应用模块采用理论知识与实际操作相结合的教学方法，以典型工作任务为载体，讲解如何将CAD绘制的图形导入BIM类软件，完成建筑的基本建模。

通过本课程的学习，培养学生的看图能力、空间想象能力、空间构思能力和徒手绘图、尺规绘图、计算机绘图的能力，为学生今后持续、创造性学习奠定基础。

本书配套有重要知识点讲解的微课视频、动画、图片等资源，可通过扫描二维码获取。为强化教学，另编有《建筑制图与CAD习题集》，可配套使用。

本书可作为高职高专、成人教育建筑工程技术等土建施工类、建筑装饰工程技术等建筑设计类、工程管理类、城乡规划与管理类等专业及相关专业的教材，也可作为相关企业岗位培训和工程技术人员参考用书。

图书在版编目（CIP）数据

建筑制图与CAD/吴慕辉主编. —3版. —北京：化学工业出版社，2020.8 （2023.4重印）
"十二五"职业教育国家规划教材　经全国职业教育教材审定委员会审定
ISBN 978-7-122-36737-2

Ⅰ. ①建… Ⅱ. ①吴… Ⅲ. ①建筑制图-计算机辅助设计-AutoCAD软件-高等职业教育-教材 Ⅳ. ①TU204

中国版本图书馆CIP数据核字（2020）第077119号

责任编辑：李仙华　　　　　　　　　　　　　装帧设计：关　飞
责任校对：边　涛

出版发行：化学工业出版社（北京市东城区青年湖南街13号　　邮政编码100011）
印　　装：三河市延风印装有限公司
787mm×1092mm　1/16　印张18½　字数477千字　2023年4月北京第3版第5次印刷

购书咨询：010-64518888　　　　　　　　　　售后服务：010-64518899
网　　址：http://www.cip.com.cn
凡购买本书，如有缺损质量问题，本社销售中心负责调换。

定　　价：49.00元

前　言

本书为校企合作编写的教材，第二版入选"十二五"职业教育国家规划教材，2018年荣获第八届湖北省高等学校教学成果奖；第一版荣获2010年中国石油和化学工业优秀教材奖，2013年荣获第七届湖北省高等学校教学成果奖。本书同时也是湖北省高等学校教学研究项目，是湖北省级教学团队的研究成果。

本书以职业教育国家教学标准为基本遵循原则，针对高等职业教育的教学特点，将职业技能等级标准和行业标准有关内容及要求有机融入教材内容。引入真实生产项目为案例，全面介绍了一栋建筑物的识图、绘图及建模的步骤和方法，把基于工作过程的课程体系作为一条主线贯穿于整个教学过程中。注重对学生专业知识的传授和操作技能的培养，实现知识学习、能力训练与专业实践的有效结合。

本次修订在继承第二版的特色和基本构架的基础上，结合编者近几年的教学实践和教改成果，作了以下修改：

（1）更新 Auto CAD 版本，采用最新颁布的国家制图标准和行业标准。

（2）将建筑行业的前沿技术 BIM 技术纳入教材内容。

增加学习单元十三"BIM 技术入门与三维建模"，以典型工作任务为载体，讲解、演示在 Revit 环境中，导入 CAD 文件或链接 CAD 文件，完成 CAD 二维图形向 BIM 三维模型的基本创建。

（3）开发信息化资源：进一步完善多媒体电子教案，增加能力训练答案和配套的习题集答案，增加重要知识点讲解微课视频、动画、图片的二维码链接。

本书的修订工作由湖北第二师范学院吴慕辉、黄浦、姚志刚，中信建筑设计研究总院有限公司郑威华，太原学院曹兴亮，中国地震应急搜救中心李静完成。增加的学习单元十三由黄浦编写，全书由吴慕辉、郑威华统稿。

本书同时提供有电子课件、能力训练答案以及配套的习题集答案，可登录 www.cipedu.com.cn 免费获取。本书还配套有《建筑制图与 CAD 习题集》，也做了相应的修改。

由于时间仓促，书中难免存在不足之处，恳请广大读者批评指正。

编　者

第一版前言

目前适用于高职高专的建筑制图与 CAD 教材并不多，且建筑制图与 Auto CAD 一般割裂为两门课，建筑制图显得理论性过强，不能适应工程实际的需要；Auto CAD 对建筑专业的学生针对性不强。因此，编写一本适用于建筑类高职高专院校的建筑制图与 CAD 教材是课程建设的首要任务。基于高职院校培养既懂理论又能动手的人才，结合目前建筑行业的发展动态，适应社会的需要，我们对课程内容进行了合并与调整，结合高职高专院校教学培养目标和学生特点，综合编写了本教材。

本书主要内容包括制图的基本知识，投影作图，专业制图和计算机绘图等。融制图知识与计算机绘图内容于一体，将理论教学和实践练习紧密结合，培养学生的看图能力、空间想象能力、空间构思能力和徒手绘图、尺规绘图、计算机绘图的能力。为便于教学，另编有《建筑制图与 CAD 习题集》，可配套使用。在教学过程中建议老师将讲授和练习紧密结合，使理论教学与实践教学相辅相成，互相补充，穿插进行。通过尺规作图、习题集作业、思考与练习、房屋建筑的测绘、建筑制图的大作业、Auto CAD 的上机练习等，使学生的理论知识和实践技能得以融会贯通，成为社会需要，企业需要，能力强、素质高的应用型人才。本书同时提供有电子教案，可发信到 cipedu@163.com 邮箱免费获取。

本书由吴慕辉主编，姚志刚、李保霞副主编，李静、叶琨、曹兴亮等也参加了编写。编写分工如下：吴慕辉（湖北第二师范学院）编写绪论、第十二章；李静（河南工程学院）编写第一、六、七章；李保霞（鹤壁职业技术学院）编写第二、三章；叶琨（随州职业技术学院）编写第四、五章；姚志刚（湖北第二师范学院）编写第八、九章；曹兴亮（太原大学）编写第十、十一章。

本书编写过程中，参阅了有关文献资料，在此对这些文献作者表示衷心的感谢！装饰施工图由湖北第二师范学院毕业生郭丽青提供（武汉市家装设计比赛获奖作品），在此表示衷心的感谢。

由于时间仓促，编者水平有限，书中难免有不妥之处，恳请大家批评指正。

编　者
2009 年 5 月

本书是湖北省高等学校教学研究项目，是湖北第二师范学院优秀教师教学团队研究成果，也是湖北第二师范学院精品课程。

本书曾荣获 2010 年中国石油和化学工业优秀教材奖，荣获 2013 年湖北省第七届高等学校教学成果奖。2014 年本教材入选"十二五"职业教育国家规划教材。

本书的特点是：基于高职院校培养既懂理论又能动手的应用型人才培养目标，教材对传统的教学体系进行了改革，对传统的教学内容进行了重组，把传统画法几何中理论性强、难度较大且在后续课程中作用不大的内容进行了删减。保留了传统教材中为制图服务的经典内容，嵌入了与科技发展密切相关的现代建筑工程实例及用计算机绘制建筑工程图的方法。把现代化绘图手段——CAD 绘图作为重点内容之一加以强化，拓展了用 CAD 绘制建筑施工图、结构施工图、装饰施工图等内容。将制图知识与 CAD 有机结合，建立了以建筑制图知识与计算机绘图内容同步进行的教学体系。教材在举例中引入最新的工程实例，让学生能够在学习制图的同时，潜移默化地接触专业知识，强调对学生专业知识的传授和操作技能的培养，突出应用性，兼顾基础性、前沿性和创新性，彰显"做中学、做中教"的职业教育教学特点。

本次修订在继承第一版特色和基本构架的基础上作了以下修改：

1. 更新 Auto CAD 版本，采用最新颁布的国家制图标准和行业标准。

2. 第十一章结构施工图中增加了梁、柱、板的平面整体表示法。

3. 全面校正和改进了第一版中的不足之处。

本书的修订工作由湖北第二师范学院吴慕辉、姚志刚，中信建筑设计研究总院有限公司郑威华，太原学院曹兴亮，鹤壁职业技术学院李保霞，河南工程学院李静，随州职业技术学院叶琨完成，并由吴慕辉统稿。

本书同时提供电子教案，可发信到 cipedu@163.com 邮箱免费获取。

与本书配套的《建筑制图与 CAD 习题集》也做了相应的修改。

书中不妥和疏漏之处，恳请大家批评指正。

编　者
2014 年 4 月

目录

模块一 基础知识 / 2

学习单元一 制图的基本知识 / 3

学习单元二 正投影原理 / 27

学习单元三　立体的投影 / 54

学习单元四　立体的截切与相贯 / 62

学习单元五　轴测投影 / 82

学习单元六　组合体视图 / 95

学习单元七　建筑形体的表达方法 / 115

模块二　CAD 绘图 / 134

学习单元八　计算机绘图的基本知识与操作 / 135

学习单元九　基本绘图命令与编辑方法 / 146

模块三　专业知识 / 177

学习单元十　建筑施工图 / 178

学习单元十一　结构施工图 / 218

学习单元十二　装饰施工图 / 245

模块四　BIM 应用 / 266

学习单元十三　BIM 技术入门与三维建模 / 267

参考文献 / 284

资源目录

绪 论

❖ **课程的性质和任务**

"建筑制图与 CAD"是一门理论与实践结合密切的专业基础课,它是研究绘制和阅读工程图样的一门学科。工程图样是"工程界的共同语言",是指导生产、施工管理和技术交流的重要文件。

本课程的主要目的是培养学生表达、阅读和绘制工程图样的能力。主要任务如下:

(1) 学习正投影法的基本理论及其应用。

(2) 学习建筑制图相关标准的规定及房屋建筑制图统一标准的相关规定。

(3) 培养学生徒手绘图、尺规绘图和计算机绘图的能力。

(4) 培养学生的看图能力、空间想象能力、空间构思能力和分析问题、解决问题的能力以及创造能力。

(5) 培养学生认真负责的工作态度和严谨求实、一丝不苟的工作作风。

(6) 培养学生的工程意识、实践动手能力及创新能力。

❖ **课程的内容和要求**

本课程包括制图的基本知识、投影作图、专业制图、计算机绘图和 BIM 应用等内容。制图的基本知识部分介绍了国家制图标准的相关规定及绘图工具和仪器的使用方法。投影作图部分介绍了用正投影法图示空间形体和图解几何问题的基本理论和方法。专业制图和计算机绘图部分介绍了 Auto CAD 的基本使用方法,讲解了 Auto CAD 的行业应用,引入了与科技发展密切相关的现代建筑工程实例及用计算机绘制建筑工程图的方法。把现代化绘图手段——CAD 绘图作为重点内容之一加以强化,拓展了用 CAD 绘制建筑施工图、结构施工图、装饰施工图等内容,增加了建立在 CAD 平台基础之上的 BIM 建模软件操作,实现二维图纸向三维模型的转化。创建了以建筑专业制图知识与计算机绘图内容同步进行的教学体系。通过学习应达到以下要求:

(1) 掌握正投影法的基本理论和作图方法。

(2) 掌握建筑制图相关标准的规定及房屋建筑制图统一标准的相关规定。

(3) 能正确运用绘图工具和仪器,绘制符合国家制图标准和行业标准的建筑工程图样。

(4) 能正确阅读建筑工程图样且具备一定的图示、图解能力。

❖ **课程的特点和学习方法**

(1) 本课程实践性较强,在学习时,要认真听讲,及时复习,按时完成作业。还要注意看图和画图相结合,物体与图样相结合,要多看、多画、培养空间想象能力。并要通过大量的练习来提高绘图速度。

(2) 准备一套合乎要求的绘图工具和仪器,如圆规、三角板、铅笔(H 或 2H、HB、B 或 2B)、橡皮、擦图片等,按照正确的方法和步骤画图。

(3) 学习计算机绘图时,要勤于动手,听、练结合。按照老师讲授的方法和技巧,利用快捷键命令,双手配合,提高计算机绘图的速度,培养使用绘图软件的能力。

模块一
基础知识

学习单元一　制图的基本知识

教学提示

　　本学习单元主要介绍国家制图标准中关于图幅、比例、字体、线型的规定，正确使用绘图工具和仪器作图，尺寸标注的有关规定，常用的几何作图方法，平面图形的分析与画法等。

教学要求

　　要求学生掌握图线的画法，图线的正确交接，尺寸标注的有关规定，常用的几何作图方法，平面图形的分析与画法等。

1.1　制图标准的有关规定

　　图样是工程界的共同语言，是施工的依据。为了使工程图表达统一，图面清晰简明，有利于提高制图效率，保证图面质量，符合设计、施工、存档的要求，又便于技术交流，制图标准中对图幅大小、图样的画法、图线的线型线宽、图上尺寸的标注、图例以及字体等都有统一的规定。

　　本书是在《房屋建筑制图统一标准》（GB/T 50001—2017）、《总图制图标准》（GB/T 50103—2010）、《建筑制图标准》（GB/T 50104—2010）、《建筑结构制图标准》（GB/T 50105—2010）、《建筑给水排水制图标准》（GB/T 50106—2010）和《暖通空调制图标准》（GB/T 50114—2010）、国家建筑标准设计图集《混凝土结构施工图平面整体表示方法制图规则和构造详图（现浇混凝土框架、剪力墙、梁、板）》(16G101-1) 和《房屋建筑室内装饰装修制图标准》(JGJ/T 244—2011) 等标准的基础上进行编写的。其中代号"GB"是汉字"国家标准"缩写语"国标"的汉语拼音字头；"T"是汉语"推荐"的缩写语的汉语拼音字头；"GB/T"是"国标/推"的汉语拼音字头。例如：GB/T 50001—2017，其中 50001 为标准编号，2017 为标准颁布年代。

1.1.1　图幅及格式

1.1.1.1　图纸幅面尺寸

　　图纸幅面简称图幅，指图纸宽度与长度组成的图面。目的是便于装订和管理。图幅的大小，图幅与图框线之间的关系，应符合表 1-1 的规定及图 1-1 的格式要求和图 1-2 的格式要求。

表 1-1　幅面及图框尺寸　　　　　　　　　　　　　　　　单位：mm

尺寸代号	幅面代号				
	A0	A1	A2	A3	A4
$b \times l$	841×1189	594×841	420×594	297×420	210×297
c	10			5	
a	25				

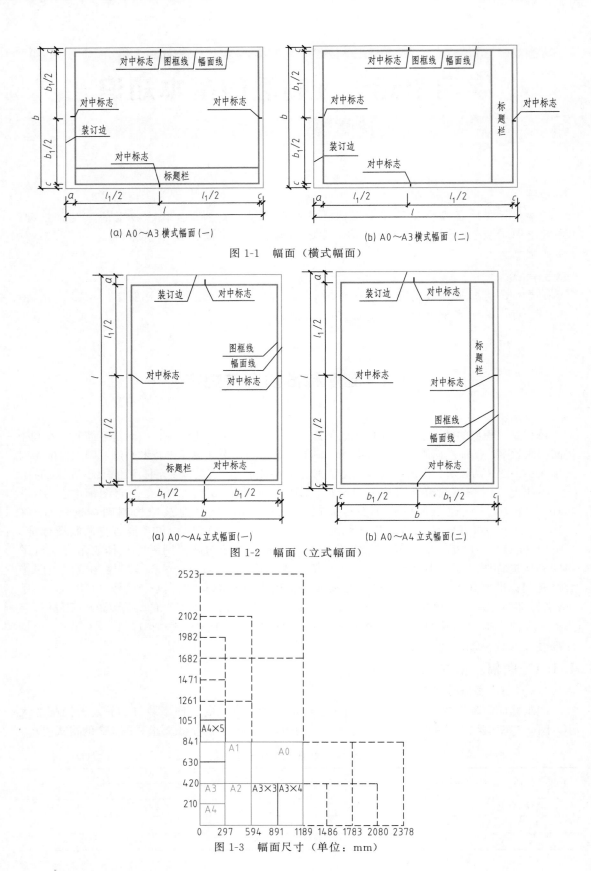

(a) A0~A3 横式幅面(一)　　　　　　　(b) A0~A3 横式幅面（二）

图 1-1　幅面（横式幅面）

(a) A0~A4 立式幅面(一)　　　　　　　(b) A0~A4 立式幅面(二)

图 1-2　幅面（立式幅面）

图 1-3　幅面尺寸（单位：mm）

幅面的长边与短边的比例为 $l:b=\sqrt{2}$，A0 号图幅的面积为 $1m^2$。A1 号幅面是 A0 号幅面的对折，A2 号幅面是 A1 号幅面的对折，其他幅面以此类推，如图 1-3 所示。需要缩微复制的图纸，其一个边上应附有一段准确米制尺度，四个边上均应附有对中标志，米制尺度的总长应为 100mm，分格应为 10mm。对中标志应画在各边长的中点处，线宽应为 0.35mm，伸入框内应为 5mm。

对中标志作用：图样复制和缩微摄影时定位方便。

同一项工程的图纸，一般不宜多于两种幅面。图纸以短边作为垂直边称为横式，以短边作为水平边称为立式。一般 A0～A3 图纸宜横式使用；必要时，也可立式使用。

绘图时，图纸的短边一般不应加长，长边可以加长，但应符合表 1-2 的规定。

表 1-2　图纸长边加长尺寸　　　　　　　　　　　　　单位：mm

幅面尺寸	长边尺寸	长边加长后尺寸
A0	1189	1486,1783,2080,2378
A1	841	1051,1261,1471,1682,1892,2102
A2	594	743,891,1041,1189,1338,1486,1635,1783,1932,2080
A3	420	630,841,1051,1261,1471,1682,1892

注：有特殊需要的图纸，可采用 $b\times l$ 为 841mm×891mm 与 1189mm×1261mm 的幅面。

1.1.1.2　图纸标题栏及会签栏

图纸标题栏（简称图标），用来填写工程名称、图名、图号以及设计人、制图人、审批人的签名和日期，如图 1-4 所示。根据工程需要选择确定其尺寸、格式及分区。签字区应包含实名列和签名列。涉外工程的标题栏内，各项主要内容的中文下方应附有译文，设计单位的上方或左方，应附加"中华人民共和国"字样。在计算机制图文件中当使用电子签名与认证时，应符合国家有关电子签名法的规定。学生制图作业建议采用如图 1-5 所示的标题栏。它位于图纸的右下角。

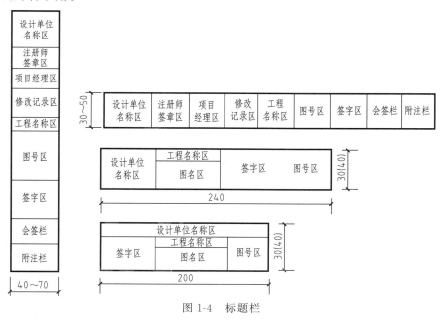

图 1-4　标题栏

1.1.2　图线

图线是指起点和终点间以任何方式连接的一种几何图形，形状可以是直线或曲线，连续和不连续线。图线有粗、中粗、中、细之分。为了表示出图中不同的内容，并且能够分清主次。表1-3列出了工程图样中常用的线型。

在确定线宽 b 时，应根据形体的复杂程度和比例的大小，确定基本线宽 b。b 值宜从下列线宽系列中选取 1.4mm、1.0mm、0.7mm、0.5mm、0.35mm、0.25mm、0.18mm、0.13mm。每个图样，应根据复杂程度与比例大小，先选定基本线宽 b，再选用表1-4中的线宽组。

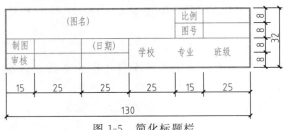

图1-5 简化标题栏

在画图线时，应注意下列几点。

（1）同一张图纸内，相同比例的各图样，应选用相同的线宽组。

（2）相互平行的图线，其间隙不宜小于其中的粗线宽度，且不宜小于0.7mm。

（3）虚线、单点长画线或双点长画线的线段长度和间隔，宜各自相等。虚线线段长约3～6mm，间隔约为0.5～1mm。单点长画线或双点长画线的线段长度约为15～20mm。

（4）单点长画线或双点长画线的两端，不应是点。点画线与点画线交接或点画线与其他图线交接时，应是线段交接。

表1-3 图线的线型、线宽及用途

名　称	线　型	线宽	用　途
粗实线	——————————	b	主要可见轮廓线 建筑物或构筑物外形轮廓线、剖面图中被剖到的轮廓线、图纸的图框线、标题栏外框线、剖切符号、图名下划线、详图符号中的圆、钢筋线、结构图中的单线结构构件线、新建管线等
中粗实线	——————————	$0.7b$	可见轮廓线 建筑平、立、剖面图中建筑构配件的轮廓线、结构平面图及详图中剖到或可见的墙体轮廓线、详图中的轮廓线、钢筋线等
中实线	——————————	$0.5b$	可见轮廓线 尺寸线、尺寸界线、标注尺寸的尺寸起止45°短线、变更云线、家具线、索引符号、标高符号、详图材料做法引出线、地面、墙面的高差分界线、剖面图中未被剖到但仍能看到的轮廓线、总图中新建的建筑物或构筑物的可见轮廓线、结构平面图及详图中剖到或可见的墙体轮廓线、可见的钢筋混凝土构件轮廓线
细实线	——————————	$0.25b$	可见轮廓线 图例填充线、尺寸界线、尺寸线、材料图例线、标高符号线、索引符号线、标注引出线、家具线、绿化、较小图形的中心线等
粗虚线	– – – – – – – –	b	不可见轮廓线 新建建筑物、构筑物地下轮廓线、不可见的钢筋线、新建的各种给水排水管道线的不可见轮廓线等
中粗虚线	– – – – – – – –	$0.7b$	不可见轮廓线 拟建、扩建的建筑工程轮廓线、建筑平面图中运输装置的外轮廓线、原有的排水等
中虚线	– – – – – – – –	$0.5b$	不可见轮廓线 图例线、不可见的钢筋线、预想放置的房屋建筑或构件总图中新建的建筑物或构筑物的不可见轮廓线、原有排水管线的不可见轮廓线、拟扩建的建筑工程轮廓线、平面图中上部分的投影轮廓线、建筑平面图中运输装置的外轮廓线等

名　称	线　型	线宽	用　途
细虚线	— — — — — —	0.25b	不可见轮廓线 图例填充线、家具线、基础平面图中的管沟轮廓线,原有建筑物、构筑物、管线的地下轮廓线等
粗单点长画线	—— - —— - ——	b	平面图中起重运输装置的轨道线、结构图中梁或构架的位置线、其他特殊构件的位置指示线等
中单点长画线	— - — - —	0.5b	土方填挖区的零点线、运动轨迹线
细单点长画线	— - — - —	0.25b	中心线、对称线、定位轴线等
粗双点长画线	—— - - —— - - ——	b	用地红线、预应力钢筋线
中双点长画线	— - - — - - —	0.5b	建筑红线
细双点长画线	— - - — - - —	0.25b	假想轮廓线、原有结构轮廓线
折断线	 ——／\——	0.25b	部分省略时的断开界线
波浪线	 ～～～	0.25b	部分省略时的断开界线,构造层次的断开界线

表 1-4　常用的线宽组　　　　　　　　　　　　　　　单位：mm

线宽比	线　宽　组			
b	1.4	1.0	0.7	0.5
0.7b	1.0	0.7	0.5	0.35
0.5b	0.7	0.5	0.35	0.25
0.25b	0.35	0.25	0.18	0.13

（5）虚线与虚线交接或虚线与其他图线交接时，应是线段交接。虚线为实线的延长线时，不得与实线连接（表1-5）。

（6）图线不得与文字、数字或符号重叠、混淆，不可避免时，应首先保证文字等的清晰。

表 1-5　图线相交的画法

名　称	举　例	
	正　确	错　误
两点画线相交		
实线与虚线相交，两虚线相交		
虚线为实线的延长线		

　　（7）绘制圆或圆弧的中心线时，圆心应为线段的交点，且中心线两端应超出圆弧约 2～3mm。当圆较小，画点画线有困难时，可用细实线来代替。

　　（8）图纸的图框和标题栏线，可采用表 1-6 的线宽。

表 1-6　图框线、标题栏线的宽度　　　　　　　　　　单位：mm

幅面代号	图框线	标题栏外框线	标题栏分隔线
A0、A1	b	0.5b	0.25b
A2、A3、A4	b	0.7b	0.35b

各种线型的示例如图 1-6 所示。

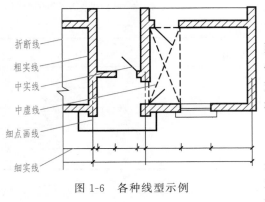

折断线
粗实线
中实线
中虚线
细点画线
细实线

图 1-6　各种线型示例

1.1.3　字体

　　字体是指文字的风格式样。工程图样上会遇到各种字或符号，如汉字、数字、字母等。为了保证图样的规范性和通用性，且使图面清晰美观，均应做到笔画清晰、字体端正、排列整齐、标点符号清楚正确。

1.1.3.1　汉字

　　汉字应写成长仿宋体字或黑体，必须符合国务院公布的《汉字简化方案》和有关规定。长仿宋体的字高与字宽之比为 3：2，如图 1-7 所示。汉字的高度 h 不应小于 3.5mm，其字高与字宽的关系应符合表 1-7 规定，如需书写更大的字，其高度应按$\sqrt{2}$的比值递增。黑体字的宽度与高度应相同。拉丁字母、阿拉伯数字及罗马数字的书写规格应符合表 1-8 的规定。

图 1-7　长仿宋字高宽比示例

表 1-7　长仿宋体字高与宽的关系　　　　　　　　　　单位：mm

字高	20	14	10	7	5	3.5
字宽	14	10	7	5	3.5	2.5

表 1-8　拉丁字母、阿拉伯数字、罗马数字书写规则

		一般字体	窄字体
字母高	大写字母	h	h
	小写字母(上下均无延伸)	$(7/10)h$	$(10/14)h$
小写字母向上或向下延伸部分		$(3/10)h$	$(4/14)h$
笔画宽度		$(1/10)h$	$(1/14)h$
字母间距		$(2/10)h$	$(2/14)h$
上下行基准线的最小间距		$(15/10)h$	$(21/14)h$
字间距		$(6/10)h$	$(6/14)h$

长仿宋字体的示例如图 1-8 所示。

图 1-8　长仿宋字示例

从字例可以看出，长仿宋字有如下特点：

（1）横平竖直，横画平直刚劲，稍向上倾；竖画一定要写成竖直状，写竖画时用力一定要均匀。

（2）起落分明，"起"指笔画的开始，"落"指笔画的结束，横、竖的起笔和收笔，撇的起笔，钩的转角，都要顿笔，形成小三角。但当竖画首端与横画首端相连时，横画首端不再筑锋，竖画改成曲头竖。几种基本笔画的写法如表 1-9 所示。

（3）排列均匀，笔画布局要均匀紧凑，但应注意字的结构，每一个字的偏旁部首在字格中所占的比例是写好长仿宋字的关键。

① 字形基本对称的应保持其对称，如图 1-8 中的土、木、平、面、金等。

② 有一竖笔居中的应保持该笔竖直而居中，如图 1-8 中的上、正、水、车、审等。

③ 有三四横竖笔画的要大致平行等距，如图 1-8 中的三、曲、垂、直、量等。

表 1-9　长仿宋字基本笔画

名称	横	竖	撇	捺	挑	点	钩
形状	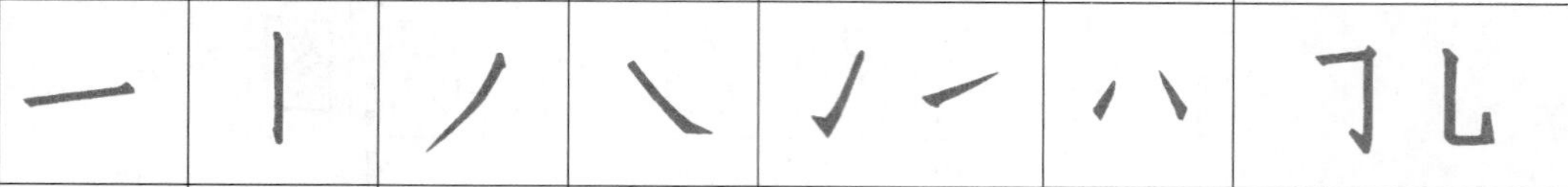 一	丨	丿	㇏	✓	八	亅乚
笔法	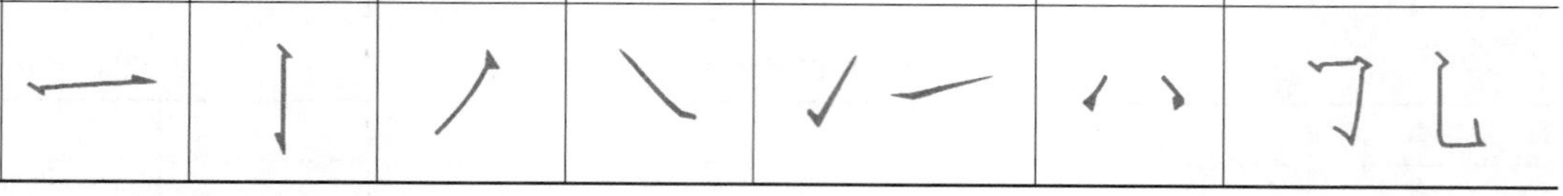 一	丨	丿	㇏	✓	八	亅乚

④ 要注意偏旁所占的比例，有约占一半的，如图 1-8 中的比、料、机、部、轴等；有约占 1/3 的，如混、梯、钢、墙等；有约占 1/4 的，如凝。

⑤ 左右要组合紧凑，尽量少留空白，如图 1-8 中的以、砌、设、动、泥等。

（4）填满方格上、下、左、右，笔锋要尽量触及方格。但也有个别字例外，如日、月、口等都要比字格略小，考虑缩格书写。

要想写好长仿宋字，最有效的办法就是首先练习基本笔画的写法，尤其是顿笔，然后再打字格练习字体，平时应多看、多临摹、多写，且持之以恒，方熟能生巧，写出的字自然、流畅、挺拔、有力。

0123456789　

(a) 阿拉伯数字

ABCDEFGHIJKLMNO

(b) 大写拉丁字母

abcdefghijklmnopq

(c) 小写拉丁字母

αβγδεζηθϑικλμν

(d) 小写希腊字母

I II III IV V VI VII VIII IX X

(e) 罗马数字

图 1-9　阿拉伯数字、拉丁字母、希腊字母、罗马数字示例

目前的计算机辅助设计绘图系统，已经能够生成并输出各种字体和各种大小的汉字，快捷正确，整齐美观，可以节省大量手工写字的时间。

1.1.3.2　数字和字母

如图 1-9 所示，数字和字母在图样中所占的比例非常大，在工程图中，数字和字母有正体和斜体两种，如需写成斜体字，其斜度应从字的底线逆时针向上倾斜 75°。斜体字的高度与宽度应与相应的正体字相等。

拉丁字母、阿拉伯数字与罗马数字的字高，应不小于 2.5mm。

分数、百分数和比例数的注写，应采用阿拉伯数字和数学符号，例如，二分之一、百分之五十和一比二十应分别写成 1/2、50％和 1：20。

1.1.4　比例

图样的比例是指图样中图形与其实物相应要素的线性尺寸之比。图样比例分原值比例、放大比例、缩小比例三种，如图 1-10 所示。根据实物的大小与结构的不同，绘图时可根据情况放大或缩小。比例的大小，是指比值的大小，如 1：100 即指图上的尺寸为 1，而实物的尺寸为 100，因此 1：50 大于 1：100。比例的书写位置应在图名的右下侧并与图名的底部平齐，字体比图名字体小一号或二号，如图 1-11 所示。

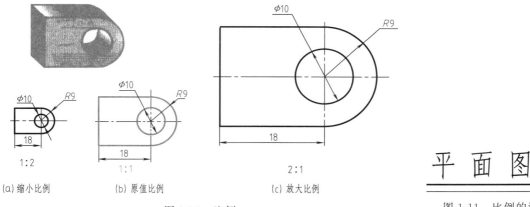

| (a) 缩小比例 | (b) 原值比例 | (c) 放大比例 |

图 1-10　比例　　　　　　　　　　　　　图 1-11　比例的注写

绘图所用的比例，应根据图样的用途与被绘对象的复杂程度，从表 1-10 中选用，并优先选用表中常用比例。

表 1-10　比例

图　　名	常用比例	必要时可用比例
总平面图	1：500,1：1000 1：2000,1：5000	1：2500,1：10000
管线综合图、断面图等	1：100,1：200,1：500 1：1000,1：2000	1：300,1：5000
平面图、立面图、剖面图、 设备布置图等	1：50,1：100,1：200	1：150,1：300,1：400
内容比较简单的平面图	1：200,1：400	1：500
详图	1：1,1：2,1：5,1：10 1：20,1：25,1：50	1：1.5,1：3,1：30 1：40,1：60

1.1.5 尺寸标注的基本原则

工程图上除画出构造物的形状外，还必须准确、完整和清晰地标注出构造物的实际尺寸，作为施工的依据。

1.1.5.1 基本规定

（1）构件及建筑物的真实大小应以图样上所注的尺寸数值为准，与图样的比例及绘图的准确度无关。

（2）图样中标注的尺寸单位除标高、桩号及规划图、总布置图尺寸以米为单位外，其余均以毫米为单位（图中均不必标注单位）。

（3）图样上的每一尺寸，一般只标注一次。

1.1.5.2 尺寸的组成及要素

图样上的尺寸由尺寸界线、尺寸线、尺寸起止符号和尺寸数字四部分组成，如图1-12所示。

（1）尺寸界线

① 尺寸界线应用细实线绘制，一般应与被注长度垂直，其一端应离开图样轮廓线不小于2mm，另一端宜超出尺寸线2～3mm。图样轮廓线可用作尺寸界线。

② 尺寸界线应靠近所指部位，中间的分尺寸的尺寸界线可稍短，但其长度应相等。

（2）尺寸线

① 尺寸线应用细实线绘制，应与被注长度平行。图样本身的任何图线均不得用作尺寸线。

② 互相平行的尺寸线，应从被注写的图样轮廓线由近及远整齐排列，较小尺寸应离轮廓线较近，较大尺寸应离轮廓线较远。

③ 最靠近图形的一道尺寸线距离图形轮廓线不宜小于10mm，平行排列的尺寸线之间，宜保持7～10mm的距离。

④ 根据个人习惯，尺寸线允许略微超出尺寸界线。

（3）尺寸起止符号

① 尺寸线与尺寸界线相接处为尺寸的起止点。

② 尺寸起止符号一般用中粗斜短线绘制，其倾斜方向应与尺寸界线成顺时针45°角，长度宜为2～3mm。半径、直径、角度与弧长的尺寸起止符号，宜用箭头表示，如图1-13所示。

③ 在轴测图中标注尺寸时，其起止符号宜用箭头。

（4）尺寸数字

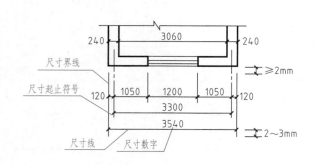

图 1-12　尺寸的组成

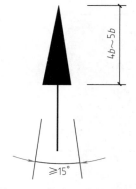

图 1-13　箭头尺寸起止符号

① 尺寸数字常书写成 75° 斜体字，数字的高一般为 3.5mm，最小不得小于 2.5mm，全图一致。

② 尺寸数字的注写方向，应按图 1-14（a）的规定。若尺寸数字在 30° 斜线区内，可以按图 1-14（b）的形式来注写尺寸。（如果在 30° 斜线区内注写时，容易引起误解，推荐采用两种水平注写方式）。

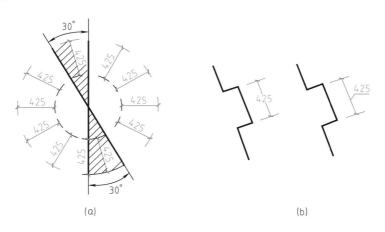

图 1-14　尺寸数字的注写方向

③ 尺寸数字一般应依据其方向注写在靠近尺寸线的上方中部。如没有足够的注写位置，可注写在最外边的尺寸界线外侧，中间相邻的尺寸数字可错开注写，如图 1-15（a）所示。

④ 尺寸宜标注在图样轮廓线以外，见图 1-15（b），不宜与图线、文字及符号等相交，无法避免时，应将图线断开，如图 1-15（c）所示。

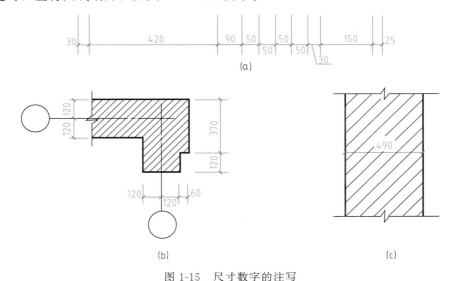

图 1-15　尺寸数字的注写

1.1.5.3　线性尺寸、直径、半径、圆弧、角度的标注

（1）线性尺寸：对于屋架、钢筋以及管线等的单线图，可把尺寸数字相应地沿着杆件或线路的一侧来注写，如图 1-16 所示。尺寸数字的注写方向则符合前述规则。

对于等间距的连续尺寸，可用"个数×长度尺寸＝总长"的形式注写，如图 1-17 所示。

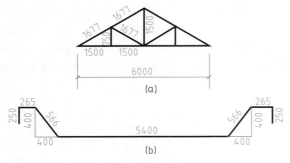

图 1-16　单线图注法

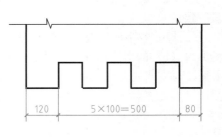

图 1-17　连续排列的等长尺寸注法

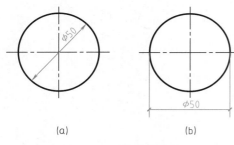

图 1-18　圆的直径注法

（2）直径：标注圆的直径尺寸时，直径数字前应加直径符号"ϕ"。圆的直径尺寸可注在圆内，如图 1-18（a）所示；也可注在圆外，如图 1-18（b）所示。在圆内标注的尺寸线应通过圆心，方向倾斜，两端用箭头作为起止符号，箭头指向圆周。箭头应画得细而长，长度约 3～5mm。引到圆外标注尺寸时应加画尺寸界线，尺寸线上的起止符号仍为 45°短画线。较小圆的直径尺寸，可标注在圆外，如图 1-19 所示。

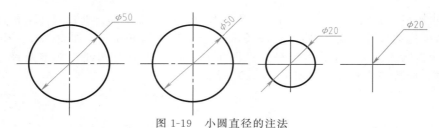

图 1-19　小圆直径的注法

（3）半径：半径的尺寸线应一端从圆心开始，另一端画箭头指向圆弧。半径数字前应加注半径符号"R"。如图 1-20 所示。较小半径的圆弧可用图 1-21 的形式标注。当圆弧的半径很大时，其尺寸线允许画成折线，或者只画指着圆周的一段，但其方向仍须对准圆心，箭头仍然指着圆弧，如图 1-22 所示。

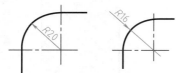

图 1-20　半径注法

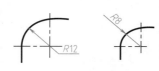

图 1-21　小圆半径注法

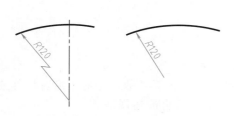

图 1-22　大圆弧半径注法

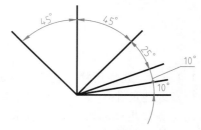

图 1-23　角度注法

（4）角度的尺寸线应以圆弧表示。该圆弧的圆心应是该角的顶点，角的两条边为尺寸界线。起止符号应以箭头表示，如没有足够位置画箭头，可用圆点代替，角度数字应沿尺寸线方向注写，如图1-23所示。

（5）标注圆弧的弧长时，尺寸线应以与该圆弧同心的圆弧线表示，尺寸界线应垂直于该圆弧的弦，起止符号用箭头表示，弧长数字上方应加注圆弧符号"⌒"，如图1-24（a）所示。

（6）标注圆弧的弦长时，尺寸线应以平行于该弦的直线表示，尺寸界线应垂直于该弦，起止符号用中粗斜短线表示，如图1-24（b）所示。

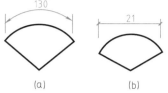

图1-24 弧长、弦长注法

（7）标注坡度时，在坡度数字的下面加画箭头以指示下坡方向。坡度数字可写成比例形式，如图1-25（a）所示；也可写成百分比形式，如图1-25（b）所示。坡度还可用直角三角形的形式标注，如图1-25（c）所示。在某些专业工程图上还有不画箭头，而沿着坡线方向直接写出坡度比例的注法，如图1-25（d）所示。

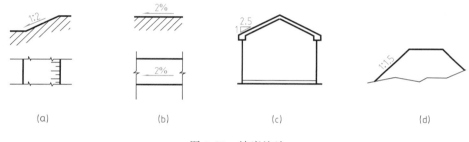

图1-25 坡度注法

1.2 绘图工具和仪器介绍

1.2.1 图板、丁字尺、三角板、比例尺

绘制工程图，应掌握绘图工具和仪器的正确使用方法，因为它是提高绘图质量，加快绘图速度的前提。

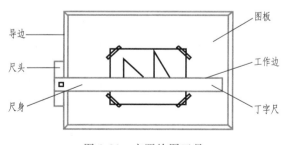

图1-26 主要绘图工具

1.2.1.1 图板

如图1-26所示，图板用来铺放和固定图纸，一般用胶合板做成，板面平整。图板左面的硬木短边为工作边（导边），必须保持平直，以便与丁字尺配合画出水平线。图板不可受潮或曝晒，以防板面变形，影响绘图质量。图板常用的规格有0号图板、1号图板、2号图板，分别适用于相应图号的图纸，四周还略有宽余，可根据需要选用。

1.2.1.2 丁字尺

丁字尺用有机玻璃做成，尺头与尺身垂直，尺身的工作边必须保持光滑平直。切勿用工作边裁纸。丁字尺用完之后要挂起来，防止尺身变形。

如图 1-27 所示，丁字尺主要用来画水平线。画线时，左手握住尺头，使它紧靠图板的左边，右手扶住尺身，然后左手上下推丁字尺，在推的过程中，尺头一直紧靠图板左边，推到需画线的位置停下来，自左向右画水平线，画线时可缓缓旋转铅笔。也可用三角板与丁字尺配合画垂直平行线，如图 1-28 所示。

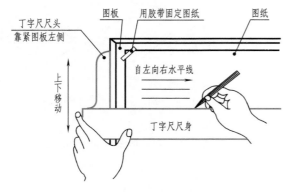
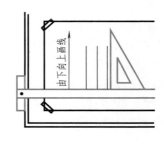

图 1-27　用丁字尺画水平平行线　　　　图 1-28　用三角板与丁字尺配合画垂直平行线

★ 注意：不要用丁字尺画垂直线。

1.2.1.3　三角板

三角板用有机玻璃制成，一副三角板有两个，一个为 30°，60°，90°；一个为 45°，45°，90°。三角板主要用来画铅直线，也可与丁字尺配合使用画出一些常用的斜线，例如：15°，30°，45°，60°，75°等方向的斜线，如图 1-29 所示。

图 1-29　用三角板与丁字尺配合画斜线

1.2.1.4　比例尺

绘图时会用到不同的比例，这时可借助比例尺来截取线段的长度。比例尺上的数字以米为单位。常见的比例尺有三棱比例尺，如图 1-30（a）所示，三个尺面共有六个常用的比例刻度 1：100，1：200，1：300，1：400，1：500，1：600。使用时先要在尺上找到所需的比例，不用计算，即可按需在其上量取相应的长度作图。若绘图比例与尺上的六种比例都不同，则选取尺上最方便的一种相近的比例折算量取。注意不要把比例尺当直尺来画线，以免损坏尺面上的刻度。绘图时先选定比例。如图 1-30（b）所示，要用 1：100 的比例在图纸上画出 3300mm 长的线段，只需在比例尺的 1：100 面上，找到 3.3m，那么尺面上从 0 到 3.3m 的一段长度，就是在图纸上需要画的线段长度。

1.2.2　绘图铅笔

如图 1-31 所示，绘图铅笔种类很多，其型号以铅芯的软硬程度来分，H 表示硬，B 表示软；H 或 B 前面的数字越大表示越硬或越软；HB 表示软硬适中。绘图时常用 H 或 2H

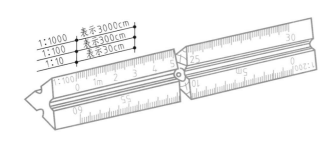

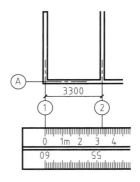

(a) 三棱比例尺　　　　　　　　　　　　　　　　(b) 先选定比例尺

图 1-30　比例尺

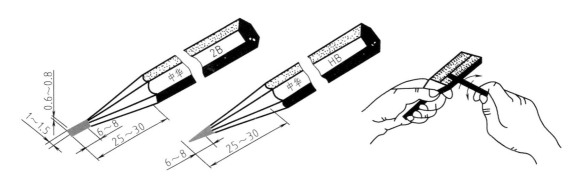

图 1-31　铅笔削法（单位：mm）

的铅笔打底稿，用 HB 铅笔写字，B 或 2B 铅笔加深。削铅笔时要注意保留有标号的一端，以便于识别。H、HB 型铅笔的铅芯磨削成锥状，用于打底稿；2B、B 型铅笔的铅芯磨削成凿状，用于加深粗线。使用铅笔绘图时，用力要均匀，画长线时要边画边转动铅笔，使线条均匀。

1.2.3　圆规、分规

1.2.3.1　圆规

圆规是用来画圆和圆弧的仪器。在使用前应调整带针插脚，使针尖略长于铅芯。铅芯应磨削成 65°的斜面，如图 1-32（a）所示。使用时，先将两脚分开至所需的半径尺寸，用左手食指把针尖放在圆心位置，如图 1-32（b）所示，将带针插脚轻轻插入圆心处，使带铅芯的插脚接触图纸，然后转动圆规手柄，沿顺时针方向画圆，转动时用力和速度要均匀，并使圆规向转动方向稍微倾斜，如图 1-32（c）所示。圆或圆弧应一次画完，画大圆时，要在圆规插脚上接大延长杆，画时要使针尖与铅芯都垂直于纸面，左手按住针尖，右手转动带铅芯的插脚画图，如图 1-32（d）所示。

1.2.3.2　分规

如图 1-33 所示，分规的形状像圆规，但两腿都为钢针。分规是用来等分线段或量取长度用的，用它从直尺或比例尺上量取需要的长度，然后移置到图纸上各个相应的位置。用分规来等分线段，通常用来等分直线段或圆弧。常用分规有大分规和弹簧分规两种。为了度量尺寸准确，分规的两针尖应磨得尖锐，并应调整两针尖对齐。

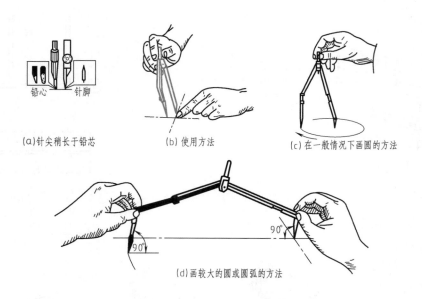

(a)针尖稍长于铅芯　　　(b)使用方法　　　(c)在一般情况下画圆的方法

(d)画较大的圆或圆弧的方法

图 1-32　圆规及其用法

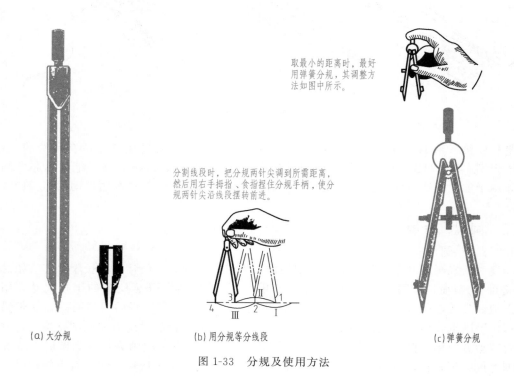

取最小的距离时，最好用弹簧分规，其调整方法如图中所示。

分割线段时，把分规两针尖调到所需距离，然后用右手拇指、食指捏住分规手柄，使分规两针尖沿线段摆转前进。

(a)大分规　　　　(b)用分规等分线段　　　　(c)弹簧分规

图 1-33　分规及使用方法

1.2.4　曲线板、模板、擦图片

1.2.4.1　曲线板

如图 1-34 所示，有些曲线需用曲线板分段连接起来。使用时，首先要定出足够数量的点，然后徒手将各点轻轻地连成曲线，最后选用适当的曲线板，并找出这曲线板上与所画曲线吻合的一段，沿着曲线板边缘，将该段曲线画出。一般每描一段最少应有四个点与曲线板

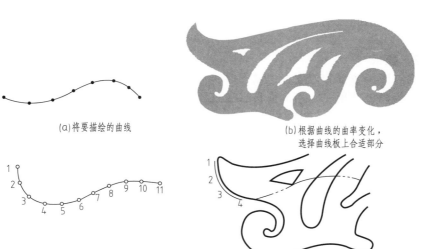

(a)将要描绘的曲线

(b)根据曲线的曲率变化，
选择曲线板上合适部分

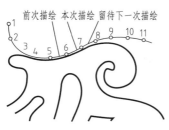

(c)找出曲线各点，把已求出
的各点徒手轻轻勾描出来

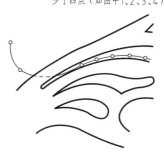

(d)选择曲线板上曲率合适的部分，
与曲线上的点对合，每次对合不
少于四点（如图中1、2、3、4）

前次描绘　本次描绘　留待下一次描绘

(e)描图时，只连中间一段，两端的两段，其前段
与上次所连的重复，后段留待下次再连

(f)连接过程中，应注意弯曲的趋势

图 1-34　曲线板及使用

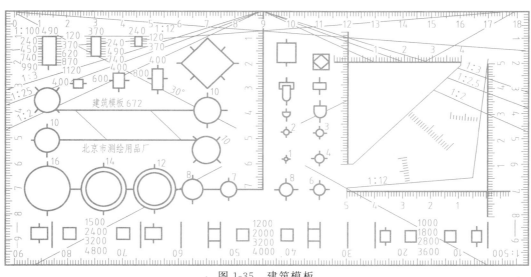

· 图 1-35　建筑模板

的曲线重合。为使描画出的曲线光滑，每描一段曲线时，应有一小段与前一段所描的曲线重叠。

1.2.4.2 模板

为了提高制图的质量和速度，把制图时所常用的一些图形、符号、比例等刻在一块有机玻璃板上，作为模板使用。常用的模板有建筑模板、结构模板、虚线板、剖面线板、轴测模板等。如图1-35所示，建筑模板主要用来画各种建筑标准图例和常用符号，如柱、墙、门开启线、大便器、污水盆、详图索引符号、标高符号等。模板上刻有可用于画出各种不同图例或符号的孔，其大小已符合一定的比例，只要用笔在孔内画一周，图例就可画出来。

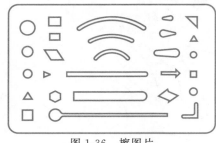

图1-36 擦图片

1.2.4.3 擦图片

当擦掉一条画错的图线时，很容易将邻近的图线也擦掉一部分，擦图片就是用来保护邻近的图线的。擦图片用薄塑料片或金属片制成，上面刻有各种形状的孔槽，如图1-36所示。擦线时要使画错了的线段在擦图片上适当的孔槽中露出来，左手按紧擦图片，右手持硬橡皮擦孔槽内的墨线。

单（双）面刀片、绘图橡皮、透明胶等也是绘图时常用的用品。

1.3 几 何 作 图

任何工程图实际上都是由各种几何图形组合而成的，正确掌握几何图形的画法，能够提高制图的准确性和速度，保证制图质量。下面是几种常用的几何作图方法：

1.3.1 平行线、垂直线

1.3.1.1 过已知点作一直线平行于已知直线

（1）如图1-37所示，已知点 P 和直线 AB；

（2）使三角板 a 的一边靠贴 AB，另一边靠上另一三角板 b；

（3）按住三角板 b 不动，推动三角板 a 至点 P；

（4）过 P 点画一直线即可。

1.3.1.2 过已知点作一直线垂直于已知直线

（1）如图1-38所示，已知点 P 和直线 AB；

（2）使三角板 a 的一直角边靠贴 AB，其斜边靠上另一三角板 b；

（3）按住三角板 b 不动，推动三角板 a 至点 P；

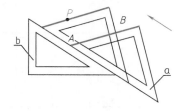

图1-37 过已知点作一直线平行于已知直线

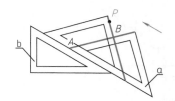

图1-38 过已知点作一直线垂直于已知直线

（4）过 P 点画一直线即可。

1.3.2 等分线段、等分两平行线间的距离

1.3.2.1 分已知线段为任意等分
（1）如图 1-39（a）所示，已知线段 AB；

（2）过 A 点作任意一直线 AC；

（3）用直尺在 AC 上截取所要求的等分数（本例为五等分），得 $1'$、$2'$、$3'$、$4'$、$5'$ 点；

（4）连 $B5'$ 两点，过其余点分别作 $B5'$ 的平行线，它们与 AB 的交点 1、2、3、4 就是所要求的等分点，如图 1-39（b）所示。

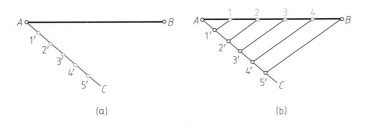

图 1-39　分已知线段为五等分

1.3.2.2 等分两平行线间的距离
（1）如图 1-40（a）所示，已知两平行线 AB、CD；

（2）放直尺 0 点于 CD 上，使刻度 5 或刻度 5 的倍数落在 AB 上，截得 1、2、3、4 各等分点，如图 1-40（b）所示；

（3）过各等分点作 AB（或 CD）的平行线，即为所求，如图 1-40（c）所示。

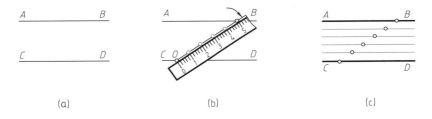

图 1-40　等分两平行线间的距离

1.3.3 等分圆周或作正多边形

1.3.3.1 三等分圆周或作正三角形
如图 1-41 所示。根据已知直径 d 画圆，然后将 30°、60° 三角板的短直角边紧贴丁字尺，并使其斜边通过 A 点作直线 AB，再翻转三角板，用同样的方法作直线 AC，圆周就被三等分了。连接 B、C，ABC 就是该圆的内接正三角形。

1.3.3.2 五等分圆周或作正五边形
（1）根据已知直径 d 画圆，二等分半径 OF 得中点 G，如图 1-42（a）所示；

（2）以 G 为圆心，GA 为半径画圆弧与 OI 相交于点 H，则 AH 即为内接正五边形的边长，如图 1-42（b）所示；

（3）以 AH 的长在圆周上从 A 点起截取 B、C、D、E 等点，连接 A、B、C、D、E

即得圆的内接正五边形，如图 1-42（c）所示。

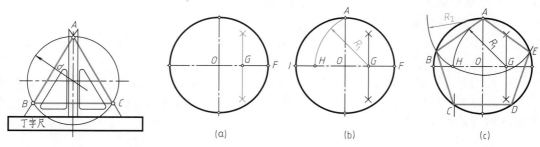

图 1-41　圆内接正三角形的画法　　　　图 1-42　圆内接正五边形画法

1.3.3.3　六等分圆周或作正六边形

（1）根据已知直径 d 画圆，用圆规作图，如图 1-43（a）所示；

（2）用丁字尺、三角板作图，如图 1-43（b）所示。

1.3.3.4　任意等分圆周或作任意多边形

（1）如图 1-44（a）所示，根据已知直径 d 画圆，将直径 AN 分成与圆周要等分的份数，例如七等分；

（2）以 N 为圆心，AN 为半径作弧，交水平中心线于 M_1、M_2 点；

（3）将 M_1、M_2 分别与等分点 2、4、6 相连延长后与圆周相交，即得与点 A 相配的其他六个等分点 B、C、D、E、F、G，依次连接各等分点，即为所求正七边形，如图 1-44（b）所示；

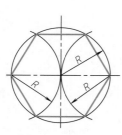

(a)用圆规六等分圆周　　(b)用丁字尺、三角板六等分圆周

图 1-43　圆内接正六边形画法

（4）整理图形，加深图线，如图 1-44（c）所示。

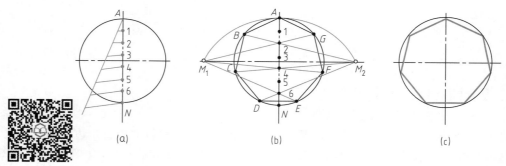

图 1-44　圆内接正七边形画法

1.3.4　圆弧连接

　　圆弧与直线以及不同圆弧之间连接的问题，称为圆弧连接。作图时，根据已知条件，先求出连接圆弧的圆心和切点的位置。下面列举几种常见的圆弧连接。

1.3.4.1 作圆弧与相交二直线连接

（1）如图 1-45（a）所示，已知半径 R 和相交二直线 M、N；

（2）分别作出与 M、N 平行且相距为 R 的二直线，交点 O 即为所求圆弧的圆心，见图 1-45（b）；

（3）过点 O 分别作 M 和 N 的垂线，垂足 T_1 和 T_2 即为所求的切点。以 O 为圆心，R 为半径，在切点 T_1、T_2 之间连接圆弧即为所求，如图 1-45（c）所示。

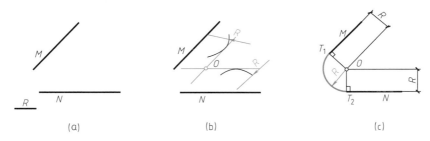

图 1-45 作圆弧与相交两直线连接

1.3.4.2 直线和圆弧间的圆弧连接

（1）如图 1-46（a）所示，已知直线 L，半径为 R_1 的圆弧和连接圆弧的半径 R；

（2）作直线 M 平行于 L 且相距为 R；

（3）以 O_1 为圆心，$R+R_1$ 为半径作圆弧，交直线 M 于点 O，见图 1-46（b）；

（4）连 OO_1，交已知圆弧于切点 T_2，作 OT_1 垂直于 L，得另一切点 T_1。以 O 为圆心，R 为半径，在切点 T_1、T_2 之间连接圆弧，即为所求，见图 1-46（c）。

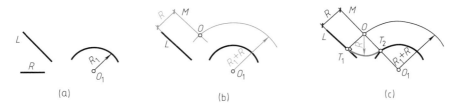

图 1-46 直线和圆弧间的圆弧连接

1.3.4.3 作圆弧与两已知圆弧内切连接

（1）如图 1-47（a）所示，已知内切圆弧的半径 R 和半径为 R_1、R_2 的两已知圆弧；

（2）以 O_1 为圆心，$R-R_1$ 为半径画圆弧，又以 O_2 为圆心，$R-R_2$ 为半径画圆弧，两弧相交于点 O，见图 1-47（b）；

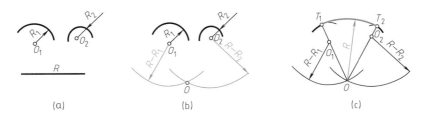

图 1-47 作圆弧与两已知圆弧内切连接

（3）延长 OO_1 交圆心为 O_1 的圆弧于切点 T_1；延长 OO_2 交圆心为 O_2 的圆弧于切点 T_2；以 O 为圆心，R 为半径，在切点 T_1、T_2 之间连接圆弧即可，见图 1-47（c）。

1.3.4.4　作圆弧与两已知圆弧外切连接

（1）如图 1-48（a）所示，已知外切圆弧的半径 R 和半径为 R_1、R_2 的两已知圆弧；

（2）以 O_1 为圆心，$R+R_1$ 为半径作圆弧，又以 O_2 为圆心，$R+R_2$ 为半径作圆弧，两弧相交于点 O，见图 1-48（b）；

（3）连 OO_1，交圆心为 O_1 的圆弧于切点 T_1，连 OO_2，交圆心为 O_2 的圆弧于切点 T_2，以 O 为圆心，R 为半径，连接 T_1、T_2 间的圆弧即可，见图 1-48（c）。

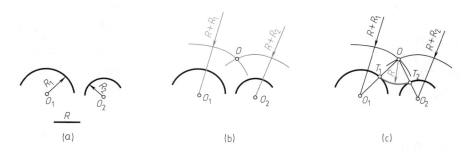

图 1-48　作圆弧与两已知圆弧外切连接

1.3.4.5　作圆弧与一已知圆弧外切与另一已知圆弧内切连接

（1）如图 1-49（a）所示，已知连接圆弧的半径 R 和半径 R_1、R_2 的两已知圆弧；

（2）以 O_1 和 O_2 为圆心，分别以 R_1-R 和 R_2+R 为半径，作两圆弧交于 O 点，即为连接圆弧圆心，见图 1-49（b）；

（3）连 OO_1，并延长交圆心为 O_1 的圆弧于切点 T_1，连 OO_2，交圆心为 O_2 的圆弧于切点 T_2，以 O 为圆心，R 为半径，连接 T_1、T_2 间的圆弧即可，见图 1-49（c）。

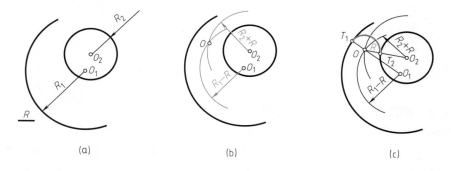

图 1-49　作圆弧与一已知圆弧外切与另一已知圆弧内切连接

1.3.5　椭圆

椭圆画法有多种，这里仅介绍常用的同心圆法和四心法。

1.3.5.1　同心圆法

用该法画椭圆比较准确，如图 1-50 所示。

（1）已知椭圆的长轴 AB、短轴 CD，分别以 AB、CD 的一半为半径画两个同心圆；

（2）把圆周等分为若干等份，过圆心及各等分点作辐射线与同心圆相交，过大圆交点作垂直线、过小圆交点作水平线，其交点即为椭圆上的点；

（3）用曲线板将各交点连接成椭圆。

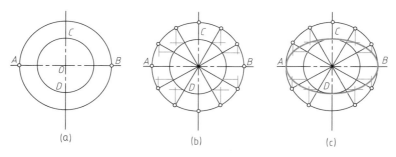

图 1-50　根据长短轴用同心圆法作椭圆

1.3.5.2　四心法

用该法画近似椭圆为近似作法，如图 1-51 所示。

（1）已知椭圆的长轴 AB、短轴 CD，以 O 为圆心，OA 为半径画弧交 CD 的延长线于点 E；以 C 为圆心，CE 为半径画弧交 CA 于点 F；

（2）作 AF 的垂直平分线，与 AB 交于 O_1，与 CD 交于 O_2；

（3）在 AB 上作 O_1 的对称点 O_3，在 CD 上作 O_2 的对称点 O_4，以 O_1、O_3 为圆心，O_1A、O_3B 为半径画小弧，以 O_2、O_4 为圆心，O_2C、O_4D 为半径画大弧，即得椭圆。

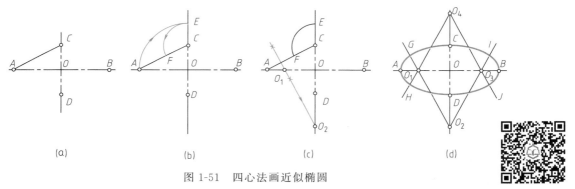

图 1-51　四心法画近似椭圆

1.3.6　平面图形的分析与画法

平面图形由若干线段所围成，而线段的形状和大小是根据给定的尺寸确定的。构成平面图形的各种线段中，有些线段的尺寸是已知的，可以直接画出，有些线段需根据已知条件用几何作图方法来作出。因此，画图之前，需对平面图形的尺寸和线段进行分析。

1.3.6.1　平面图形的尺寸分析

（1）尺寸基准　尺寸基准是标注尺寸的起点。平面图形的长度方向和宽度方向都要确定一个尺寸基准，通常取平面图形的对称线、底边、侧边、图中圆周或圆弧的中心线等。

（2）定形尺寸　用来确定平面图形

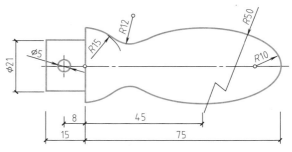

图 1-52　手柄平面图

各组成部分形状和大小的尺寸称为定形尺寸，如图1-52中的 $\phi 5$、$R10$、$R12$、$R15$ 等。

（3）定位尺寸 用来确定平面图形各组成部分的相对位置的尺寸称为定位尺寸，如图1-52中的8、45、75分别是确定 $\phi 5$、$R50$、$R10$ 的圆心位置的定位尺寸。

1.3.6.2 平面图形的线段分析

平面图形的圆弧连接处的线段，根据尺寸是否完整可分为以下三类：

（1）已知线段 根据给出的尺寸可以直接画出的线段称为已知线段。如图1-52中根据尺寸 $\phi 21$、$\phi 5$、$R10$、$R15$ 画出的直线和圆弧。

（2）中间线段 有定形尺寸，无定位尺寸，需依靠另一端相切或相接的条件才能画出的线段称为中间线段。如图1-52中的 $R50$ 的圆弧。

（3）连接线段 有定形尺寸，缺少两个定位尺寸，需要依靠两端相切或相接的条件才能画出的线段称为连接线段。

绘图时，一般先画出已知线段，再画中间线段，最后画连接线段。

1.3.6.3 作平面图形的一般步骤

（1）对平面图形进行分析。

（2）选比例，定图幅。

（3）画尺寸基准线。

（4）顺次画已知线段，中间线段，连接线段。

（5）标注定形、定位尺寸。

（6）加深，整理，完成全图。

能力训练

一、填空题

1. 图纸幅面尺寸有____种。

2. A2 图幅的尺寸是_____。

3. 绘图时，图纸的_____一般不应加长，_____可以加长，但应符合规定。

4. 汉字应写成_____字。

5. 长仿宋体的字高与字宽之比为_____。

6. 在工程图中，数字和字母有_____和_____两种。

7. 图样的比例是指图样中_____与其_____相应要素的线性尺寸之比。

8. 图样上的尺寸由_____、_____、_____和_____四部分组成。

9. 尺寸数字一般应依据其方向注写在靠近尺寸线的_____和_____。

10. 椭圆画法有多种，常用的有_____和_____。

11. 平面图形的圆弧连接处的线段，根据尺寸是否完整可分为_____、_____、_____。

二、简答题

1. 幅面有几种？尺寸是多少？

2. 工程图样中的线型有哪几种？

3. 在画图线时，应注意哪些问题？

4. 工程图样中的汉字要写成什么字？

5. 尺寸标注由哪几部分组成？

学习单元二　正投影原理

教学提示

　　本学习单元主要阐述了投影的基本知识，点、直线、平面投影，两直线相对位置，直线与平面及平面与平面的相对位置。

教学要求

　　要求学生掌握利用正投影原理求作点、直线、平面的三面投影图，并能准确判断两点的相对位置，直线与平面的相对位置和平面与平面的相对位置，会求作直线与平面相交交点的投影、平面与平面相交交线的投影，以培养学生的空间想象能力，为学习立体投影打下良好基础。

2.1　投影的基本知识

2.1.1　投影的概念

　　在日常生活中，人们经常会看到空间一个物体在光源的照射下产生影子。这个影子在某些方面反映出物体的形状特征，人们将这种自然现象加以科学的抽象，总结其中规律，提出了投影的方法。

　　把光源 S 抽象为一点，称为投影中心；把光线抽象为投影线；把物体抽象为形体（只研究其形状、大小、位置，而不考虑它的物理性质和化学性质的物体）；把地面抽象为投影面。假设光线能穿透物体，将物体表面上的各个点和线都在承接影子的平面上落下它们的投影，从而使这些点、线的投影组成能够反映物体形状的投影图。这种把空间形体转化为平面图形的方法称为投影法。如图 2-1、图 2-2 所示。

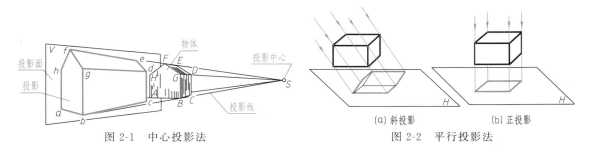

图 2-1　中心投影法　　　　　　　　　图 2-2　平行投影法

　　要产生投影必须具备：投影线、形体、投影面，这是投影的三要素。

2.1.2　投影的分类

　　根据投影线之间的相互关系，可将投影法分为中心投影法和平行投影法。

2.1.2.1 中心投影法

当投影中心 S 在有限的距离内，所有的投影线都汇交于一点，这种方法所得到的投影，称为中心投影。在此条件下，物体投影的大小，随物体距离投影中心 S 及投影面 V 的远近的不同而变化，因此，用中心投影法得到物体的投影不能反映该物体真实形状和大小。如图 2-1 所示。

2.1.2.2 平行投影法

把投影中心 S 移到离投影面无限远处，则投影线可看成互相平行，由此产生的投影称为平行投影。因其投影线互相平行，所得投影的大小与物体离投影中心及投影面的远近均无关。

在平行投影中，根据投影线与投影面之间是否垂直，又分为斜投影和正投影两种。

（1）斜投影法：投影线相互平行，但与投影面倾斜，如图 2-2（a）所示。

（2）正投影法：投影线相互平行且与投影面垂直，如图 2-2（b）所示。用正投影法得到的投影叫正投影。

2.1.3 正投影图的形成及特性

工程上绘制图样的主要方法是正投影法。因该方法画图简单，画出的投影图具有表达准确，度量方便等优点，能够满足工程上的要求，但是只用一个正投影图来表达物体是不够的。如图 2-3 所示是两个形状不同的物体，而它们在某个投影方向上的投影图却完全相同。由此可见，单面正投影不能完全确定物体的形状。为了确定物体的形体必须画出物体的多面正投影图，即三面正投影图。

2.1.3.1 三面正投影图的形成

（1）三投影面体系与三面正投影图

在图 2-4 中，V、H、W 三投影面将空间分为八个分角。在 H 面之上，V 面之前，W 面之左的空间为第一分角，其他各分角的排列顺序见图 2-4。点位于不同分角，其投影特性亦不同，主要讨论物体在第一分角的投影。

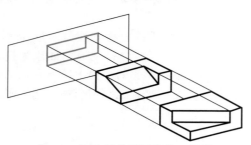

图 2-3 两个形状不同物体正投影

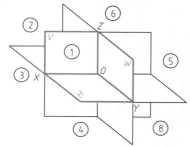

图 2-4 三投影面体系与其分角

将物体置于三投影面体系当中（物体的表面与投影面平行得越多越好，尽量使物体的投影少出现虚线，物体与投影面的距离不影响物体的投影，不必考虑），并且分别向三个投影面进行正投影。从上向下得到的正投影图叫水平投影图（也叫平面图或俯视图），水平投影图所在的投影面叫水平投影面，简称 H 面。从前向后得到的正投影图叫正立面投影图（也叫正面图或主视图），正立面投影图所在的投影面叫正立投影面，简称 V 面。从左向右得到的正投影图叫左侧立面投影图（也叫左视图），左侧立面投影图所在的投影面叫侧立投影面，简称 W 面。三个投影面的交线 OX、OY、OZ 称为投影轴，它们相互垂直并且分别表示出长、宽、高三个方向。三个投影轴相交于一点 O，称为原点。如图 2-5（a）所示。

（2）三面正投影图的展开

三个投影图分别位于三个投影面上，画图非常不便。实际上这三个投影图经常要画在一张图纸上。根据规定，V 面保持不动，将 H 面向下旋转 $90°$，将 W 面向右旋转 $90°$。这时 OY 轴分为两条，一条为 OY_H 轴，另一条为 OY_W 轴。如图 2-5 （b）、（c）所示。

由 H 面、V 面、W 面投影组成的投影图，称为形体的三面投影图（也叫三视图）。在画投影图时可不画出投影面的边框，如图 2-5 （d）所示。

（3）三面正投影图的投影规律

一个物体可用三面正投影图来表达它的三个面，在这三个投影图之间既有区别，又有联系。从图 2-5 （c）中可以看出三面正投影图具有下述投影规律：

正立图与水平面图长对正（等长）；或：主视图、俯视图长对正；
正立面图与侧立面图高平齐（等高）；或：主视图、左视图高平齐；
水平面图与侧立面图宽相等（等宽）；或：俯视图、左视图宽相等。

"长对正、宽相等、高平齐"的"三等"关系是绘制和阅读正投影图必须遵循的投影规律。

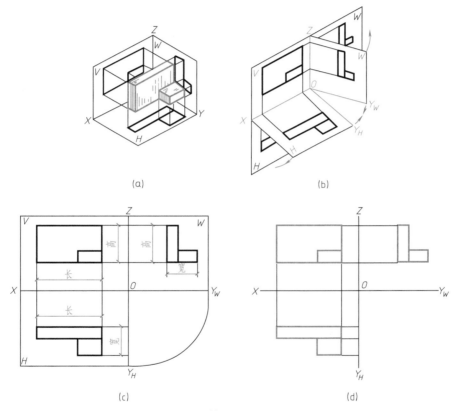

(a)　　　　　　　　　　　　(b)

(c)　　　　　　　　　　　　(d)

图 2-5　三面投影体系的展开与三面投影图

2.1.3.2　正投影的基本特性

（1）度量性

当直线段平行于投影面时，其投影与直线段等长；当平面平行于投影面时，其投影与平面全等。即直线段的长度和平面的大小可以从投影面中直接度量出来，这种性质称为度量性。如图 2-6 所示。

（2）积聚性

当直线段垂直于投影面时，其正投影积聚成一点。当平面垂直于投影面时，其正投影积聚成一直线。这种性质称为积聚性。如图 2-7 所示。

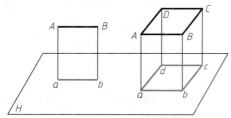

图 2-6　平行于投影面的直线和平面正投影

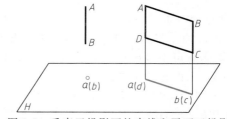

图 2-7　垂直于投影面的直线和平面正投影

（3）类似性

当直线段倾斜于投影面时，其正投影仍是直线段，但比实长短；当平面倾斜于投影面时，其正投影与平面类似，但比实形小。这种性质称为类似性。如图 2-8 所示。

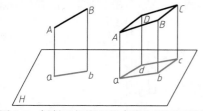

图 2-8　倾斜于投影面的直线和平面正投影

（4）定比性

点分线段所成的比例，等于该点的正投影所分该线段的正投影的比例；直线分平面所成的面积之比，等于直线的正投影所分平面的正投影的面积之比。从图 2-9 中可以看出，点 M 分直线 AB 为 AM 和 MB，其投影为 am 和 mb，则 $AM : MB = am : mb$。因位于同一平面的两直线（AB 及 ab）被若干平行直线所截，则被截各段成比例。

（5）平行性

两直线平行，其投影亦平行；两平行线段之比，等于其投影之比。

如图 2-10 所示：当 $AB /\!/ CD$，则 $ab /\!/ cd$。因为当线段 $AB /\!/ CD$ 时，则△ABM 相似于△CDN，又 $AM = ab$，$CN = cd$，所以 $AB : CD = AM : CN = ab : cd$。

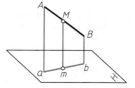

图 2-9　点在直线上的投影

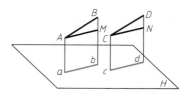

图 2-10　平行两直线的投影

2.1.4　工程中常用的投影图

2.1.4.1　多面正投影图

用正投影法绘制的图形称为正投影图。为了使物体的投影能反映其某一方向的真实形状，通常总是使物体的主要平面平行于投影面。但物体上垂直于投影面的平面，经投影后将积聚为直线段，所以仅凭物体的一个投影尚不能表达整个物体的完整形状。为此，可设立多个投影面，并将物体分别向各个投影面进行投影，从而得到一组正投影图，以反映物体的完整形状。如图 2-11 所示。由于多面正投影图度量性好，作图简便，符合生产对工程图样的要求，所以广泛用于各行业及其他工程中。

2.1.4.2　轴测投影图

在工程上广泛应用的正投影图（三视图），可以准确完整地表达出立体的真实形状和大小。它作图简便，度量性好，这是它最大的优点，因此在工程制图中得到广泛应用。但是它立体感差，对于缺乏读图知识的人难以看懂。

轴测图能在一个投影面上同时反映出物体三个面的形状，所以富有立体感，直观性强，但这种图不能表示物体的真实形状，度量性也较差，因此，常用轴测图作为正投影图的辅助图样。如图 2-11 所示。

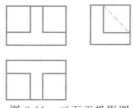

图 2-11　三面正投影图

图 2-12　轴测投影图

2.1.4.3　镜像投影图

对于有些工程构造，如梁板柱构造节点，如图 2-13（a）所示，因为板在上面，梁、柱在下面，按第一角画法绘制平面图的时候，梁、柱为不可见，要用虚线绘制，这样给读图和尺寸标注带来不便。如果把 H 面当作一个镜面，在镜面中就能得到梁、柱为可见的反射图像，这种投影称为镜像投影。

镜像投影法属于正投影法。镜像投影是形体在镜面中的反射图形的正投影，该镜面应平行于相应的投影面。用镜像投影法绘图时，应在图名后加注"镜像"二字，

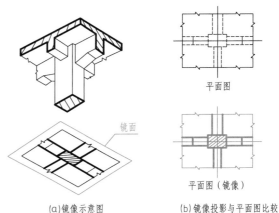

（a）镜像示意图　　（b）镜像投影与平面图比较

图 2-13　镜像投影形成及表示方法

如图 2-13（b）所示。这种图在建筑室内设计中常用来表现顶棚（天花板）的平面布置。

2.2　点的投影

任何形体都是由点、线、面基本元素构成的，点是构成形体的最基本元素，点的投影是研究线、面、体投影的基础。

2.2.1　点的三面投影

空间点 A 位于 V 面、H 面和 W 面构成的三投影面体系中。由点 A 分别向 V、H、W 面作正投影，依次得点 A 的正面投影 a'、水平投影 a、侧面投影 a''。如图 2-14（a）所示。字母的表示作如下规定。

空间点用大写字母 A，B，C⋯表示；

H 面上的投影用同名小写字母 a，b，c⋯表示；

V 面上的投影用同名小写字母加一撇 a'，b'，c'⋯表示；

W 面上的投影用同名小写字母加二撇 a''，b''，c''⋯表示。

为使三个投影面展到同一平面上，现保持 V 面不动，使 H 面绕 OX 轴向下旋转，使 W 面绕 OZ 轴向右旋转，使三个投影面展开成一个平面，这样得到点的三面投影图，如图 2-14（b）所示。在实际画图时，不画出投影面的边框，如图 2-14（c）所示。这里值得注意的是：在三面体系展开的过程中，Y 轴被一分为二。Y 轴一方面随着 H 面旋转到 Y_H 的位

置，另一方面又随 W 面旋转到 Y_W 的位置。

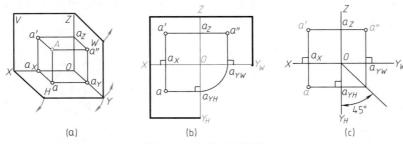

图 2-14　点的三面投影

2.2.2　点的投影规律

在图 2-14（b）中，点 a_Y 因此而分为 a_{YH}（属于 H 面）和 a_{YW}（属于 W 面）。正面投影和水平投影、正面投影与侧面投影之间的关系符合投影规律：$a'a⊥OX$，$a'a''⊥OZ$；点的水平投影到 OX 轴的距离与点的侧面投影到 OZ 轴的距离均反映空间点到 V 面的距离。由此概括出点在三投影面体系的投影规律如下：

（1）点的水平投影与正面投影的连线垂直于 OX 轴，即 $a'a⊥OX$；

（2）点的正面投影和侧面投影的连线垂直于 OZ 轴，即 $a'a''⊥OZ$；

（3）点的水平投影到 OX 轴的距离等于点的侧面投影到 OZ 轴的距离，即 $aa_X = a''a_Z$。

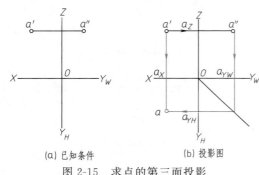

(a) 已知条件　　(b) 投影图

图 2-15　求点的第三面投影

【例 2-1】　已知点 A 的正面投影 a' 和侧面投影 a''，见图 2-15（a），求作该点的水平投影。

解　自 a' 向下作 OX 轴的垂线，自 a'' 向下作 OY_W 轴的垂线与 45°辅助直线交于一点，过该交点作 OY_H 轴的垂线，与过 a' 的垂直线交于 a，a 即为 A 点的水平投影。如图 2-15（b）所示。

2.2.3　点的直角坐标表示法

把投影轴 OX、OY、OZ 看作坐标轴，则在空间直角坐标系中，点 A 可用坐标（X_A，Y_A，Z_A）表示。

点 A 到 W 面的距离等于点 A 的 X 坐标 X_A；

点 A 到 V 面的距离等于点 A 的 Y 坐标 Y_A；

点 A 到 H 面的距离等于点 A 的 Z 坐标 Z_A。

点 A 的水平投影 a 由（X_A，Y_A）确定；正面投影 a' 由（X_A，Z_A）确定；侧面投影 a'' 由（Y_A，Z_A）确定。

【例 2-2】　已知 A 点的坐标（25，15，12）；B 点的坐标（35，8，0）；C 点的坐标（18，0，0），作出各点的三面投影图。

解　如图 2-16 所示。

（1）A 点的投影：从 O 点在 X、Y、Z 轴上分别量取 $X_A = 25$，$Y_A = 15$，$Z_A = 12$，然后各

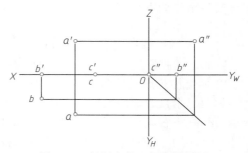

图 2-16　根据点的坐标作投影图

引所在轴的垂线，根据点的直角坐标和三面投影的关系知，aa_X 与 aa_{YH} 相交决定 a；$a'a_X$ 与 $a'a_Z$ 相交决定 a'；$a''a_{YW}$ 与 $a''a_Z$ 相交决定 a''。

（2）B 点的投影：从 O 点在 X、Y 轴上分别量取 $X_B=35$，$Y_B=8$，然后由 b_X、b_{YH} 作所在轴的垂线，相交得 b 点。由于 $Z_B=0$，所以 b' 在 X 轴上，b'' 在 Y_W 轴上。

（3）C 点的投影：从 O 点在 X 轴上量取 $X_C=18$，由于 $Y_C=0$，$Z_C=0$，所以 c、c' 重合在 X 轴上，c'' 与原点 O 重合。

2.2.4　两点的相对位置及可见性判断

2.2.4.1　两点的相对位置

两点的相对位置指的是空间两点前后、上下、左右的位置关系。在投影图中是由它们同面投影的坐标大小来比较判别。

其中左、右由 X 坐标判别，前、后由 Y 坐标判别，上、下由 Z 坐标判别。

（1）两点的左右位置判断：X 坐标大的在左；X 坐标小的在右；

（2）两点的前后位置判断：Y 坐标大的在前；Y 坐标小的在后；

（3）两点的上下位置判断：Z 坐标大的在上；Z 坐标小的在下。

如图 2-17 所示的 A、B 两点，由于 $X_A>X_B$，$Y_A>Y_B$，$Z_A>Z_B$，说明 A 点在 B 点的左、前、上方，也可以说 B 点在 A 点的右、后、下方。

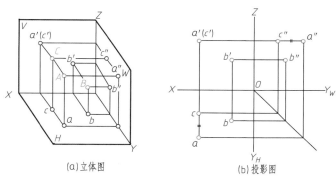

（a）立体图　　　　　　（b）投影图

图 2-17　两点的相对位置

2.2.4.2　重影点及可见性判断

当两点位于某一投影面的同一条投影线上时，则这两点在该投影面上的投影就重合为一点，于是称这两点为该投影面的重影点。显然，两点在某投影面上的投影重合时，该面投影反映的两个坐标分别相等，两点的另外一个坐标值不等。如图 2-17 所示，点 A、C 位于垂直于 V 面的同一条投影线上，a'、c' 重合在一起，因此有 $X_A=X_C$，$Z_A=Z_C$，由于 $Y_A>Y_C$，因此 A 点在 C 点正前方，从前面投影时 A 把 C 挡住，点 A 可见，点 C 不可见，不可见点的投影加括号表示。判别在某投影面上重影点的可见性，用不相等的两坐标值判定，坐标值大的点可见。

2.3　直线的投影

2.3.1　直线投影图的作法

直线可以由线上的两点确定，所以直线的投影可以由直线上任意两点（通常取线段两个端点）的投影决定，然后将点的同面投影连接起来，即为直线的投影。如图 2-18 所示。

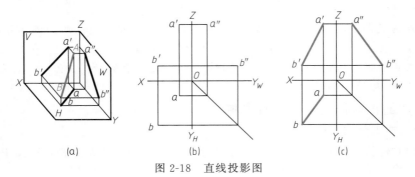

图 2-18　直线投影图

2.3.2　特殊位置直线的投影特性

2.3.2.1　投影面平行线

只平行于一个投影面，而对另外两个投影面倾斜的直线称为投影面平行线。

表 2-1　投影面平行线的投影特性

名称	轴 测 图	投 影 图	投影特性
正平线			1. $a'b'$ 反映真长和 α、γ 角 2. $ab \, // \, OX$，$a''b'' \, // \, OZ$，投影长度缩短
水平线			1. cd 反映真长和 β、γ 角 2. $c'd' // OX$，$c''d'' // OY_W$，投影长度缩短
侧平线			1. $e''f''$ 反映真长和 α、β 角 2. $ef // OY_H$，$e'f' // OZ$，投影长度缩短

投影面平行线有三种位置：

正平线　平行于 V 面倾斜于 H 面和 W 面的直线叫正平线；

水平线　平行于 H 面倾斜于 V 面和 W 面的直线叫水平线；

侧平线　平行于 W 面倾斜于 V 面和 H 面的直线叫侧平线。

投影面平行线的投影特性见表 2-1。直线对投影面所夹的角即直线对投影面的倾角，α、β、γ 分别表示直线对 H 面、V 面和 W 面的倾角。

根据表 2-1 投影面平行线的投影特性，总结出投影面平行线的投影规律和判别方法。

（1）投影面平行线的投影规律

① 在所平行的投影面上的投影反映平行线段真长，与投影轴的夹角反映平行线与相应投影面的倾角。

② 另外两投影都小于真长，分别平行于平行投影面的相应轴线。

（2）判别方法　只要有一个投影是倾斜的线段，另外两个投影是与斜线所在投影面的轴线平行的线段，一定是投影面的平行线，且平行于倾斜投影所在的平面。

2.3.2.2　投影面垂直线

垂直于一个投影面，与另外两个投影面平行的直线，称为投影面垂直线。

表 2-2　投影面垂直线的投影特性

名称	轴　测　图	投　影　图	投　影　特　性
正垂线			1. $a'b'$ 积聚成一点 2. $ab//OY_H$，$a''b''//OY_W$，且反映真长
铅垂线			1. cd 积聚成一点 2. $c'd'//OZ$，$c''d''//OZ$，且反映真长
侧垂线			1. $e''f''$ 积聚成一点 2. $ef//OX$，$e'f'//OX$，且反映真长

投影面垂直线也有三种位置：

正垂线　垂直于 V 面平行于 H 面和 W 面的直线；

铅垂线　垂直于 H 面平行于 V 面和 W 面的直线；

侧垂线　垂直于 W 面平行于 V 面和 H 面的直线。

根据表 2-2 投影面垂直线的投影特性，总结出投影面垂直线的投影规律和判别方法。

（1）投影面垂直线的投影规律

① 在所垂直的投影面上积聚为一点。

② 另外两投影同时平行于两投影面的相交轴线，分别垂直积聚投影面的相应投影轴，且反映真长。

（2）判别方法　只要有一投影积聚为一点，一定是投影面的垂直线，且垂直于积聚投影所在的投影面。

2.3.3　一般位置直线

一般位置直线是指既不平行也不垂直于任何一个投影面，即与三个投影面都处于倾斜位置的直线。

2.3.3.1　投影特性

从图 2-19 中可以看出，一般位置直线的三个投影都倾斜于投影轴，长度缩短，不能直接反映直线与投影面的真实倾角。

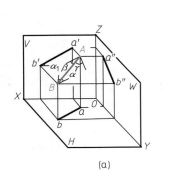 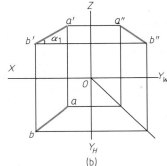

(a)　　　　　　　(b)

图 2-19　一般位置直线投影

2.3.3.2　一般位置直线的真长和倾角的求法

求作一般位置直线的真长和倾角，可用图 2-20 的直角三角形法。

（1）直角三角形各元素意义

① 斜边：线段真长。

② 直角边：一直角边为投影长；另一直角边为 AB 两端点的坐标差。

③ 斜边与投影边的夹角：反映与该投影面的倾角。

求直线与水平投影面的倾角 α，可在水平投影面上求作，如图 2-20（b）所示。求直线与正投影面的倾角 β，可在正投影面上求作，如图 2-20（c）所示。求直线与侧投影面的倾角 γ，可在侧投影面上求作。

（2）直角三角形法的作图要点

① 以线段的某一投影为一直角边；

② 以线段的两端点相对于该投影面的坐标差为另一直角边（该坐标差可在线段的另一投影上量取）；

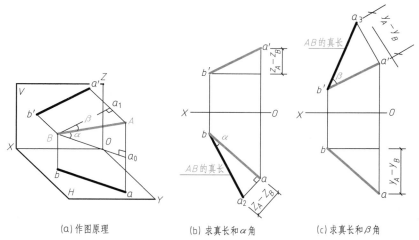

(a) 作图原理   (b) 求真长和 α 角   (c) 求真长和 β 角

图 2-20　用直角三角形法求直线的真长和倾角

③ 所作直角三角形的斜边即为线段的真长；

④ 斜边与线段投影的夹角即是线段对投影面的倾角。

2.3.4　直线上的点

（1）直线上的点的投影，必在直线的同面投影上。由此可判断点是否在直线上。

（2）若直线不垂直于投影面，则点的投影分割直线线段投影的长度比，等于点分割直线线段的长度比。

【例 2-3】　如图 2-21（a）所示，试判断 K 点是否在侧平线 MN 上？

解　可按直线上点的投影特性，用方法一或方法二进行判断。

（1）方法一

判断过程如图 2-21（b）所示。

① 加 W 面，即过 O 作投影轴 OY_H、OY_W、OZ。

② 由 $m'n'$、mn 和 k'、k 作出 $m''n''$ 和 k''。

③ 由于 k'' 不在 $m''n''$ 上，所以 K 点不在 MN 上。

（2）方法二

判断过程如图 2-21（c）所示。

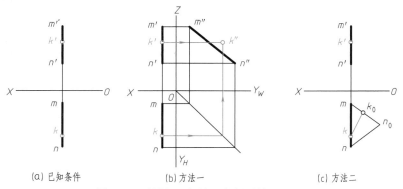

(a) 已知条件   (b) 方法一   (c) 方法二

图 2-21　判断 K 点是否在侧平线 MN 上

① 过 m 任作一直线，在其上取 $mk_0 = m'k'$、$k_0 n_0 = k'n'$。

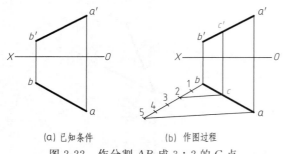

(a) 已知条件　　　　(b) 作图过程

图 2-22　作分割 AB 成 3：2 的 C 点

② 分别将 k 和 k_0、n 和 n_0 连成直线。

③ 由于 kk_0 不平行于 nm_0，于是 $m'k'：k'n'\neq mk：kn$，从而就可立即判断出 K 点不在 MN 上。

【例 2-4】　如图 2-22（a）所示，已知直线 AB 求作 AB 上的 C 点，使 $AC：CB=3：2$。

解　作图过程如图 2-22（b）所示。

（1）根据直线上的点的投影特性，自 b 任引一直线，以任意直线长度为单位长度，从 b 顺次量 5 个单位，得点 1、2、3、4、5。

（2）连 5 与 a，作 $2c//5a$，与 ab 交于 c。

（3）由 c 引投影连线，与 $a'b'$ 交得 c'，c' 与 c 即为所求的 C 点的两面投影。

2.4　两直线的相对位置

两直线的相对位置有三种情况：平行、相交和交叉。其中平行线和相交线为共面线，交叉线为异面直线。不同相对位置两直线的投影与特性见表 2-3。

2.4.1　平行两直线

若空间两直线平行，则其同名投影必平行。反之，若空间两直线的各组同名投影平行，则该两直线必平行。一般情况下，只要检查任意两面投影便可作出正确判断。

投影特性和投影图见表 2-3。

表 2-3　不同相对位置两直线的投影特性

相对位置	平　行	相　交	交　叉
轴测图			
投影图			
投影特性	平行两直线同面投影相互平行	相交两直线同面投影都相交，且交点符合点的投影规律，同面投影的交点，就是两直线交点的投影	交叉两直线的投影，既不符合平行两直线的投影特性，又不符合相交两直线的投影特性，同面投影的交点，就是两直线上各一点形成的对这个投影面的重影点的重合的投影

【例 2-5】 如图 2-23（a）所示，已知平行四边形 *ABDC* 的两边 *AB* 和 *AC* 的投影，试完成平行四边形 *ABDC* 的投影。

解 由于平行四边形的对边相互平行，即 *AB*∥*CD*，*AC*∥*BD*，运用平行二直线的投影特性即可完成作图。作图方法如图 2-23（b）、（c）所示。

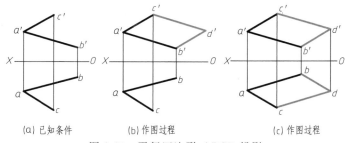

（a）已知条件　　　　　　（b）作图过程　　　　　　（c）作图过程

图 2-23　平行四边形 *ABCD* 投影

2.4.2　相交两直线

若空间两直线相交，则其同名投影必相交，且交点的投影符合点的投影规律，反之亦然。

投影特性和投影图见表 2-3。

一般情况下，只需检查任意两面投影就可作出正确的判断。

当两直线中有一直线平行于某投影面时，要判断它们是否相交，则要对直线所平行的投影面加以检查，才能作出正确的判断。

如图 2-24 所示：由于直线 *AB* 是侧平线，故不能只看 *H*、*V* 面投影，必须作出 *AB* 和 *CD* 直线在 *W* 面上的投影进行检查。虽然它们的 *W* 面投影也相交，但其交点的投影不符合点的投影规律，故 *AB* 与 *CD* 两直线不相交。

如果运用点在直线上的定比性来进行判断，则可不作出 *W* 面投影。由于 $a'k' : k'b' \neq ak : kb$，故 *K* 点不是 *AB* 直线上的点，所以直线 *AB* 与直线 *CD* 不相交。

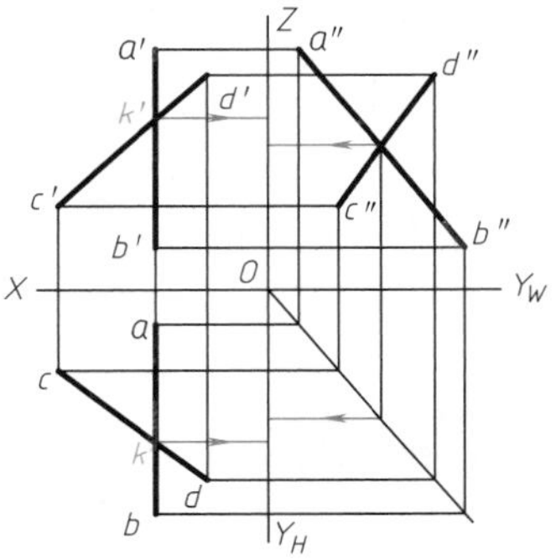

2.4.3　交叉两直线

既不平行又不相交的两直线称为交叉两直线。在投影图上，若两直线的各同名投影既不具有平行两直线的投影性质，又不具有相交两直线的投影性质，即可判定为交叉两直线。

图 2-24　两直线的相对位置判断

交叉两直线可能有一个或两个投影平行，但不会有三个同名投影平行。交叉两直线的同名投影也可能会相交，但它们的交点不符合点的投影规律，交点实际上是两直线上对投影面的一对重影点的投影。

投影特性和投影图见表 2-3。

当两直线处于交叉位置时，有时需要判断可见性，即判断它们的重影点的重合投影的可见性。

确定和表达两交叉线的重影点投影可见性的方法是：从两交叉线同面投影的交点，向相邻投影引垂直于投影轴的投影连线，分别与这两交叉线的相邻投影各交得一个点，标注出交点的投影符号。按左遮右、前遮后、上遮下的规律，确定在重影点的投影重合处，是哪一条直线上的点的投影可见。

2.4.4 垂直两直线

互相垂直的两直线同时平行于某一投影面时，在该投影面上的投影是直角；互相垂直的两直线都不平行于投影面时，其投影不是直角。若互相垂直的两直线中有一条直线平行于投影面时，其投影如何呢？

如图 2-25（a）所示，相交两直线 $AB \perp BC$，其中 $AB // H$ 面，BC 倾斜于 H 面。

因 $AB // H$ 面，所以 $AB \perp Bb$，又 $AB \perp BC$，则直线 $AB \perp BbcC$ 平面；又因 $AB // H$ 面，故 $ab // AB$，所以 $ab \perp BbcC$ 平面，因此 $ab \perp bc$。其投影图如图 2-25（b）所示。

反之，设 $ab \perp bc$，而 $AB // H$ 面，则同理可证 $AB \perp BC$。

再如图 2-26（a）所示，设交叉两直线 $AB \perp MN$，且 $AB // H$ 面，MN 倾斜于 H 面。过直线 AB 上任意一点 B 作直线 $BC // MN$，则 $BC \perp AB$。由上述证明过程容易得出 $ab \perp mn$。其投影图如图 2-26（b）所示。

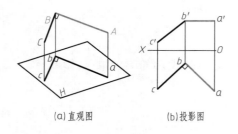

图 2-25　直角投影

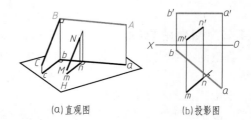

图 2-26　两直线交叉垂直

由此可得出直角投影定律：

互相垂直的两直线（相交或交叉），其中有一条直线平行于某一投影面时，则两直线在该投影面上的投影仍互相垂直。反之，若相交或交叉两直线在某一投影面上的投影互相垂直，且其中有一条直线是该投影面的平行线，则这两直线在空间必定互相垂直。

【例 2-6】　如图 2-27（a）所示，已知矩形 $ABCD$ 的一边 AB 为水平线及其两面投影 ab 和 $a'b'$ 以及另一边 AD 的正面投影 $a'd'$，完成矩形的两面投影图。

解　矩形邻边互相垂直，而 AB 为已知的水平线，利用直角投影定律过 a 作 $ad \perp ab$，并由 d' 向水平投影连线定出 D 点的水平投影 d。又因矩形的对边互相平行，根据平行二直线的投影特性，完成另一邻边的投影，作图过程如图 2-27（b）所示。

【例 2-7】　如图 2-28 所示，求 AB、CD 两直线的公垂线。

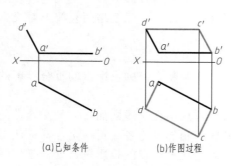

图 2-27　求矩形的两面投影

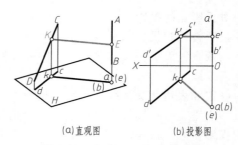

图 2-28　求 AB、CD 的公垂线

解 因 AB 是铅垂线，CD 是一般位置线，所以它们的公垂线是一条水平线。由直线 AB 的水平投影 a、b 向 cd 作垂线交于 k，并求出 k'；由 k' 作 OX 轴的平行线与 $a'b'$ 交于 e'，$e'k'$ 和 ek 即为公垂线 EK 的两面投影。作图过程如图 2-28（b）所示。

2.5 平面的投影

2.5.1 平面的表示方法

2.5.1.1 用几何元素表示平面

（1）不在同一直线上的三点；如图 2-29（a）所示。

（2）一直线和直线外一点；如图 2-29（b）所示。

（3）相交两直线；如图 2-29（c）所示。

（4）平行两直线；如图 2-29（d）所示。

（5）平面图形；如图 2-29（e）所示。

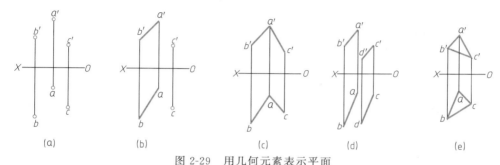

(a) (b) (c) (d) (e)

图 2-29 用几何元素表示平面

2.5.1.2 用迹线表示平面

在三投影面体系中，空间平面与投影面的交线，称为平面的迹线。如图 2-30 所示。

平面 P 与 V 面的交线称为平面 P 的正面迹线，用 P_V 表示；

平面 P 与 H 面的交线称为平面 P 的水平迹线，用 P_H 表示；

平面 P 与 W 面的交线称为平面 P 的侧面迹线，用 P_W 表示。

平面与各投影轴的交点（即相邻两迹线的交点），称为迹线集合点，分别用 P_X、P_Y、P_Z 表示。

在投影图上，通常只标记迹线本身，而不标出与投影轴重合的另两面投影。

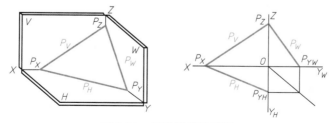

图 2-30 用迹线表示平面

2.5.2 平面的投影特性

平面对投影面的相对位置有三种：投影面平行面、投影面垂直面和一般位置平面。其中投影面平行面和投影面垂直面统称为特殊位置平面。

平面与投影面 H、V、W 的倾角，分别用 α、β、γ 表示。

2.5.2.1 投影面平行面

平行于一个投影面，而垂直于另外两个投影面的平面称为投影面平行面。

投影面平行面有三种位置：

正平面 平行于 V 面垂直于 H 面和 W 面的平面；

水平面 平行于 H 面垂直于 V 面和 W 面的平面；

侧平面 平行于 W 面垂直于 V 面和 H 面的平面。

投影面平行面的投影特性见表 2-4。

表 2-4 投影面平行面的投影特性

名称	轴测图	投影图	投影特性
正平面			1. V 面投影反映实形 2. H 面投影、W 面投影积聚成直线，分别平行于投影轴 OX、OZ，且同时垂直于 OY 轴
水平面			1. H 面投影反映实形 2. V 面投影、W 面投影积聚成直线，分别平行于投影轴 OX、OY_w，且同时垂直于 OZ 轴
侧平面			1. W 面投影反映实形 2. V 面投影、H 面投影积聚成直线，分别平行于投影轴 OZ、OY_H，且同时垂直于 OX 轴

根据表 2-4，总结出投影面平行面的投影规律和判别方法。

(1) 投影面平行面的投影规律

① 在所平行的投影面上投影反映实形。

② 其余两投影积聚为直线，且平行于相应的投影轴。

(2) 判别方法 只要有一个投影是平面图形，另外两个投影聚集为直线（两线一面），一定是投影面平行面，且平行于平面图形的投影面。

2.5.2.2 投影面垂直面

垂直于一个投影面，而倾斜于另外两个投影面的平面称为投影面垂直面。

投影面垂直面有三种位置：

正垂面 垂直于 V 面倾斜于 H 面和 W 面的平面；

铅垂面 垂直于 H 面倾斜于 V 面和 W 面的平面；

侧垂面 垂直于 W 面倾斜于 V 面和 H 面的平面。

投影面垂直面的投影特性见表 2-5。

表 2-5　投影面垂直面的投影特性

名称	轴 测 图	投 影 图	投 影 特 性
正垂面	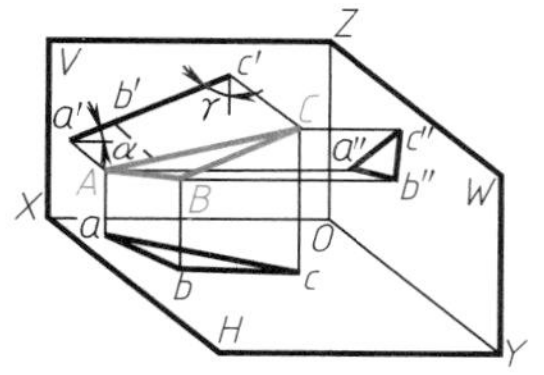	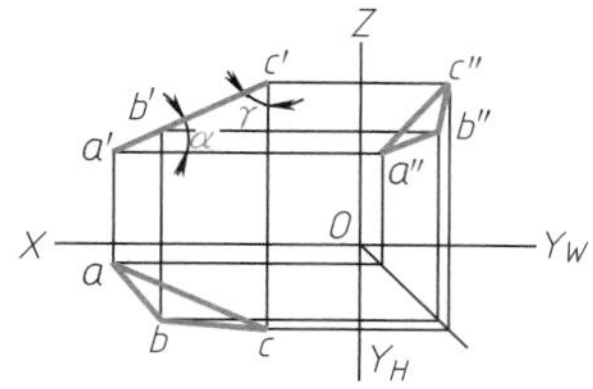	1. 在 V 面投影积聚成一直线，并反映与 H、W 面的倾角 α、γ 2. 在 H、W 面投影为面积缩小的类似形
铅垂面	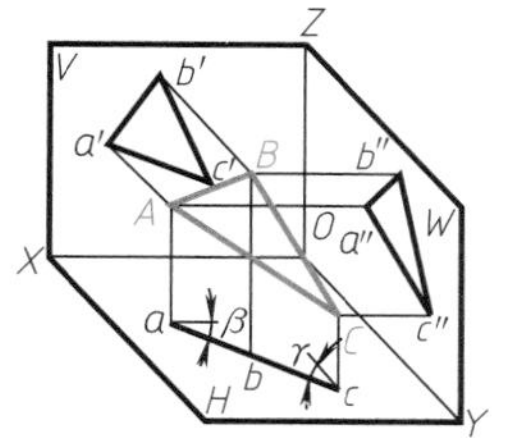	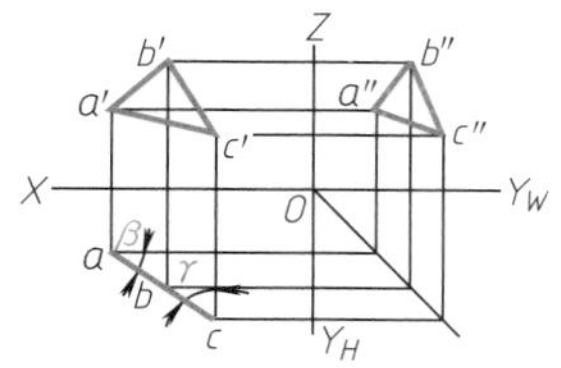	1. 在 H 面投影积聚成一直线，并反映与 V、W 面的倾角 β、γ 2. 在 V、W 面投影为面积缩小的类似形
侧垂面	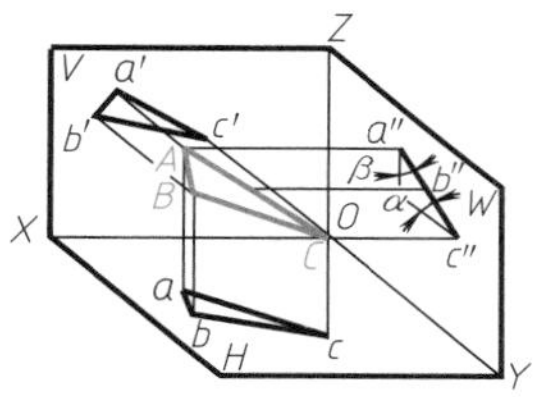	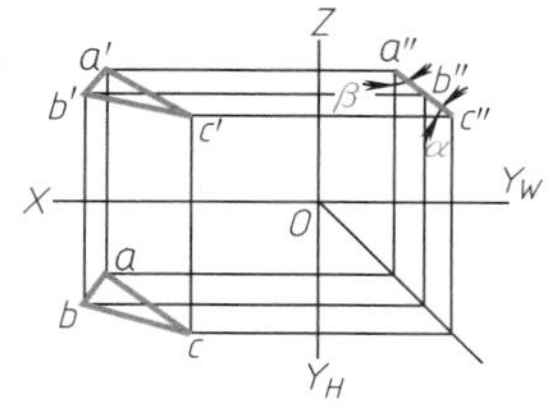	1. 在 W 面投影积聚成一直线，并反映与 H、V 面的倾角 α、β 2. 在 H、V 面投影为面积缩小的类似形

根据表 2-5，总结出投影面垂直面的投影规律和判别方法。

（1）投影面垂直面的投影规律

① 在所垂直的投影面上投影积聚为直线，具有积聚性的投影与投影轴的夹角，分别反映平面与相应投影面的倾角。

② 其余两投影为类似形。

（2）判别方法　只要有一个投影积聚为直线，另外两个投影是平面图形（两面一线），一定是投影面垂直面，且垂直于积聚为直线的投影面。

2.5.2.3　一般位置平面

在三面投影体系中，对三个投影面都倾斜的平面称为一般位置平面。

从图 2-31 看出，一般位置平面投影特性是：三个投影面上的投影，均为原平面图形的类似形，都不反映实形（三个投影都是面）。

2.5.3　属于平面的点和直线

2.5.3.1　特殊位置平面上的点、直线

特殊位置平面上的点、直线，在该平面有积聚性的投影所在的投影面上投影，必定积聚在该平面有积聚性的投影上。

利用这个投影特性，可以求作特殊位置平面上的点、直线的投影。

【例 2-8】　如图 2-32（a）所示，△ABC 为水平面，已知它的 H 面投影△abc 和顶点 A 的 V 面投影 a'，求作△ABC 的 V 面投影和 W 面投影，并求作△ABC 的外接圆圆心 D 的三面投影。

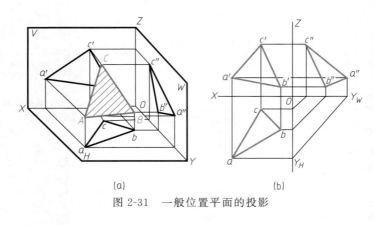

图 2-31　一般位置平面的投影

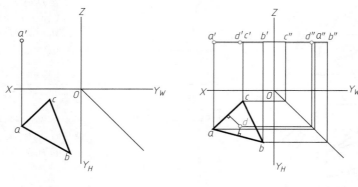

(a)已知条件　　　　　　　　(b)作图过程

图 2-32　水平面△ABC 的 V 面投影和 W 面投影及外接圆圆心 D 的投影

　　解　因为水平面的 V 面投影和 W 面投影有积聚性，并且分别平行于 OX 轴和 OY_W 轴，所以按已知条件就可作出这个三角形分别积聚成直线的 V 面投影和 W 面投影。

　　又因水平面的 H 面投影反映真形，所以就能直接用平面几何的作图方法在 H 面投影中作出△ABC 的外接圆圆心 D 的 H 面投影 d；然后由 d 引投影连线，分别在已作出的△ABC 的有积聚性的 V 面投影和 W 面投影上，作出 D 点的 V 面投影 d′ 和 W 面投影 d″。

　　具体的作图过程如图 2-32（b）所示。

　　（1）分别由 a、a′ 引投影连线，交得 a″。

　　（2）分别过 a′、a″ 引 OX、OY_W 轴的平行线，再分别由 b、c 引投影连线，与上述平行线交得顶点 B、C 的 V 面投影 b′、c′ 和 W 面投影 b″、c″，从而就作出了△ABC 的有积聚性的 V 面投影 a′b′c′ 和 W 面投影 a″b″c″。

　　（3）在 H 面投影中，分别作△abc 的任意两条边（例如 ab 和 ac）的中垂线，就交得△ABC 的外接圆圆心 D 的 H 面投影 d。

　　（4）由 d 分别作投影连线，与△ABC 的有积聚性的 V 面投影 a′b′c′ 和 W 面投影 a″b″c″交得 D 点的 V 面投影 d′ 和 W 面投影 d″。

2.5.3.2　一般位置平面上的点、直线

点和直线在平面上的几何条件如下：

　　① 平面上的点，必在该平面的直线上；

　　② 平面上的直线必通过平面上的两点或通过平面上的一点，且平行于平面上的另一直线。

【例 2-9】 如图 2-33（a）所示，已知平行四边形 $ABCD$ 和 K 点的两面投影，平行四边形 $ABCD$ 上的直线 MN 的 H 面投影 mn，试检验 K 点是否在平行四边形 $ABCD$ 平面上，并作出直线 MN 的 V 面投影 $m'n'$。

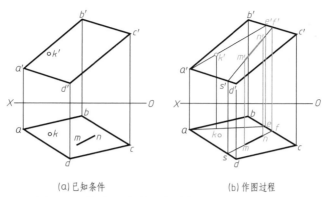

(a)已知条件　　　　　　　(b)作图过程

图 2-33　检验 K 点是否在平行四边形 $ABCD$ 上，
作平行四边形 $ABCD$ 上直线 MN 的 V 面投影

解　可按点和直线在平面上的几何条件作图。如图 2-33（b）所示。

（1）检验 K 点的作图过程

① 连 a' 和 k'，延长后与 $b'c'$ 交于 e'，由 e' 引投影连线，与 bc 相交得 e 点。连 a 和 e。

② 若 k 在 ae 上，则 K 点在平行四边形 $ABCD$ 的直线 AE 上，K 点便在平行四边形 $ABCD$ 上。图中的 k 不在 ae 上，就表明 K 点不在平行四边形 $ABCD$ 上。

（2）求作 $m'n'$ 的作图过程

① 延长 mn，与 ad 交得 s，与 bc 交得 f。

② 由 s、f 作投影连线，分别在 $a'd'$、$b'c'$ 上交得 s'、f'，连 s' 与 f'。

③ 由 m、n 作投影连线，分别与 $s'f'$ 交得 m'、n'，$m'n'$ 即为所求。

2.5.3.3　平面上的投影面平行线

平面上的投影面平行线不仅应满足直线在平面上的几何条件，而且它的投影又必须符合投影面平行线的投影特性。

【例 2-10】 如图 2-34（a）所示，已知 $\triangle ABC$，在 $\triangle ABC$ 上求作一条距 V 面为 12mm 的正平线。

解　作图过程如图 2-34（b）所示。

（1）在 OX 轴之下（即 OX 轴之前）12mm 处，作 OX 轴的平行线，即为这条正平线的 H 面投影，与 ab、bc 分别交得 d、e，de 即为所求作的正平线 DE 的 H 面投影。

（2）由 d、e 作投影连线，分别与 $a'b'$、$b'c'$ 交得 d'、e'，连 d' 和 e'，$d'e'$ 即为所求的正平线 DE 的 V 面投影。

2.5.3.4　最大斜度线

平面内垂直于该平面上任意一条投影面平行线的直线，称为平面内对相应投影面的最大斜度线。平面内对投影面的最大斜度线可分为三种。

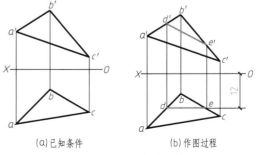

(a)已知条件　　　　　(b)作图过程

图 2-34　在 $\triangle ABC$ 上求作一条距 V 面
为 12mm 正平线投影

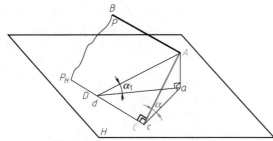

图 2-35　平面上对 H 面的最大斜度线及其几何意义

（1）垂直于平面内水平线的直线，是平面内对水平面（H）的最大斜度线，如图 2-35 所示。

（2）垂直于平面内正平线的直线，是平面内对正立面（V）的最大斜度线。

（3）垂直于平面内侧平线的直线，是平面内对侧立面（W）的最大斜度线。

最大斜度线是平面内对相应投影面成最大角度的直线。

【例 2-11】　如图 2-36（a）所示，已知 $\triangle ABC$，求作 $\triangle ABC$ 与 H 面的倾角 α。

解　只要在 $\triangle ABC$ 平面上作一条对 H 面的最大斜度线，再求出它与 H 面的倾角 α，也就是 $\triangle ABC$ 与 H 面的倾角。为了在 $\triangle ABC$ 平面上作对 H 面的最大斜度线，先要在 $\triangle ABC$ 平面上作一条水平线。

作图过程如图 2-36（b）所示。

（1）过 A 点作 $\triangle ABC$ 平面上的水平线 AD：先作 $a'd' /\!/ OX$，再由 $a'd'$ 作出 ad。

（2）在 $\triangle ABC$ 平面上作对 H 面的最大斜度线 BE：过 b 作 $be \perp ad$，与 ac 交得 e，再由 be 作出 $b'e'$。

（3）作 BE 与 H 面的倾角 α：用直角三角形法作出 BE 对 H 面的倾角 α，即为 $\triangle ABC$ 与 H 面的倾角。

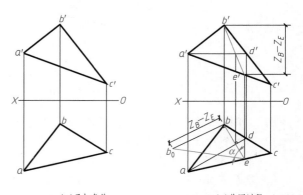

(a)已知条件　　　(b)作图过程
图 2-36　作 $\triangle ABC$ 与 H 面的倾角 α

2.6　直线与平面的相对位置、平面与平面的相对位置

2.6.1　直线与平面、平面与平面平行

2.6.1.1　直线与平面平行的几何条件

如果直线平行于平面，则直线的各面投影必与平面上一直线的同面投影平行。

【例 2-12】　如图 2-37（a）所示，过点 M 作直线 MN 平行于平面 $\triangle ABC$。

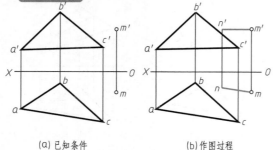

(a)已知条件　　　(b)作图过程
图 2-37　过点 M 作直线 MN 平行于平面 $\triangle ABC$

解　过已知点可作无数条直线平行于 $\triangle ABC$。题中只作一条与平面内的任一直线平行即可。过点 M 作直线 MN 平行于 $\triangle ABC$ 的 AC 边，即 $mn /\!/ ac$、$m'n' /\!/ a'c'$，则直线 $MN /\!/ \triangle ABC$。作图过程如图 2-37（b）所示。

【例 2-13】　如图 2-38（a）所示，过点 M 作直线 MN 平行于 V 面和 $\triangle ABC$。

解　因为 $\triangle ABC$ 为正垂面，所以直线

MN 的正面投影 $m'n'$ 必定平行于 $a'b'c'$。又因为 MN 为正平线，所以 mn 平行于 OX 轴。作图过程如图 2-38（b）所示。

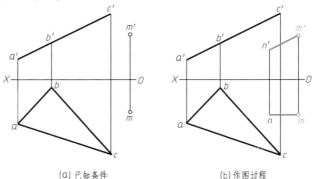

(a) 已知条件 (b) 作图过程

图 2-38 过点 M 作直线 MN 平行于 V 面和 $\triangle ABC$

2.6.1.2 平面与平面平行的几何条件

（1）若一个平面上的两相交直线分别平行于另一平面上的两相交直线，则两平面相互平行。如图 2-39（a）所示。

（2）若两平面均垂直于同一投影面时，平面在所垂直的投影面上的投影具有积聚性，则它们具有积聚性的那组投影必相互平行。如图 2-39（b）所示。

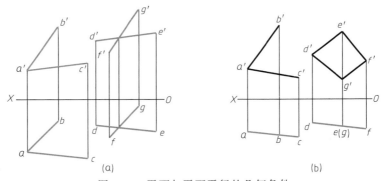

(a) (b)

图 2-39 平面与平面平行的几何条件

【例 2-14】 如图 2-40（a）所示，过点 K 作平面平行于已知平面 $\triangle ABC$。

解 根据几何条件，只要过点 K 作两相交直线 $KL//AB$、$KH//AC$，此平面即为所求。作图过程如图 2-40（b）所示。

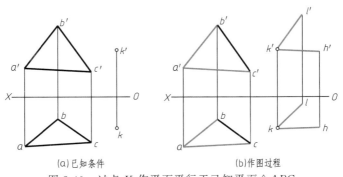

(a) 已知条件 (b) 作图过程

图 2-40 过点 K 作平面平行于已知平面 $\triangle ABC$

2.6.2 直线与平面、平面与平面相交

直线与平面相交，其交点是直线与平面的共有点，两平面相交，其交线是两平面的共有线。

2.6.2.1 特殊位置平面与一般位置直线相交

当平面垂直于投影面时，由于在该投影面上的投影有积聚性，利用此特性可直接确定它们的共有点在该面上的投影，再利用点的投影规律求出其余投影。

【例 2-15】 如图 2-41 所示，求一般位置直线 EF 与铅垂面△ABC 的交点，并判断可见性。

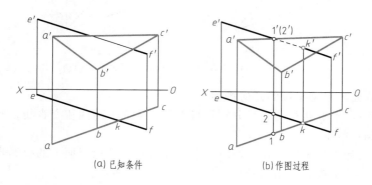

(a) 已知条件　　　　　(b) 作图过程

图 2-41　一般位置直线 EF 与铅垂面△ABC 交点及判断可见性

解　由于交点是直线和平面的共有点，它的投影必在直线和平面的同面投影上。因为平面△ABC 的水平投影 abc 为直线，即交点 K 的 H 面投影 k 必在△ABC 的 H 面投影 abc 上，又必在直线 EF 的 H 面投影 ef 上，因此，交点 K 的 H 面投影 k 就是 abc 与 ef 的交点，再由 k 求出 $e'f'$ 上的 k'。

判断可见性：图中正面投影 $e'f'$ 和△$a'b'c'$ 相重合部分才产生可见性问题，并且交点 K 是可见与不可见的分界点。利用重影点来判别，如 $e'f'$ 和 $a'c'$ 重影于 $1'$（$2'$），在 ac 和 ef 上分别求出 1 和 2，由 H 面投影可知平面上点 I 的 y 坐标大于直线上点 II 的 y 坐标值，所以平面在直线之前，该直线至 k' 点的一段是不可见，而 k' 点另一侧的直线是可见。如图 2-41 所示。

对于特殊位置的平面，可利用平面有积聚性的投影判别可见性。从水平投影可以看出，fk 在铅垂面的前方，故正面投影 $f'k'$ 为可见，而 ke 段在铅垂面的后方，故 $k'e'$ 被△$a'b'c'$ 遮住部分为不可见。

【例 2-16】 如图 2-42（a）所示，求直线 AB 与水平圆的交点 K，并判别可见性。

解　圆平面是水平面，其正面投影有积聚性，可先求出 V 面的投影 k'，再求出 H 面投影 k。

判别可见性：由于 $a'k'$ 在水平面的上方，故水平投影 ak 可见，kb 被圆遮住的部分为不可见。如图 2-42（b）所示。

2.6.2.2 特殊位置直线（垂直线）与一般位置平面相交

【例 2-17】 如图 2-43（a）所示，求铅垂线 DE 与△ABC 的交点 K，并判别可见性。

解　由于直线 de 是铅垂线，其水平投影有积聚性，所以交点 K 的水平投影 k 与 d（e）积聚为一点，又因交点 K 是△ABC 内的一点，可利用平面内取点的作图方法，借助于辅助线求出交点 k'。

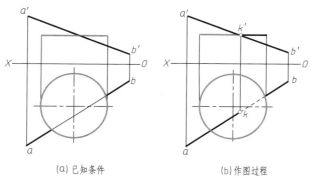

(a) 已知条件   (b) 作图过程

图 2-42 直线 AB 与水平圆的交点 K 及判别可见性

判别可见性: 由 V 面的 $b'c'$ 与 $d'e'$ 的重影点 $1'(2')$ 求出 H 面的 1 点在直线 DE 上, 2 点在 BC 上, 1 点的 y 坐标大于 2 点的 y 坐标, 所以 $d'k'$ 可见, $k'e'$ 被遮住部分不可见。如图 2-43 (b) 所示。

判别可见性要利用重影点进行。一般先从同面投影的投影重叠部分中找一对交叉直线的重影点; 然后在另一投影上找出它们的相应投影, 再比较两者坐标的大小 (大者可见, 小者不可见)。

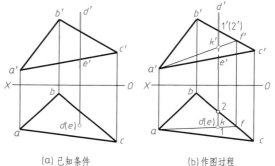

(a) 已知条件   (b) 作图过程

图 2-43 铅垂线 DE 与 $\triangle ABC$ 的交点 K 及可见性判别

2.6.2.3 一般位置平面与特殊位置平面相交

当两平面之一为特殊位置时, 可利用投影的积聚性直接求得两个共有点, 连接此两点即为两平面的交线, 交线的另一个投影可由一般位置平面的两个边线与平面有积聚性投影的交点的投影连线求得。

【例 2-18】 如图 2-44 (a) 所示, 投影面平行面 $\triangle ABC$ 与一般位置平面 $\triangle DEF$ 相交, 求交线并判别可见性。

解 因为 $\triangle ABC$ 为水平面, 其正面投影有积聚性, 说明两平面交线的正面投影必在 $a'b'c'$ 上。但交线又是 $\triangle DEF$ 内的一条直线, 正面投影也必在 $\triangle d'e'f'$ 上, 所以交线的正面投影 $m'n'$ 为 $\triangle DEF$ 的 DF、EF 的正面投影 $d'f'$、$e'f'$ 与 $\triangle ABC$ 的正面投影的两交点, 由 $m'n'$ 求出 m、n。如图 2-44 (b) 所示。

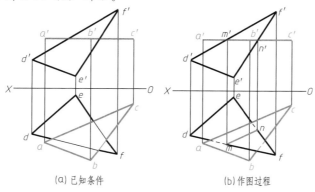

(a) 已知条件   (b) 作图过程

图 2-44 投影面平行面与一般位置平面相交的交线投影及可见性判别

判别可见性时应注意两点：交线是可见与不可见的分界线；在同面投影中，只有两个图形的重叠部分才存在判别问题，凡不重叠部分都是可见的。

因为 V 面 $m'n'f'$ 在 $\triangle a'b'c'$ 的上方，所以 mnf 可见，$demn$ 被 $\triangle ABC$ 遮挡部分为不可见，不可见部分画虚线。

【例 2-19】 如图 2-45（a）所示，求平面 $\triangle ABC$ 与铅垂面 $\triangle DEF$ 的交线 MN，并判别可见性。

解 因为 $\triangle DEF$ 是铅垂面，其水平投影有积聚性。可直接求出 m、n，再由 m、n 求出 m'、n'，交线是可见与不可见的分界线。如图 2-45（b）所示。

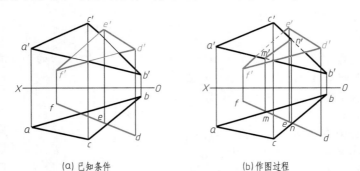

(a) 已知条件   (b) 作图过程

图 2-45 平面 $\triangle ABC$ 与铅垂面 $\triangle DEF$ 的交线 MN 的投影及可见性判别

2.6.2.4 一般位置直线与一般位置平面相交

由于一般位置的直线和平面的投影都没有积聚性，所以它们相交时一般不能从图中直接求得交点，须通过作辅助平面的方法求出。

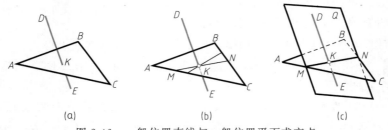

(a)   (b)   (c)

图 2-46 一般位置直线与一般位置平面求交点

图 2-46（a）为一般位置直线 DE 与一般位置平面 $\triangle ABC$ 相交，交点 K 是直线 DE 与 $\triangle ABC$ 的共有点，它必在 $\triangle ABC$ 平面上，且在过交点 K 的某些辅助直线（例如 MN）上，如图 2-46（b）所示。辅助线 MN 与直线 DE 可构成一辅助平面 Q，实际上 MN 就是 $\triangle ABC$ 与辅助平面 Q 的交线，MN 与 DE 必然相交于 K 点，亦即直线 DE 与平面 $\triangle ABC$ 的交点，如图 2-46（c）所示。由此得出求一般位置直线与一般位置平面交点的作图步骤如下：

（1）过直线 DE 作一辅助平面 Q（为作图方便，常为投影面垂直面）。

（2）求出辅助平面 Q 与 $\triangle ABC$ 平面的交线 MN。

（3）求出交线 MN 与已知直线 DE 的交点 K，就得直线 DE 与 $\triangle ABC$ 的交点。

【例 2-20】 如图 2-47（a）所示，求直线 AB 与平行二直线 CD、EF 所表示的平面的交点。

解 作图步骤

（1）过 AB 作铅垂面 Q。

（2）求出辅助平面 Q 与平行二直线所表示的平面的交线 $I\!I\!I$ 。

（3）交线 $I\!I\!I$ 的正面投影 $1'2'$ 与 $a'b'$ 的交点 k' ，就是所求点 K 的正面投影，从 k' 求出 k 。

（4）判断可见性。连接 $d'f'$ 与 $a'b'$ 有重影点 $3'$ （在 DF 上）、$4'$ （在 AB 上），从水平投影看出 3 在后，4 在前，故在正面投影中 $k'b'$ 可见画成粗实线。同理，可利用重影点 1 （在 CD 上）、5 （在 AB 上）判断出，在水平投影中 kb 可见。

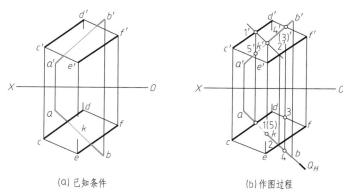

(a)已知条件　　　　　　　(b)作图过程

图 2-47　求直线与平面的交点

2.6.2.5　特殊面与特殊面相交

两投影面垂直面的积聚投影的交点，即为两平面交线的积聚投影。

【例 2-21】　如图 2-48（a）所示，求两正垂面 ABC 与 $DEFG$ 相交交线的投影，并判断可见性。

解　两正垂面相交，其交线 MN 在正投影面聚集为一点 $m'(n')$ 。作图过程如图 2-48（b）所示。

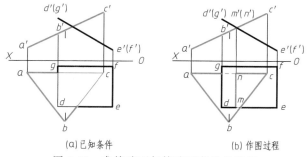

(a)已知条件　　　　　　　(b)作图过程

图 2-48　求特殊面与特殊面交线的投影

2.6.2.6　两个一般位置平面相交

用直线与平面的交点求作交线。

【例 2-22】　如图 2-49（a）所示，试求相交两三角形 ABC 和 DEF 的交线，并判断可见性。

解　两一般位置平面相交，通常采用求两共有点的方法求作交线，可用属于某一平面的直线与另一平面求交点的方法确定共有点。

（1）作图步骤

分别包含 DE 与 DF 作正垂面 P （P_V）及 Q （Q_V），求出 DE、DF 与 $\triangle ABC$ 平面的交点 K （k'、k）和 L （l'、l），KL 即为两平面的交线，如图 2-49（b）所示。

（2）判断可见性

利用重影点可通过Ⅰ、Ⅱ和Ⅲ、Ⅳ分别判断正面投影和水平投影的可见性，如图 2-49（c）所示。

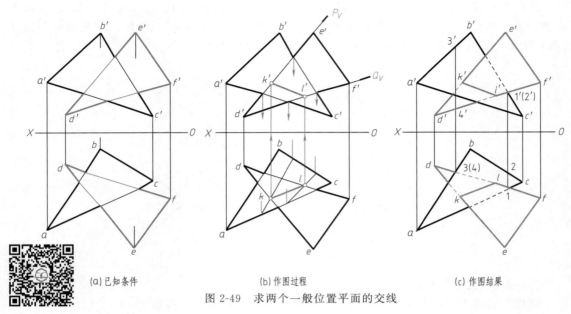

(a) 已知条件　　　　　　　(b) 作图过程　　　　　　　(c) 作图结果

图 2-49　求两个一般位置平面的交线

二维码 2.1

能力训练

一、填空题

1. 产生投影必须具备＿＿＿＿＿＿＿、＿＿＿＿＿＿＿、＿＿＿＿＿＿＿三个要素。

2. 投影方法分为＿＿＿＿＿＿和＿＿＿＿＿＿。

3. 平行投影可分为＿＿＿＿＿＿和＿＿＿＿＿＿。

4. 绘制和阅读正投影图必须遵循的投影规律是＿＿＿＿＿＿＿＿＿＿＿、＿＿＿＿＿＿＿＿＿＿和＿＿＿＿＿＿＿＿＿＿。

5. 工程中常用的投影图有＿＿＿＿＿＿、＿＿＿＿＿＿和＿＿＿＿＿＿。

6. 点的水平投影到 OX 轴的距离等于空间点到＿＿＿＿＿＿面的距离；点的正面投影到 OX 轴的距离等于空间点到＿＿＿＿＿＿面的距离；点的侧面投影到 OZ 轴的距离与点的水平投影到 OX 轴的距离，都等于空间点到＿＿＿＿＿＿面的距离。

7. 两点的相对位置指的是空间两点＿＿＿＿＿＿的位置关系。

8. 只平行于一个投影面，而对另外两个投影面倾斜的直线称为＿＿＿＿＿＿。

9. 投影面垂直线有三种位置，即＿＿＿＿＿＿、＿＿＿＿＿＿、＿＿＿＿＿＿。

10. 垂直于 V 面平行于 H 面和 W 面的直线叫＿＿＿＿＿＿。

11. 平面的表示方法有＿＿＿＿＿＿和＿＿＿＿＿＿两种。

12. 平面对投影面的相对位置有三种，即＿＿＿＿＿＿、＿＿＿＿＿＿、＿＿＿＿＿＿。

13. 在三面投影体系中，对三个投影面都倾斜的平面称为＿＿＿＿＿＿。

14. 判别一直线是否在平面内的方法为（1）该直线通过平面上的＿＿＿＿＿＿；（2）该直线通过平面上的＿＿＿＿＿＿并与平面上另一直线＿＿＿＿＿＿。

15. 平面上垂直于该平面的某一投影面平行线的直线，是平面上对这个投影面的_____。

16. 若一个平面上的两相交直线分别平行于另一平面上的两相交直线，则两平面_____。

17. 直线与平面相交，其_____是直线与平面的共有点；两平面相交，其_____是两平面的共有线。

二、选择题

1. 确定物体的形状和大小需画出（   ）。
   A. 多面正投影图   B. 单面正投影图   C. 轴测投影图

2. 正投影的基本特性是（   ）。
   A. 实形性   B. 积聚性   C. 类似性   D. 从属性
   E. 定比性

3. 投射方向垂直于投影面，所得到的平行投影称为（   ）。
   A. 正投影   B. 斜投影   C. 平行投影   D. 中心投影

4. 比较 X 坐标大小可以确定两点的位置是（   ）。
   A. 上下位置   B. 左右位置   C. 前后位置

5. 点在三投影面体系的投影规律是（   ）。
   A. 点的水平投影与正面投影的连线垂直于 OX 轴
   B. 点的正面投影和侧面投影的连线垂直于 OZ 轴
   C. 点的水平投影到 OX 轴的距离等于点的侧面投影到 OZ 轴的距离

6. 平行于 V 面倾斜于 H 面和 W 面的直线是（   ）。
   A. 水平线   B. 侧平线   C. 正平线

7. 侧垂线积聚为一点的投影面是（   ）。
   A. 水平投影面   B. 正立投影面   C. 侧立投影面

8. 两直线的相对位置有（   ）。
   A. 平行   B. 相交   C. 交叉

9. 空间平面 P 与 V 面的交线称为平面 P 的哪种迹线？（   ）
   A. 水平迹线   B. 正面迹线   C. 侧面迹线

10. 平行于 H 面垂直于 V 面和 W 面的平面是（   ）。
    A. 水平面   B. 正平面   C. 侧平面

11. 垂直于 V 面倾斜于 H 面和 W 面的平面是（   ）。
    A. 正垂面   B. 铅垂面   C. 侧垂面

三、简答题

1. 简述中心投影和平行投影的基本原理。
2. 如何根据比较坐标大小来判断两点的相对位置？
3. 投影面平行线和投影面垂直线各有几种？它们有哪些投影特性？
4. 用直角三角形法求一般位置直线的真长和其与投影面的倾角步骤是什么？
5. 简述平行、相交、交叉两直线的投影特性。
6. 投影面垂直面、投影面平行面、一般位置平面有何投影特性？
7. 点和直线在平面上的几何条件是什么？
8. 什么叫平面的最大斜度线？其投影特点如何？
9. 直线与平面平行、平面与平面平行的几何条件是什么？

学习单元三 立体的投影

教学提示
　　本学习单元主要阐述了平面体、曲面体的投影图画法及平面体、曲面体表面上点、线投影的作图方法。

教学要求
　　要求学生掌握利用平面体、曲面体的投影特性画出各种立体的投影图，能正确熟练地求出立体表面上点、线的投影。

3.1 概　　述

　　在建筑工程中，经常会遇到各种形状的形体，它们的形状虽然复杂多样，但都可以看作是各种简单立体组成。立体的形状由围成它的各个表面所确定。根据围成立体的这些表面性质，立体可分为两大类：

　　平面立体——由若干平面所围成的几何体，如棱柱体、棱锥体等。如图 3-1 所示。

　　曲面立体——由曲面或曲面与平面所围成的几何体，如圆柱体、圆锥体、圆球体和圆环等。如图 3-2 所示。

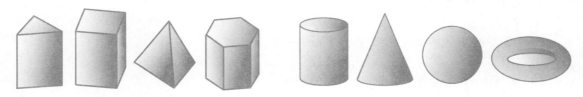

图 3-1　平面立体　　　　　　　　　　图 3-2　曲面立体

　　将基本体放在三投影面体系中进行投影时，为了画图、读图的方便，通常将其"放平，摆正"。

　　放平——就是让基本体的底面处于平行面位置。

　　摆正——是在放平的基础上，让其余各面尽可能处于平行面或垂直面位置。在以后画组合体视图或工程图时也要遵循这个原则。

3.2 平面体的投影

　　由于平面立体是由平面多边形围成的，因此，作平面立体的投影图，可归结为作出立体的各个表面的投影。由于各个表面均由直线段组成，而每条线段又由其两端点确定，所以绘制平面立体的投影图，可归结为绘制其各表面的交线（棱线）及各顶点（棱线的交点）的投影。把看得见的棱线投影画成实线，看不见的棱线投影画成虚线。

3.2.1 棱柱体

3.2.1.1 棱柱的投影

最常见的棱柱有正四棱柱和正六棱柱，图 3-3 为一正六棱柱，由六个相同的矩形棱面和上下底面（正六边形）所围成。将其放平摆正后，上、下底面为水平面，其水平投影反映实形，另外两面投影积聚为直线。正六棱柱的六个棱面中，前后两个面是正平面，正面投影反映实形；其余四个棱面均为铅垂面，作图过程如图 3-4 所示。

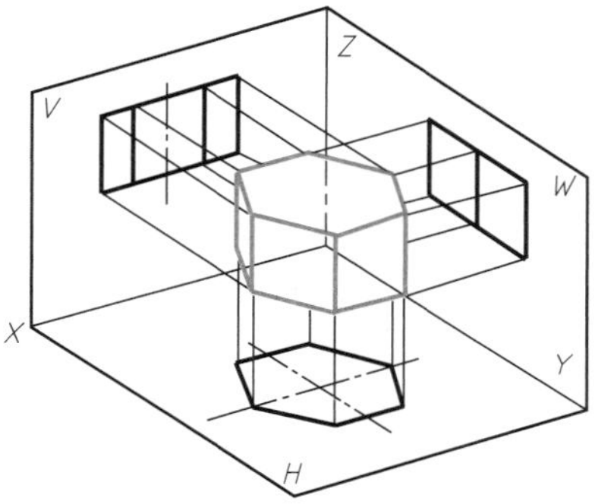

棱柱的投影特性是：在与棱线垂直的投影面上的投影为一多边形，它反映棱柱上、下底面的实形；另两个投影都是由粗实线或虚线组成的矩形线框，它反映棱面的实形或类似形。

图 3-3　正六棱柱的投影

3.2.1.2 棱柱表面上取点

在棱柱表面上取点，其原理和方法与在平面内取点相同。因此在其表面上取点均可利用平面投影积聚性的原理作图，并判别其可见性。

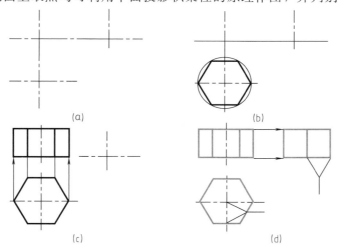

图 3-4　正六棱柱的画图方法和步骤

【例 3-1】　如图 3-5（a）所示，已知正六棱柱的三面投影图及其表面上 M、N 点的投影 m'、n，求 M、N 点的其他两面投影。

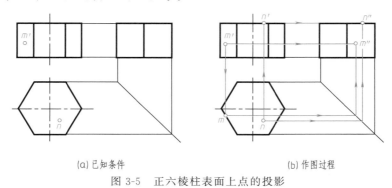

(a) 已知条件　　　　　　　　(b) 作图过程

图 3-5　正六棱柱表面上点的投影

解　作图过程如图 3-5（b）所示。

（1）由 m' 引投影连线求出 m，然后根据点的投影规律求出 m''；

（2）由 n 引投影连线求出 n'，然后根据点的投影规律求出 n''。

3.2.2　棱锥体

3.2.2.1　投影分析和画法

常见的棱锥有正三棱锥和正四棱锥，如图 3-6（a）所示为一正三棱锥，锥顶为 S，其底面为等边△ABC，是水平面。三个棱面为全等的等腰三角形，其中棱面△SAB、△SBC 是一般位置平面，它们的各个投影均为类似形；棱面△SAC 为侧垂面。底边 AB、BC 为水平线，CA 为侧垂线；棱线 SB 为侧平线，SA、SC 为一般位置直线。

作图时，先画出底面△ABC 的各个投影，再作出锥顶 S 的各个投影，然后连接各棱线，即得正三棱锥的三面投影，如图 3-6（b）所示。

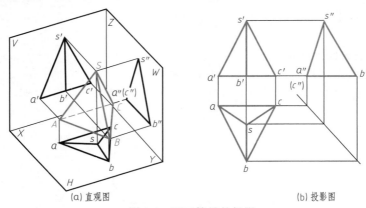

(a) 直观图　　　　　　　　　(b) 投影图

图 3-6　正三棱锥的投影

棱锥的投影特性是：在与棱锥底面平行的投影面上的投影反映棱锥底面的实形。在该投影面上，棱锥棱面的投影均为三角形；其余两面投影为一个或几个三角形线框，其中棱锥底面的投影为一条直线。棱面的投影或积聚为直线，或是其类似形。

3.2.2.2　棱锥表面取点

组成棱锥的表面可能是特殊位置的平面，也可能是一般位置的平面。

凡属特殊位置表面上的点，其投影可利用平面投影的积聚性直接求得。

对属于一般位置平面上的点，可通过在该面作辅助线的方法求得。

【例 3-2】　如图 3-7（a）所示，已知正三棱锥的三面投影图及其表面上 M、N 点的

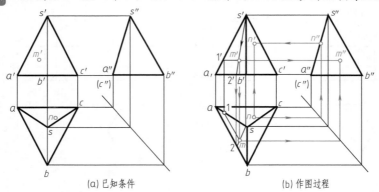

(a) 已知条件　　　　　　　　　(b) 作图过程

图 3-7　正三棱锥表面上点的投影

投影 m'、n，求 M、N 点的其他两面投影。

解　因点 M 所在表面 $\triangle SAB$ 为一般位置平面，所以可利用辅助线法来作图，作图过程如图 3-7（b）所示。

（1）方法一：过 M 点在 $\triangle SAB$ 上作 AB 的辅助平行线 $M\mathrm{I}$，即作 $1'm'/\!/a'b'$，再作 $1m/\!/ab$，求出 m，再根据 m、m' 求出 m''。

（2）方法二：过锥顶 S 和 M 点作一辅助线 $S\mathrm{II}$，然后求出 M 点的水平投影 m。

（3）侧垂面 SAC 上点 N 的水平投影 n 可利用平面投影的积聚性直接求得其侧面投影 n''，再根据 n、n'' 求出 n'。

3.3　曲面体的投影

由一动线（直线或曲线）绕一固定直线旋转而成的曲面，称为回转面。动线称为回转面的母线，固定直线称为轴线。由回转面或回转面和平面所围成的立体称为曲面体。母线在回转面上的任一位置称为素线，母线上任一点的运动轨迹皆为垂直于轴线的圆，这些圆称为纬圆。对于某投影面，回转面可见部分与不可见部分的分界线称为转向轮廓线。转向轮廓线由特殊位置素线组成（如最左、最右、最前、最后、最上、最下素线等）。在作回转面的投影时，不必将其所有素线绘出，只需绘出其转向轮廓线的投影即可。

3.3.1　圆柱体

3.3.1.1　圆柱的形成

圆柱体表面是由圆柱面和上下两底面组成。圆柱面可以看成是由直线 AA_1 绕与它平行的固定直线 OO' 旋转而成，如图 3-8（a）所示，直线 OO' 称为轴线，直线 AA_1 称为母线，母线的任意位置称为素线。

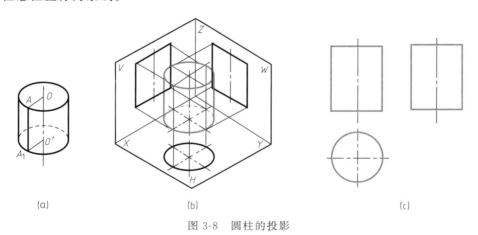

图 3-8　圆柱的投影

3.3.1.2　投影分析

如图 3-8（b）所示的圆柱体轴线垂直于 H 面，顶面和底面为水平面，其水平投影反映实形，其正面和侧面投影积聚为一直线。圆柱面的水平投影积聚为圆，圆柱面上任何点和线的水平投影均积聚在该圆周上；圆柱面的正面投影和侧面投影均为柱面转向轮廓线的投影（即为圆柱面可见与不可见分界线的投影，其正面投影为最左、最右两条素线的投影，侧面投影为最前、最后两条素线的投影）；圆柱的正面投影和侧面投影为两个全等的矩形线框。

3.3.1.3　画法

首先画出轴线的投影，以及圆的对称中心线，其次画出投影为圆的投影，最后画其余两个投影，如图 3-8（c）所示。

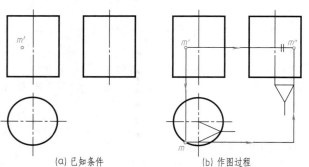

(a) 已知条件　　　　(b) 作图过程

图 3-9　圆柱体表面上点的投影

3.3.1.4　圆柱表面上取点

【例 3-3】　如图 3-9（a）所示，已知圆柱面上一点 M 的正面投影 m'，求作它的水平投影 m 和侧面投影 m''。

解　由于圆柱面的水平投影积聚为一个圆，因此 m 应在圆柱面水平投影所积聚的圆周上，再根据 m'、m 即可求得 m''，作图过程如图 3-9（b）所示。

3.3.2　圆锥体

3.3.2.1　圆锥的形成

圆锥体的表面由圆锥面和底面组成。圆锥面可以看成是母线 SA 绕与其相交的轴线 SO 旋转而成，如图 3-10（a）所示，圆锥面上通过锥顶的任一直线都是圆锥面的素线。

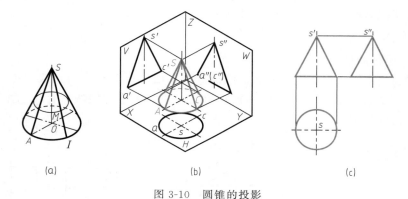

(a)　　　　　　(b)　　　　　　(c)

图 3-10　圆锥的投影

3.3.2.2　投影分析

如图 3-10（b）所示的圆锥体轴线为铅垂线，底平面为水平面，其水平投影反映实形，正面投影和侧面投影均积聚为直线。圆锥面的水平投影为圆，因为圆锥面上所有素线都倾斜于水平面，这个圆没有积聚性；它的正面投影和侧面投影是两个全等的等腰三角形，两腰为圆锥面转向轮廓线的投影（即为圆锥面可见与不可见分界线的投影，正面投影为最左、最右两条素线的投影，侧面投影为最前、最后两条素线的投影）。

3.3.2.3　画法

一般先画出轴线和对称中心线的各投影，然后画出圆锥反映为圆的投影，再根据投影关系画出圆锥的另两个投影，如图 3-10（c）所示。

3.3.2.4　圆锥表面上取点

轴线为投影面垂直线的圆锥，只有底面的两个投影有积聚性，而圆锥面的三个投影都没有积聚性。因此，在圆锥表面上取点，除圆锥面转向轮廓线上的点或底圆平面上的点可直接求出之外，其余处于一般位置的点，则必须用辅助线法（亦称素线法）或辅助圆法（亦称纬圆法）作出，并表明其可见性。

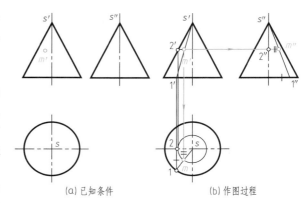

【例 3-4】 如图 3-11（a）所示，已知圆锥面上一点 M 的正面投影 m'。求作它的水平投影 m 和侧面投影 m''。

解　可利用这两种方法求解。

方法一：辅助线法，如图 3-11（b）所示，过锥顶 S 和 M 点作一辅助线 SI，作出其正面投影 $s'1'$ 和水平投影 $s1$ 即可求出 M 点的水平投影 m，再根据点的投影规律求出 m''。

方法二：辅助圆法，如图 3-11（b）所示，在圆锥面上过点 M 作垂直于轴线的纬圆，则点 M 的另两投影必在纬圆的同面投影上。

（a）已知条件　　　　（b）作图过程

图 3-11　圆锥体表面上点的投影

3.3.3　圆球

3.3.3.1　圆球的形成

圆球可以看成是以圆为母线绕其直径 OO' 旋转而成，如图 3-12（a）所示。

二维码 3.1

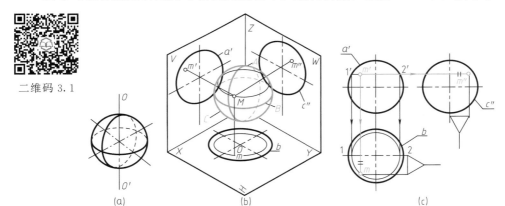

（a）　　　　　　（b）　　　　　　（c）

图 3-12　圆球的投影及球面上取点

3.3.3.2　投影分析

圆球的三面投影均为与球直径相等的圆，它们分别是圆球对三个投影面的转向轮廓线圆的投影。正面投影圆 a' 是正面投影的转向轮廓线圆，也是前半球和后半球分界圆，同时还是球面上平行于 V 面的最大素线圆的投影；水平投影圆 b 是水平投影的转向轮廓线圆，也是上半球和下半球分界圆，同时还是球面上平行于 H 面的最大素线圆的投影；侧面投影圆 c'' 是侧面投影的转向轮廓线圆，也是左半球和右半球分界圆，同时还是球面上平行于 W 面的最大素线圆的投影。这三个圆的其余两投影均与中心线重合，不必画出。

3.3.3.3　画法

画圆球的三面投影时，先确定球心的位置，画出圆的中心线（球面对称平面的投影），再以球心为圆心画出球面对三个投影面的转向轮廓线的投影，如图 3-12（c）所示。

3.3.3.4　圆球面上取点

由于圆球的三个投影均无积聚性，所以在圆球表面上取点，除属于特殊位置（位于转向轮廓线）点可直接求出之外，其余处于一般位置的点，都需用辅助圆法作图，并表明可见性。

如图 3-12（c）所示，已知圆球表面上一点 M 的正面投影 m'，求其水平投影 m 和侧面投影 m''。根据 m' 的位置和可见性，可知 M 点位于前半球的左上部位。为找出 M 点的水平投影 m，可过 M 点作纬圆（正平圆、水平圆、侧平圆）求解。如过 m' 作水平辅助纬圆与圆球正面投影（圆）交于点 $1'$、$2'$，以 $1'2'$ 为直径在水平投影上作水平圆，则点 M 的水平投影 m 必在该纬圆上，再由 m' 和 m 求出 m''，m 和 m'' 均为可见。

3.3.4 圆环

3.3.4.1 圆环的形成

圆环可以看成是以圆为母线，绕与其共面但不通过圆心的轴线回转而形成，如图 3-13（a）所示。其中"外半圆" ABC 成外环面，"内半圆" ADC 成内环面。

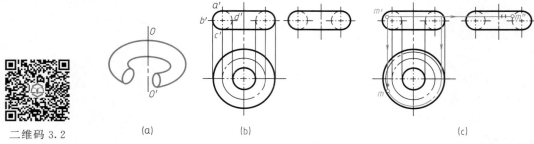

图 3-13　圆环的投影及圆环面上的点

3.3.4.2 投影分析

圆环的正面投影和侧面投影形状完全一样，水平投影是三个同心圆（其中有一个细点画线圆）。

在水平投影的三个同心圆中，其中的细点画线圆是母线圆心轨迹的水平投影；内外粗实线圆表示圆环上半部（可见部分）与下半部（不可见部分）的分界线的投影，也即水平投影的转向轮廓线。

正面投影是由平行于正面的两个素线圆和上下两条轮廓线组成，他们是内外环面分界处的圆的投影。因为圆环的内环面从前面看是看不见的，所以素线圆靠近轴线的一半应该画成虚线。

圆环的侧面投影与正面投影完全类似，在此不再叙述，可自行分析。

3.3.4.3 画法

画圆环的三面投影时，首先画投影的中心线和轴线，其次画出其正面投影和侧面投影，最后画出水平投影。如图 3-13（b）所示。

3.3.4.4 圆环面上取点

如图 3-13（c）所示，已知圆环表面上一点 M 的正面投影 m'，求其水平投影 m 和侧面投影 m''。根据 m' 为可见投影，可知 M 点位于外圆环面上的前半部。为找出 m、m''，可过点 M 作一个纬圆，该圆垂直于圆环轴线，找出这个圆的水平投影，即可得出 M 点的水平投影 m，再由 m' 和 m 求得 m''，且均为可见。

3.4　基本立体的尺寸标注

基本立体的尺寸标注以能确定基本体形状的大小为原则。

3.4.1 平面立体的尺寸标注

平面立体一般标注其长、宽、高三个方向的尺寸即可，常见平面立体的标注方法如图 3-14 所示。

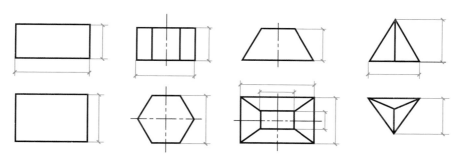

图 3-14 平面立体的尺寸标注

3.4.2 曲面立体的尺寸标注

曲面立体的直径标注应在尺寸数字前加注直径符号 "ϕ"，球面直径加注 "$S\phi$"。常见曲面立体的标注方法如图 3-15 所示。

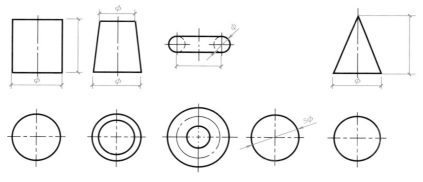

图 3-15 曲面立体的尺寸标注

能力训练

一、填空题

1. 由若干平面所围成的几何体称为_____。

2. 由曲面或曲面与平面所围成的几何体称为_____。

3. 基本几何形体按照其表面的组成通常分为_____和_____两大类。

4. 在曲面立体上求点的方法一般有_____和_____两种。

5. 基本体的三面投影图按_____投影法绘制，并采用第_____角投影法。

二、简答题

1. 简述圆柱、圆锥、球体、圆环的形成。

2. 求作立体表面上点的投影有哪些方法？

4.1　平面体的截切

4.1.1　基本概念

　　平面立体的截交线，是由平面立体被平面切割后所形成。如图 4-1 所示。

　　三棱柱被平面 P 切割，平面 P 称为截平面，截平面与形体表面的交线称为截交线，截交线所围成的图形称为截面，被平面切割后的形体称为截断体。

　　平面立体的截交线一般是一个平面图形，它是由平面立体各棱面和截平面的交线所组成。也可以说是由立体上各棱线与截平面的交点连接而成。因此，要求平面立体的截交线，应先求出立体上各棱线与截平面的交点，为了清楚表达，通常把这些交点加以编号，然后将同一平面上的两交点用直线段连接起来，即为所求的截交线。

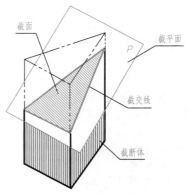

图 4-1　体的截断

　　截交线的性质如下：

　　（1）截交线是截平面与立体表面的共有线，截交线上的点是截平面与立体表面的共有点；

　　（2）截交线一般是封闭的线框；

　　（3）截交线的形状取决于立体表面的形状和截平面与立体的相对位置。

4.1.2　单一平面截切平面体

　　用一个平面截切平面体时，截交线在一个截平面内。

　　绘图时注意：立体被截断后，截去的部分如要在投影图中绘出，应用双点长画线表示。立体的截交线在投影图中如可见则用实线表示，反之为虚线，作图时一定要注意判别截交线的可见性。下面举例说明平面与棱柱体或棱锥体的截交线作法。

【例 4-1】 已知正四棱柱被一正垂面 P 所截断，求作截交线的投影，如图 4-2 所示。

解　求截交线的步骤如下：

（1）从图 4-3（a）中可知，该正四棱柱垂直于 H 投影面。因此，各个棱面在 H 面上的投影积聚成直线，所以截交线的 H 面投影，也就是四棱柱体各侧棱面的 H 面投影。设各棱线与截平面 P 的交点为 A、B、C、D，它们的 H 面投影为 a、b、c、d，如图 4-3（b）所示。

（2）截平面 P 为正垂面，因此在 V 投影面具有积聚性，此时截交线的 V 面投影与截平面的 V 面投影重合，交点的投影 a'、b'、c'、d' 可直接求得，如图 4-3（b）所示。

（3）求截交线的 W 面投影时，可根据点的投影规律依次求得，如图 4-3（b）所示。

（4）补全截断体的投影。

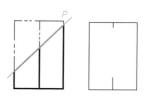

图 4-2　四棱柱被截
断已知条件

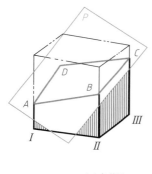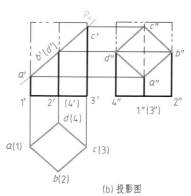

(a) 直观图　　　　　　　　　　(b) 投影图

图 4-3　作正四棱柱的截交线

【例 4-2】 已知三棱锥被一正垂面 Q 所切割，求作截交线的投影，如图 4-4 所示。

解　求截交线的步骤如下：

（1）对图 4-4 分析可知，截平面 Q 为正垂面，在 V 面投影中具有积聚性，所以各棱线与 Q 的交点在 V 面投影可直接求得，如图 4-5（b）所示。

（2）根据平面体表面求点的方法（此时 A 点在三棱锥的 $S\text{I}$ 棱线上，B 点在 $S\text{II}$ 棱线上，C 点在 $S\text{III}$ 棱线上），分别自 a'、b'、c' 作投影连线，得到水平投影 a、b、c，作投影连线得到侧面投影 a''、b''、c''，如图 4-5（b）所示。

（3）依次连接各点的同面投影，可求得截交线的 H 面、W 面投影，如图 4-5（b）所示。

（4）补全截断体的投影。

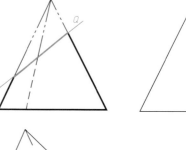

图 4-4　三棱锥被截断已知条件

4.1.3　多个平面截切平面体

用两个或两个以上的平面截切平面体时，不仅各截平面在平面体表面产生相应的截交线，而且两相交的截平面也在该平面体上产生交线。

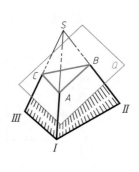

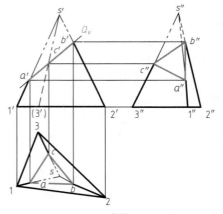

(a)直观图　　　　　　　　(b)投影图

图 4-5　作三棱锥的截交线

【例 4-3】　已知三棱锥被两个平面截断，作出其截交线的投影，如图 4-6 所示。

解　求截交线的步骤：

（1）从图 4-7 中分析可知，三棱锥被两个正垂面切割，第一个截平面截出一个四边形 $ABDE$，其中 A、B 点是截平面与棱线 $SⅠ$、$SⅡ$ 的交点，第二个截平面截出一个三角形 CDE，其中 C 点是截平面与棱线 $SⅢ$ 的交点，而直线 DE 则是两截平面的交线，如图 4-7（a）所示。在 V 面投影中，由于两个截平面均为正垂面，所以截交线的投影为两段直线，直接可以求得，而在 H 面投影和 W 面投影中，截交线为类似的四边形和三角形。

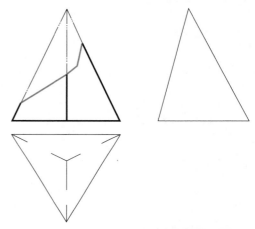

图 4-6　三棱锥被两平面截断已知条件

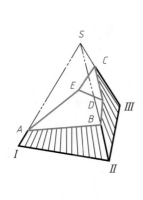

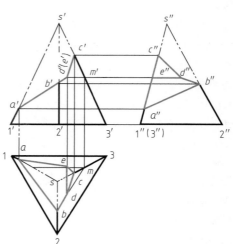

(a)直观图　　　　　　　　(b)投影图

图 4-7　截断三棱锥的截交线

（2）A、B、C 点是截平面与三棱锥棱线的交点，所以根据点的投影规律，可直接求得 H 面投影 a、b、c 和 W 面投影 a''、b''、c''。而 DE 直线实际上是一条正垂线，其两个端点 D、E 在三棱锥表面上，D、E 的 V 面投影为重影点 $d'（e'）$，H 面投影可用辅助线求解，如图 4-7（b）所示。过 $d'（e'）$ 作一水平线交 $S\text{III}$ 为 m' 点，过 m' 点作竖直线得 H 面投影 m，在 H 面投影上过 m 点分别作平行三棱锥底边 13 和 23 的线段，然后过 $d'（e'）$ 作竖直线与前所作平行底边的线相交得 H 面投影 d、e。根据点的投影规律，可求得 W 面投影 d''、e''。

（3）按顺序分别将 H、W 面投影上的各点相连。由于有两个截平面，而截交线又是两个封闭多边形，所以必须指出，两个多边形的公共边，即为两个截平面的交线。

（4）补全截断体的投影。

4.2　曲面体的截切

曲面立体的截交线，一般是封闭的平面曲线，有时是曲线和直线组成的平面图形，如图 4-8 所示。

截交线上的点一定是截平面与曲面体的公共点，只要求得这些公共点，将同面投影依次相连即得截交线。

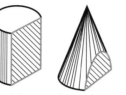

图 4-8　曲面立体截交线的形状

二维码 4.1

4.2.1　圆柱体的截交线

当截平面切割圆柱体时，圆柱体的截交线出现圆、椭圆、矩形三种情况，如表 4-1 所示。

表 4-1　圆柱体截交线

截平面位置	垂直于轴线	倾斜于轴线	平行于轴线
示意图			
投影图			
截交线	圆	椭圆	矩形

4.2.2　圆锥体的截交线

当截平面与圆锥体轴线的相对位置不同时，圆锥体的截交线出现圆、椭圆、抛物线、双曲线、三角形五种情况，如表 4-2 所示。

4.2.3　圆球体的截交线

当截平面切割圆球体时，无论截平面与圆球体的相对位置如何，截交线的形状都是圆。

当截平面平行某一投影面时，截交线在投影面上的投影，反映圆的实形；当截平面倾斜某一投影面时，截交线在投影面上的投影为椭圆。

表 4-2　圆锥体截交线

截平面位置	示意图	投影图	截交线
垂直于圆锥轴线	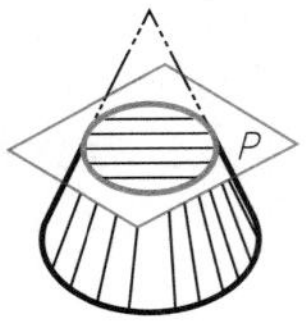	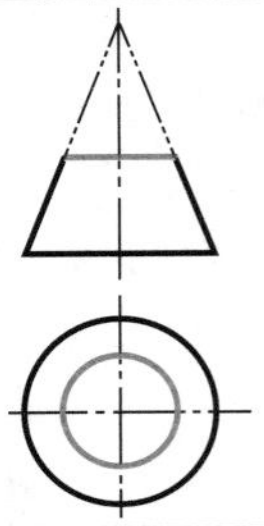	圆
与圆锥上所有素线相交	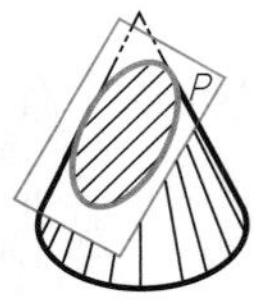	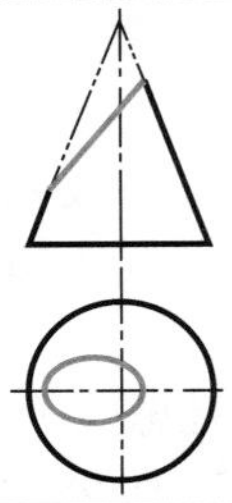	椭圆
平行于一素线	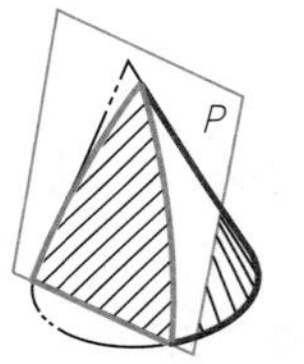	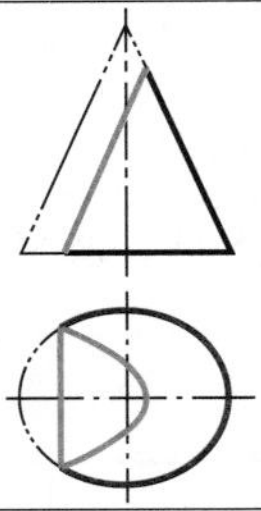	抛物线
平行圆锥上的两素线	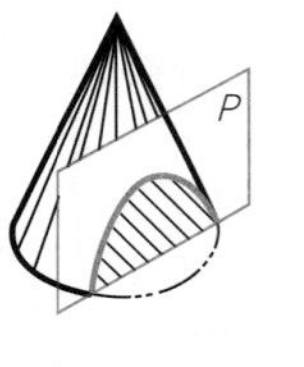	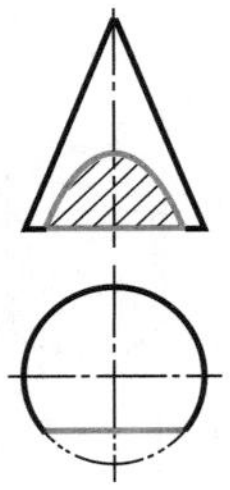	双曲线
通过圆锥锥顶		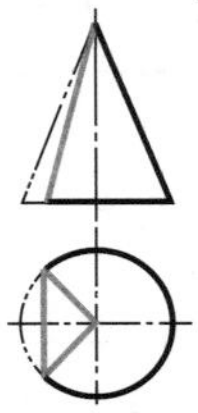	三角形

4.2.4　曲面体的截交线举例

【例 4-4】　已知正圆柱体被正垂面 P 切割，求截交线的投影，如图 4-9（a）所示。

解　由于截平面 P 倾斜圆柱的轴线切割，所以截交线是椭圆。截交线的 V 面投影与正垂面 P_V 重合为一直线，水平投影根据圆柱体的投影特性可知，积聚在圆柱体的水平投影

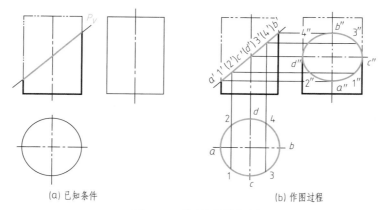

(a) 已知条件　　　　　　　　(b) 作图过程

图 4-9　正圆柱体被切割

上。因此，截交线的正面投影、水平投影均为已知，侧面投影为椭圆，根据圆柱体上表面求点的方法，求得截交线，如图 4-9（b）所示。

作图步骤

（1）先求椭圆上的特殊点，即椭圆长短轴的投影。此时可先在 H 面、V 面定出 A、B、C、D 的各面投影，自 V 面投影 a'、b'、c'、d' 作水平线，可在 W 面圆柱体的转向轮廓线上求得相应的点 a''、b''、c''、d''。

（2）再求椭圆上的一般点。首先在 H 面上定出一般点 1、2、3、4，找出 V 面上的对应投影点 $1'$、$2'$、$3'$、$4'$。根据点的投影规律，可在 W 面求得 $1''$、$2''$、$3''$、$4''$。依次光滑连接 a''、$1''$、c''、$3''$、b''、$4''$、d''、$2''$、a''，即求得截交线的侧面投影。

（3）补全截断体的投影。

图 4-10 是工程上常见木屋架端节点下弦杆的截口，该截口是由两个正垂面截切圆柱而成，截交线是两个部分椭圆。

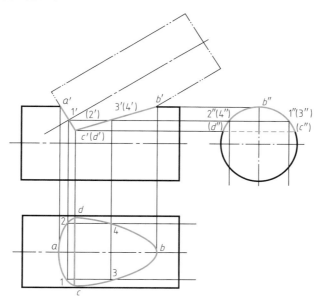

图 4-10　下弦杆的截口

如图 4-11 所示在 W 面投影中，截交线椭圆的投影将随着截平面与水平线的夹角而变化。

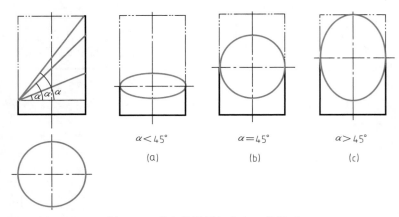

$\alpha<45°$ $\alpha=45°$ $\alpha>45°$
(a)   (b)   (c)

图 4-11 截交线椭圆与夹角 α 的关系

【例 4-5】 已知正圆锥体被正垂面 P 切割，求截交线的投影，如图 4-12（a）所示。

  解 由于截平面 P 倾斜圆锥体的轴线切割，所以截交线为椭圆，又因截平面 P 为正垂面，故截交线的 V 面投影与 P_V 重合，在 V 面积聚为一直线。截交线的水平投影、侧面投影均为椭圆，根据圆锥体上表面求点的纬圆法或素线法求得，如图 4-12（b）所示。

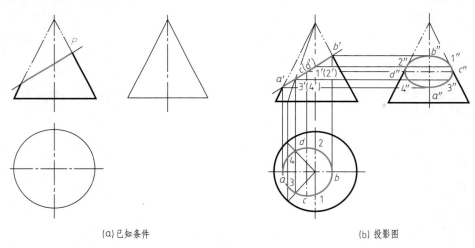

(a)已知条件   (b) 投影图

图 4-12 正圆锥被切割

作图步骤

（1）求椭圆上的特殊点。即椭圆长短轴 A、B、C、D 点，以及圆锥左右转向轮廓线上的点 I、II。这些点的 V 面投影均为已知。从椭圆长轴的端点 A、B 的 V 面投影 a'、b'，向下作竖线可得 A、B 的 H 面投影 a、b，向右作水平线可得 A、B 的 W 面投影 a''、b''。椭圆短轴的端点 C、D 的 V 面投影 c'、d' 必在 a'、b' 的中点处，利用纬圆法可求得 c'、d' 的 H 面投影 c、d，W 面投影 c''、d''。圆锥体转向轮廓线上的点 I、II 的 V 面投影 $1'$（$2'$）在轴线上，H 面投影 1、2 在圆的铅垂的中心线上，W 面投影 $1''$、$2''$ 为两轮廓线与椭圆的切点，即转向点。根据圆锥表面取点的方法直接求得。

（2）求椭圆上的一般点。在椭圆的 V 面投影上任取 $3'$（$4'$）点，根据 $3'$（$4'$）点利用素线法（或纬圆法）求得 H 面投影 3、4，W 面投影 $3''$、$4''$。一般点取得越多，作出的图形越准确。

（3）依次光滑连接各点的同面投影，即得截交线的投影。

（4）补全截断体的投影。

【例 4-6】 已知正圆锥体被正平面 Q 切割，求其截交线的投影，如图 4-13（a）所示。

解 由于截平面 Q 平行圆锥体的轴线切割，所以截交线为双曲线，截交线的 H 面投影与 W 面投影均与截平面 Q 重合，故为一直线，图中已知，只需求截交线的正面投影即可，如图 4-13（b）所示。

作图步骤

（1）求双曲线上的特殊点，即是双曲线上的最高点 A 和最低点 B、C 的 V 面投影 a′、b′、c′，这些点可根据已知点的两投影求第三投影的方法直接求得。

（2）求双曲线上的一般点，在双曲线的 H 面投影中任取中间点 1、2，用素线法求得 V 面投影 1′、2′。

（3）依次光滑连接 b′、1′、a′、2′、c′ 即得截交线的 V 面投影。

（4）补全截断体的投影。

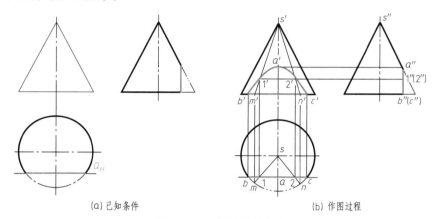

(a)已知条件   (b)作图过程

图 4-13 正圆锥体被切割

图 4-14（a）是圆锥体被三个平面切割，截交线由三段组成，第一个截平面截圆锥为圆，第二个截平面截圆锥为双曲线，第三个截平面截圆锥为椭圆，截交线的 V 面投影均已知，根据圆锥体表面求点的方法，可求得截交线的 H、W 面投影并补全截断体的投影。如图 4-14（b）所示。

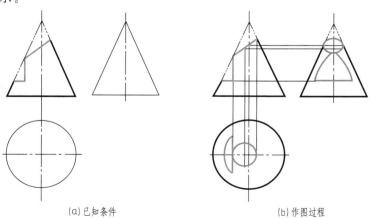

(a)已知条件   (b)作图过程

图 4-14 三个平面截圆锥

4.3 曲面体的相贯线

两立体相交称为相贯，其表面交线称为相贯线。相贯线是相交立体表面的共有线。

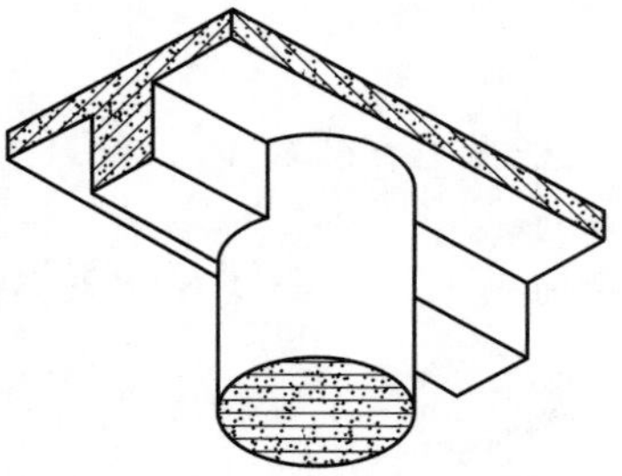

4.3.1 平面体与曲面体相贯

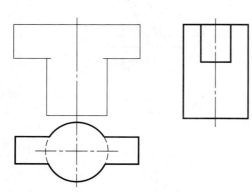

图 4-15 方梁与圆柱相贯直观图

平面体与曲面体相贯，相贯线是由若干平面曲线或平面曲线和直线所组成。如图 4-15 所示是建筑上常见构件柱、梁、楼板连接的直观图。

【例 4-7】 求方梁与圆柱的相贯线。如图 4-16 所示。

解 从图中可知，求方梁与圆柱的相贯线，实质是求平面体与曲面体的相贯线，四棱柱方梁在 W 面具有积聚性，而圆柱在 H 面具有积聚性，所以相贯线的 W 面、H 面已知，只求 V 面投影即可。如图 4-17 所示。

图 4-16 方梁与圆柱相贯的已知条件

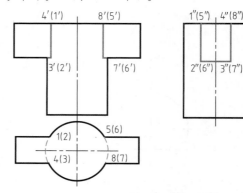

图 4-17 方梁与圆柱相贯投影图

作图步骤

（1）根据立体表面的积聚性在 W 面标出相贯线的投影点 1″、2″、3″、4″、5″、6″、7″、8″，在 H 面标出相应点 1、2、3、4、5、6、7、8，注意不可见点的标注。

（2）根据点的投影规律，求得相贯线上点的 V 面投影 1′、2′、3′、4′、5′、6′、7′、8′，然后依次相连得到所求相贯线。

【例 4-8】 已知坡屋顶上装有一圆柱形烟囱，求其交线，如图 4-18 所示。

解 从图中可知坡屋顶上装一圆柱形烟囱，实质是一个三棱柱与一个圆柱相交，三棱柱各侧棱垂直于 W 面，圆柱垂直于 H 面，因此相贯线的 H、W 面投影已知，只求 V 面投影即可，作图方法如图 4-19（a）所示。

作图步骤如下：

（1）求相贯线上的特殊点，最前、最后、最左、最右的 V 面投影，即 2′、4′、1′、3′点。

（2）求相贯线上的一般点，在 H 面上任取中间点 5、6、7、8，根据点的投影规律求出 V 面投影 5′、6′、7′、8′点。

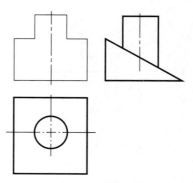

图 4-18 坡屋顶上装一圆柱形烟囱的已知条件

（3）依次光滑连接各点，可得相贯线投影图。

若没有给出 W 面投影，作图方法如图 4-20 所示。

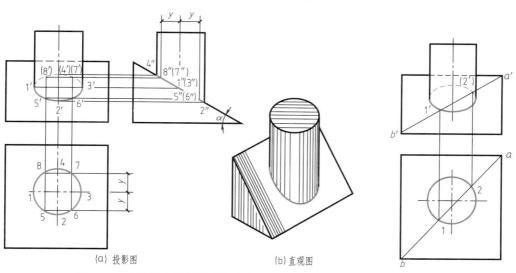

(a) 投影图   (b) 直观图

图 4-19　坡屋顶上装圆柱形烟囱作法一

图 4-20　坡屋顶上装圆柱形烟囱作法二

【例 4-9】　已知圆锥薄壳基础的轮廓线，求其相贯线，如图 4-21 所示。

解　从图中可知，求圆锥薄壳基础的相贯线，实际上是求平面体四棱柱与曲面体圆锥体的相贯线，而图中的四棱柱在 H 面上具有积聚性，所以相贯线的 H 面投影为已知，只要求得 V 面、W 面投影即可。作图方法如图 4-22 所示。

作图步骤如下：

（1）求相贯线上的特殊点，先在 H 面投影中定出前后双曲线的最高点 3，最低点 1、2，左右双曲线的最高点 5，最低点 1、4，利用素线法求得 V 面投影的相应点 3′、1′、2′、5′、4′，W 面投影的相应点 3″、1″、2″、5″、4″。

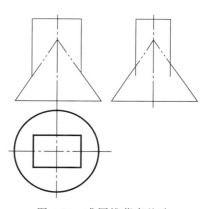

图 4-21　求圆锥薄壳基础
相贯线的已知条件

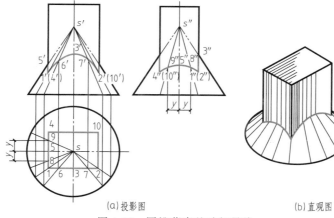

(a) 投影图   (b) 直观图

图 4-22　圆锥薄壳基础相贯线

（2）求相贯线上的一般点，先在 H 面投影中任意定出中间点 6、7、8、9，利用素线法求得 V 面投影的相应点 $6'$、$7'$、$8'$、$9'$，W 面投影的相应点 $6''$、$7''$、$8''$、$9''$。

（3）依次光滑连接同面投影上的各点，即得所求相贯线的投影。

4.3.2　曲面体与曲面体相贯

两曲面体相贯，其相贯线一般是封闭的空间曲线，特殊情况下为封闭的平面曲线，如图 4-23 所示。

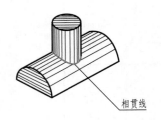

(a) 相贯线为封闭的空间曲线

(b) 相贯线为封闭的平面曲线

图 4-23　两曲面立体表面的相贯线

两曲面立体的相贯线，是两曲面立体的共有线，可以通过求一些共有点后连线而成。

圆柱的投影在该垂直面上具有积聚性。

求相贯线的作图步骤如下：

（1）分析　分析两立体之间以及它们与投影面的相对位置，确定相贯线形状。

（2）求点　①利用立体表面的积聚性直接求解；②利用辅助平面法求解。

（3）连线　依次光滑连接各共有点，并判别相贯线的可见性。

4.3.2.1　直接利用积聚性法求解

【例 4-10】　两异径圆柱相交，求其相贯线，如图 4-24 所示。

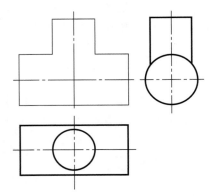

图 4-24　两异径圆柱相贯的已知条件

解　两圆柱轴线垂直相交，整个立体前后、左右对称，相贯线也前后、左右对称。从图中可知，两圆柱体分别在 H 面、W 面有积聚性，所以相贯线的 H 面投影、W 面投影为已知，只要求得 V 面投影即可，作图方法如图 4-25 所示。

作图步骤如下：

（1）求相贯线上的特殊点，根据圆柱体的积聚性在 H 面求得最左点 1，最右点 2，最前点 3，最后点 4，同理得到 W 面上的特殊点 $1''$、$2''$、$3''$、$4''$的投影，根据点的投影规律，求得 V 面投影 $1'$、$2'$、$3'$、$4'$点，注意不可见点的标注。

（2）求相贯线上的一般点，在 H 面投影上任取一般点 5、6、7、8，根据点的投影规律，先在 W 面投影求得相应点 $5''$、$6''$、$7''$、$8''$，再求得 V 面投影 $5'$、$6'$、$7'$、$8'$。

（3）依次光滑连接相邻两点，即得两异径圆柱正交的相贯线。

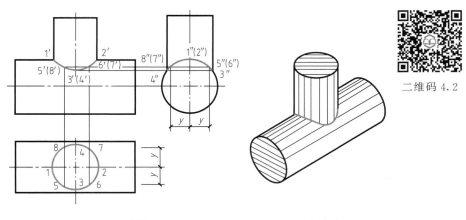

(a)投影图　　　　　　　　　　　　　(b)直观图

图 4-25　两异径圆柱相贯作法一

求两异径圆柱相交的相贯线，也可用辅助平面法求解。

在工程上为了简化作图，两异径圆柱正交的相贯线，当直径相差比较大时，在相贯线没有积聚的投影面，可用圆弧代替。圆弧的半径等于大圆柱的半径，如图 4-26 所示的 $R=D/2$。

【例 4-11】　求圆拱形屋顶的相贯线，如图 4-27 所示。

解　从图中可知，圆拱形屋顶的投影实质仍是两异径圆柱正交，而两圆柱在 V 面、W 面均具有积聚性，因此，相贯线的 V 面、W 面为已知，只要求得 H 面即可，如图 4-28 所示。

作图步骤如下：

（1）根据积聚性，先在 W 面标出特殊点的投影 a''、b''、c''、d''、e''，再在 V 面找出相应点 a'、b'、c'、d'、e'，并求得 H 面投影 a、b、c、d、e。

（2）在 W 面投影上任取一般点 f''、g''，求得 V 面投影 f'、g'，H 面投影 f、g。

（3）依次光滑连接各点可得相贯线的投影。

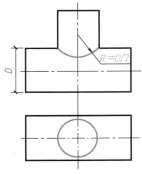

图 4-26　两异径圆柱相贯作法二（简化画法）

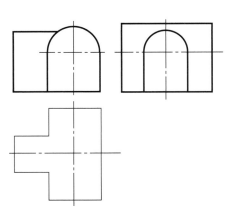

图 4-27　求圆拱形屋顶相贯线的已知条件

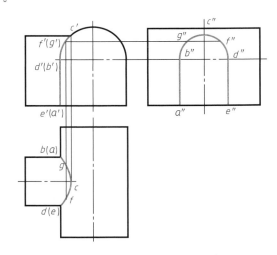

图 4-28　圆拱形屋顶的相贯线

4.3.2.2 利用辅助平面法求解

【例 4-12】 已知圆柱体与圆锥体相交，求其相贯线。如图 4-29 所示。

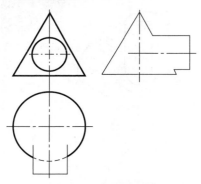

图 4-29 圆柱体与圆锥体相贯的已知条件

解 从图中可知，圆柱体与圆锥体全贯，相贯线为一条封闭的空间曲线，而圆柱体的轴线垂直于 V 面，所以圆柱体在 V 面具有积聚性，因此相贯线在 V 面的投影可直接求得，求相贯线的 H 面投影、W 面投影利用辅助平面法即可，如图 4-30 所示。

作图步骤如下：

（1）作相贯线上的特殊点，从积聚投影 V 面上直接标出特殊点 $1'$、$2'$、$3'$、$4'$，即相贯线上的最左点、最右点、最高点、最低点的 V 面投影，根据点的投影规律求得 H 面投影 1、2、3、4，W 面投影 $1''$、$2''$、$3''$、$4''$。

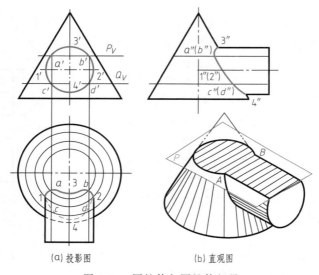

(a) 投影图　　　　(b) 直观图

图 4-30 圆柱体与圆锥体相贯

（2）求相贯线上的一般点，假设用一水平面 P 作辅助平面，同时切割圆柱体与圆锥体，切圆柱体得截交线为矩形，切圆锥体得截交线为圆，如图 4-30（b）所示，两截交线的投影按投影规律可在 H 面求得截交线的交点 a、b，即为相贯线上的点。同理又可得到 c、d 点。根据点的投影规律求得 W 面投影 $a''b''c''d''$ 点。

（3）依次光滑连接各点，并判别可见性，得到所求的相贯线，在 H 面投影中，由于圆柱体遮挡了圆锥底圆的部分轮廓线，所以也画成了虚线。

如图 4-24 所示，求两异径圆柱相贯，也可以应用辅助平面法，作图步骤如图 4-31 所示。

（1）作出相贯线上的特殊点，即最上、最下、最前、最后点（方法同上例）。

（2）作平行于 V 面的辅助平面 P，同时切割两圆柱体，如图 4-31（a）所示。

（3）分别作出两圆柱体的截交线 AB 和 CD 的 V 面投影 $a'b'$ 和 $c'd'$，如图 4-31（b）所示。

（4）两截交线的交点 $5'$、$6'$ 即为相贯线上的点。

如果相贯线比较复杂，可多设几个辅助截平面，点求得越多所得出的相贯线越准确。

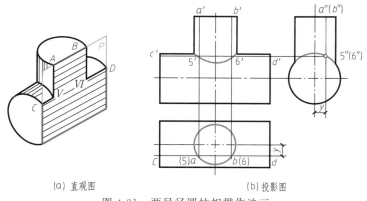

(a) 直观图　　　　　　　　　　　　(b) 投影图

图 4-31　两异径圆柱相贯作法三

4.3.2.3　两曲面体相贯的特殊情况

在一般情况下，两曲面体的交线为空间曲线，但在下列情况下，可能是平面曲线或直线。见表 4-3。

表 4-3　相贯线的特殊情况

情　　况	投　影　图	直　观　图
两等径圆柱相交,相贯线是平面曲线(椭圆垂直面)		
轴线平行的两圆柱相交,相贯线为二平行素线		
两圆锥共一顶点相交,相贯线为过锥顶的二素线		
圆柱与圆球同轴相贯,相贯线为圆		

(1) 当两曲面体相贯具有公共的内切球时，其相贯线为椭圆。

(2) 当两曲面体相贯轴线平行或相交时，其相贯线为直线。

(3) 当两曲面体相贯且同轴时，相贯线为垂直于该轴的圆。

4.4 平面体与平面体相贯

4.4.1 两平面体相贯

当一立体全部贯穿另一立体时，产生两组相贯线，称为全贯，如图 4-32（a）所示。当两个立体相互贯穿时，产生一组相贯线，称为互贯，如图 4-32（b）所示。

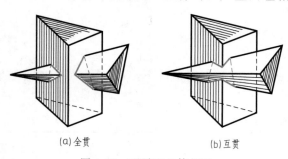

(a)全贯　　　　(b)互贯

图 4-32　两平面立体相贯

两平面立体的相贯线，一般为闭合的空间曲线，如图 4-32（a）所示，特殊情况为平面折线，如图 4-32（b）所示。相贯线上的每一条直线，都是两个平面立体相交棱面的交线，相贯线的转折点，必为一立体的棱线与另一立体棱面或棱线的交点，即贯穿点。

因此，求两个平面立体的相贯线的方法可归纳如下：

(1) 求出各个平面立体的有关棱线与另一个立体的贯穿点。

(2) 将位于两立体各自的同一棱面上的贯穿点（相贯点）依次相连，即为相贯线。

(3) 判别相贯线各段的可见性。

(4) 如果相贯的两立体中有一个是侧棱垂直于投影面的棱柱体，且相贯线全部位于该棱柱体的侧面上，则相贯线的一个投影必为已知，故可由另一立体表面上按照求点和直线未知投影的方法，求出相贯线的其余投影。

☆ 注意：相贯体是一个整体，所以一个立体穿入另一个立体内部的棱线不必画出。

【例 4-13】　求作四棱柱与三棱柱的相贯线，如图 4-33 所示。

解　已知四棱柱与正三棱柱相交，且知正三棱柱的左、右两侧面为铅垂面，后侧面为正平面，三条侧棱均为铅垂线，所以三棱柱在水平面上具有积聚性。又知四棱柱的上、下两侧面为水平面，左、右两侧面为正垂面，其四条侧棱为正垂线，所以四棱柱在正面投影上具有积聚性；又由于相贯线是两立体所共有，因此相贯线的 H 面投影、V 面投影可直接求得，如图 4-34（a）所示。

作图步骤如下：

(1) 在 V 面投影中，根据积聚性定出相贯点 a'、b'、c'、d'、e'、f'、g'、h'、i'、j'。

(2) 在 H 面投影中，根据投影规律定出相应的相贯点 a、b、c、d、e、f、g、h、i、j。

(3) 在 W 面投影中，因正三棱柱的后侧面为积聚投影，故其后一组相贯线的投影在其积聚投影上直接求得点 g''、h''、i''、j''，前一组的相贯线，根据 V 面投影、H 面投影求得 a''、b''、c''、d''、e''、f''。

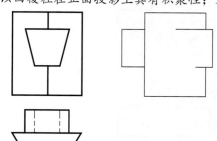

图 4-33　四棱柱与三棱柱相贯的已知条件

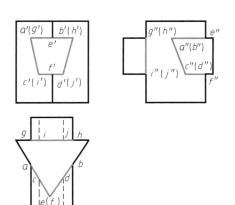

(a) 投影图　　　　　　　　　　　　　　　(b) 直观图

图 4-34　四棱柱与三棱柱相贯

（4）在 W 面投影中，依次相连各点可得相贯线的投影，由于相贯线左、右对称，左半部分为可见而右半部分遮挡成为重影。

【例 4-14】　求烟囱与屋面的相贯线。如图 4-35 所示。

解　此题实际上是求垂直于 H 面的四棱柱（烟囱）与垂直于 W 面的三棱柱（屋面）的相贯线，如图 4-36（a）所示。

作图步骤如下：

（1）相贯线的 H 面投影与烟囱的 H 面投影重合，定出相贯点 1、2、3、4。

（2）根据屋顶在 W 面投影的积聚性，可求得烟囱的四根棱线对屋顶各贯穿点的 W 面投影 $1''$、$2''$、$3''$、$4''$，其中 $2''$、$3''$ 为不可见点。

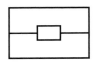

图 4-35　求烟囱与屋面
相贯线的已知条件

（3）根据 W 面投影 $1''$、$2''$、$3''$、$4''$ 作水平线，与烟囱的 V 面投影相交，得到 $1'$、$2'$、$3'$、$4'$ 点，连接 $1'$、$2'$（或 $3'$、$4'$），其中 $3'$、$4'$ 点为不可见点，即得到相贯线。

若没有给出相交两立体的 W 面投影时，可利用在立体上定点加辅助线的方法求得相贯线，如图 4-37 所示。

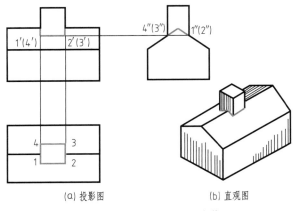

(a) 投影图　　　　　　　　　　(b) 直观图

图 4-36　烟囱与屋面的相贯线作法一

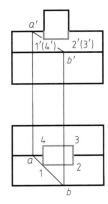

图 4-37　烟囱与屋面的相贯线作法二

作图步骤如下:

(1) 在 H 面投影上过点 1 在屋面上作辅助线,它与屋脊线和檐口线的交点为 a、b,再自 a、b 向上作垂线,得到 V 面投影 $a'b'$ 直线。

(2) $a'b'$ 直线与烟囱棱线的交点 $1'$ 为烟囱与屋顶面相贯点 I 的 V 面投影。

(3) 由于本例前后对称,相贯线为水平线,可得 $2'$,连接 $1'$、$2'$,即得相贯线 III 的 V 面投影。

【例 4-15】 求作四棱柱体与四棱锥体的相贯线,如图 4-38 所示。

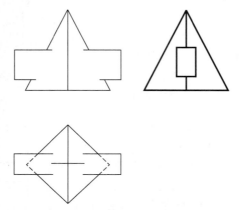

图 4-38 求四棱柱体与四棱锥体相贯线的已知条件

解 从 W 面投影中可以看出,四棱柱的 W 面投影具有积聚性。因此,相贯线的 W 面投影与四棱柱的 W 面投影重合,需要求的是相贯线的 V 面和 H 面投影。

(1) 从图 4-39(a)可知,求相贯线的水平投影时,可应用辅助平面法,过四棱柱 W 面投影的上、下两侧棱作辅助平面 P_1 和 P_2,在 H 面投影中求出两辅助平面切割四棱锥所对应的截交线(截交线为两个大小不等的菱形),截交线与四棱柱各棱线水平投影的交点即为相贯点,依次连接各相贯点,即得相贯线的 H 面投影。

(2) 相贯线的 V 面投影,根据点的投影规律求得。

(3) 相贯线作出后,应判别可见性,不可见的相贯线用虚线表示。在 H 面投影中,由于四棱柱将四棱锥底面的轮廓线遮挡不可见,所以投影中被遮挡的部分也应该用虚线表示。

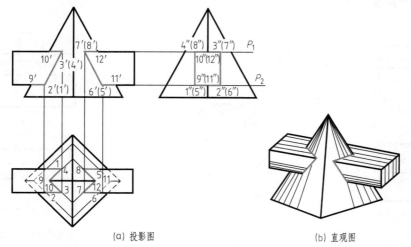

(a) 投影图　　　　(b) 直观图

图 4-39 四棱柱体与四棱锥体的相贯线作法一

上面介绍的方法为辅助平面法。此类相贯线的投影还可以利用辅助直线法求得。

如图 4-40 所示，由于相贯线的 W 面投影已知，因此，在 W 面投影中，连接 s''、$3''$ 并延长与四棱锥底相交得 a''。此时，$s''a''$ 即为所作的一条辅助线。根据投影规律，求得 sa、$s'a'$，由于点Ⅲ为四棱柱一棱线与辅助线 SA 的交点，所以在 H 面和 W 面投影中容易得到 3 点和 $3'$ 点。用同样的方法可得到其他点，连线后即得到相贯线的各面投影。

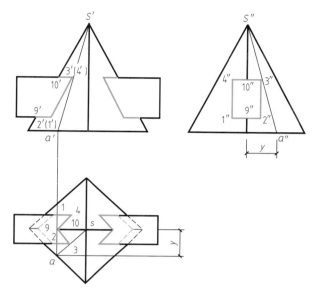

图 4-40　四棱柱体与四棱锥体的相贯线作法二

4.4.2　同坡屋面交线

在房屋建筑中，坡屋面的交线是两平面立体相贯常见的一种实例。在一般情况下，屋顶檐口的高度在同一水平面上，各个坡面与水平面的倾角相等，所以称为同坡屋面，如图 4-41 所示。

作同坡屋面的投影图，可根据同坡屋面的投影特点，直接求得水平投影，再根据各坡面与水平面的倾角求得 V 面投影以及 W 面投影。

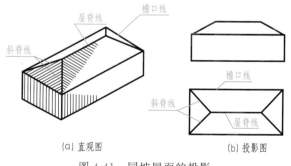

图 4-41　同坡屋面的投影

【例 4-16】　已知同坡屋面的倾角 $\alpha = 30°$ 及檐口线的 H 面投影，求屋面交线的 H 面投影及 V 面投影，如图 4-42（a）所示。

解　从图中可知，此屋顶的平面形状是一倒凹形，见图 4-42 直观图，有三个同坡屋面两两垂直相交的屋顶，作图步骤如下：

（1）将屋面的 H 面投影划分为三个矩形块，1234、4567 和 7890。如图 4-42（b）所示。

（2）分别作各矩形顶角的角平分线和屋脊线得点 a、b、c、d、e、f，分别过同坡屋面的各个凹角作角平分线，得斜脊线 gh、mn，如图 4-42（c）所示。

（3）根据屋面交线的特点及倾角的投影规律，分析去掉不存在的线条可得屋面的 V 面、H 面投影，如图 4-42（d）所示。同理也可求得 W 面投影。

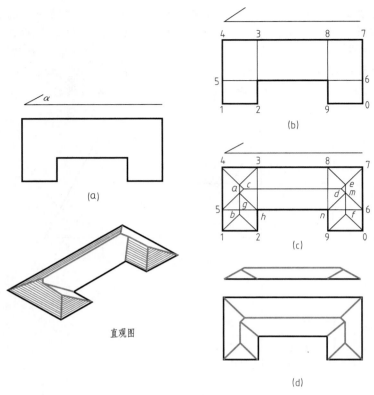

图 4-42 同坡屋面的交线

【例 4-17】 已知同坡屋面的倾角是 30°及檐口线的 H 面投影，如图 4-43（a）所示。求屋面交线的 H 面投影和屋顶的 V 面、W 面投影图。

解 作图方法如下：

（1）从檐口线 H 面投影可知，檐口各边尺寸左右相等，其他不等，可划分为三个矩形，分别求出各斜脊线的投影，如图 4-43（b）所示。

（2）其次再求出凹角斜脊线或天沟线的投影，如图 4-43（c）所示。

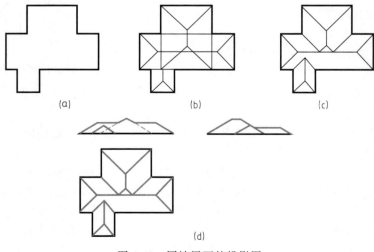

图 4-43 同坡屋面的投影图

（3）分析去掉多余线条，完成 H 面投影。

（4）根据屋顶倾角及投影关系，可得到屋顶的 V 面及 W 面投影，如图 4-43（d）所示。

综合以上分析，可知同坡屋面的交线有以下特点：

（1）当檐口线平行且等高时，前后坡面必相交成水平的屋脊线。屋脊线的 H 面投影，必平行于檐口线的 H 面投影，并且与两檐口线距离相等，如图 4-41（b）所示。

（2）檐口线相交的相邻两个坡面，必然相交于倾斜的斜脊线或天沟线，它们的 H 面投影为两檐口线 H 面投影夹角的角平分线，如图 4-41（b）所示。

（3）当屋面上有两斜脊线，两斜沟线或一斜脊线、一斜沟线交于一点时，必然会有第三条屋脊线通过该交点，这个点就是三个相邻屋面的共有点，如图 4-42（c）中的 g 点、m 点所示。

能力训练

一、填空题

1. 求平面立体的截交线，应先求出立体上_____，为了清楚表达，通常把这些交点_____，然后将同一平面上的两交点用直线段连接起来，即为_____。

2. 曲面立体的截交线，一般是_____，有时是曲线和直线组成的_____。

3. 截交线上的点一定是_____与曲面体的公共点，只要求得这些公共点，将同面投影依次相连即得_____。

4. 当截平面切割圆柱体时，圆柱体的截交线出现_____、_____、_____三种情况。

5. 当截平面与圆锥体轴线的相对位置不同时，圆锥体的截交线出现圆、_____、_____、双曲线、_____五种情况。

6. 两个相交的立体称为_____，两立体表面的交线称为_____。

7. 当一立体全部贯穿另一立体时，则产生两组相贯线，称为_____。

8. 两平面立体的相贯线，一般为_____的空间折线，特殊情况为_____。

二、简答题

1. 简述曲面体与曲面体相贯求相贯线的作图步骤和方法。

2. 求两个平面立体的相贯线的方法是什么？

3. 两曲面体相贯的特殊情况是什么？

4. 同坡屋面交线的特点有哪些？

学习单元五　轴测投影

5.1　轴测投影的基本知识

5.1.1　基本概念

　　如图 5-1 所示，用平行投影法将物体连同确定该物体的直角坐标系一起沿不平行于任一坐标平面的方向投射到一个投影面上，所得到的图形，称作轴测图。

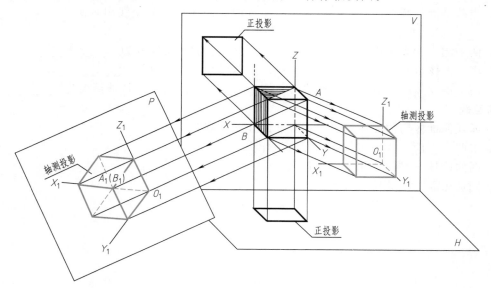

图 5-1　正方体的正投影和轴测投影

5.1.2　轴测图的分类

5.1.2.1　轴测投影的分类

将物体的三个直角坐标轴与轴测投影面倾斜，投影线垂直于投影面，所得的轴测投影图称为正轴测投影图，简称正轴测图。

当物体两个坐标轴与轴测投影面平行，投影线倾斜于投影面时，所得的轴测投影图称为斜轴测投影图，简称为斜轴测图。

由于轴测投影属于平行投影，因此其特点符合平行投影的特点：

（1）空间平行直线的轴测投影仍然互相平行。所以与坐标轴平行的线段，其轴测投影也平行于相应的轴测轴。

（2）空间两平行直线线段之比，等于相应的轴测投影之比。

5.1.2.2 轴测投影的术语

确定物体长、宽、高三个尺度的直角坐标轴 OX、OY、OZ 在轴测投影面上的投影分别用 O_1X_1、O_1Y_1、O_1Z_1 来表示，叫做轴测轴。

轴测轴之间的夹角 $\angle X_1O_1Y_1$、$\angle Y_1O_1Z_1$、$\angle Z_1O_1X_1$ 称为轴间角。如图 5-2 所示。

在轴测投影中，平行于空间坐标轴方向的线段，其投影长度与其空间长度之比，称为轴向变形系数，分别用 p、q、r 表示。如图 5-2、图 5-3 所示。

$$p=O_1X_1/OX, q=O_1Y_1/OY, r=O_1Z_1/OZ$$

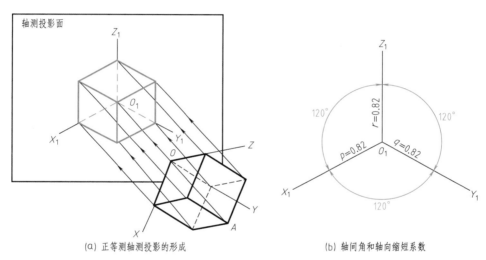

(a) 正等测轴测投影的形成　　(b) 轴间角和轴向缩短系数

图 5-2　正等测轴测投影

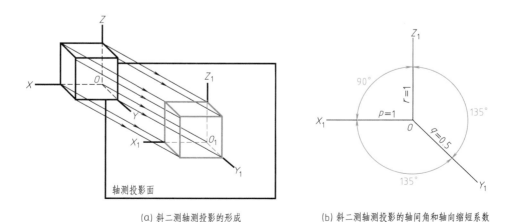

(a) 斜二测轴测投影的形成　　(b) 斜二测轴测投影的轴间角和轴向缩短系数

图 5-3　斜二测轴测投影

5.2 基本体轴测投影图的画法

画基本体轴测投影图的方法主要采用坐标法。坐标法是根据物体表面上各点的坐标，画出各点的轴测图，然后依次连接各点，即得该物体的轴测投影图。同时在作图过程中利用轴测投影的特点，作图的速度将更快、更简捷。

在轴测图中，可见轮廓线用中实线绘制，断面轮廓线用粗实线绘制，不可见轮廓线不绘出，必要时，可用细虚线绘出所需部分。

5.2.1 正等轴测图的特点

当三条坐标轴与轴测投影面夹角相等时，所作的正轴测投影图称为正等测轴测图，简称为正等测图，如图 5-2 所示。

5.2.2 正等轴测图的画法

5.2.2.1 平面体的正等轴测图

画正等测图时，应先用丁字尺配合三角板作出轴测轴。如图 5-4 所示。

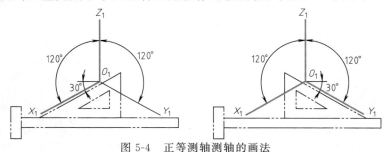

图 5-4　正等测轴测轴的画法

【例 5-1】 用坐标法作长方体的正等测图，如图 5-5 所示。

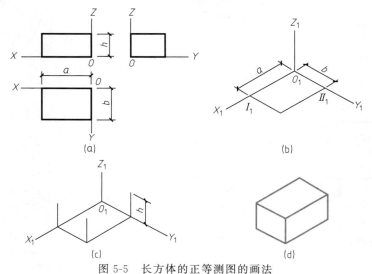

图 5-5　长方体的正等测图的画法

解　作图步骤如下：

（1）在正投影图上定出原点和坐标轴的位置。如图 5-5（a）所示。

（2）画轴测轴，在 O_1X_1 和 O_1Y_1 上分别量取 a 和 b，过 I_1、II_1 作 O_1Y_1 和 O_1X_1 的平行线，得长方体底面的轴测图。如图 5-5（b）所示。

（3）过底面各角点作 O_1Z_1 轴的平行线，量取高度 h，得长方体顶面各角点。如图 5-5（c）所示。

（4）连接各角点，擦去多余的线，并描深，即得长方体的正等测图，图中虚线不必画出。如图 5-5（d）所示。

【例 5-2】 作四棱台的正等测图，如图 5-6 所示。

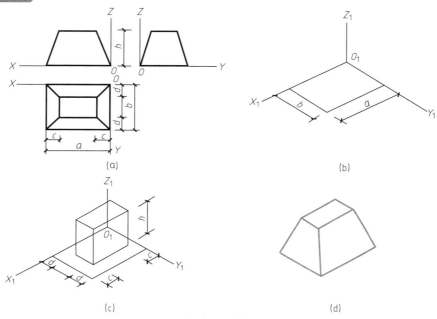

(a)　　　　　　　　　　　　　(b)

(c)　　　　　　　　　　　　　(d)

图 5-6　四棱台的正等测图的画法

解　作图步骤如下：
（1）在正投影图上定出原点和坐标轴的位置。如图 5-6（a）所示。

（2）画轴测轴，在 O_1X_1 和 O_1Y_1 上分别量取 a 和 b，画出四棱台底面的轴测图。如图 5-6（b）所示。

（3）在底面上用坐标法根据尺寸 c、d、h 作棱台各角点的轴测图。如图 5-6（c）所示。

（4）依次连接各点，擦去多余的线并描深，即得四棱台的正等测图。如图 5-6（d）所示。

5.2.2.2　曲面体的正等轴测图

当曲面体上圆平行于坐标面时，作正等测图，通常采用近似的作图方法——"四心法"，如图 5-7 所示。

作图步骤如下：
（1）在正投影图上定出原点和坐标轴位置，并作圆的外切正方形 $EFGH$。如图 5-7（a）所示。

（2）画轴测轴及圆的外切正方形的正等测图。如图 5-7（b）所示。

二维码 5.1

（3）连接 F_1A_1、F_1D_1、H_1B_1、H_1C_1，分别交于 M_1、N_1，以 F_1 和 H_1 为圆心，F_1A_1 或 H_1C_1 为半径作大圆弧 B_1C_1 和 A_1D_1。如图 5-7（c）所示。

（4）以 M_1 和 N_1 为圆心，M_1A_1 或 N_1C_1 为半径作小圆弧 A_1B_1 和 C_1D_1，即得平行于水平面的圆的正等测图。如图 5-7（d）所示。

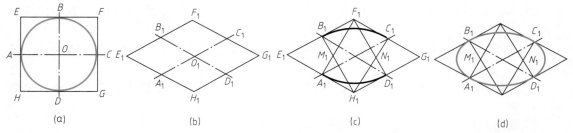

图 5-7 用四心法画圆的正等测图——椭圆

【例 5-3】 作圆柱体的正等测图，如图 5-8 所示。

解 作图步骤如下：

（1）在正投影图上定出原点和坐标轴的位置。如图 5-8（a）所示。

（2）根据圆柱的直径 D 和高 H，作上下底圆外切正方形的轴测图。如图 5-8（b）所示。

（3）用四心法画上下底圆的轴测图。如图 5-8（c）所示。

（4）作两椭圆公切线，擦去多余线条并描深，即得圆柱体的正等测图。如图 5-8（d）所示。

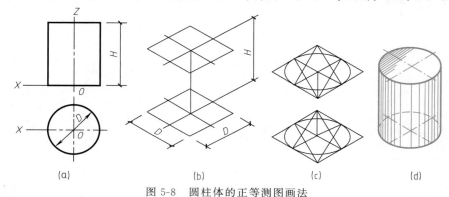

图 5-8 圆柱体的正等测图画法

【例 5-4】 作圆台的正等测图，如图 5-9 所示。

解 作图步骤如下：

（1）在正投影图上定出原点和坐标轴位置。如图 5-9（a）所示。

（2）根据上下底圆直径 D_1、D_2 和高 H 作圆的外切正方形的轴测图。如图 5-9（b）所示。

（3）用四心法作上下底圆的轴测图。如图 5-9（c）所示。

（4）作两椭圆的公切线，擦去多余线条，加深，即得圆台的正等测图。如图 5-9（d）所示。

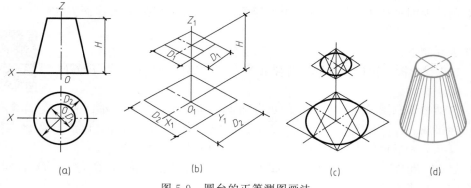

图 5-9 圆台的正等测图画法

【例 5-5】 作平板上圆角的正等测图，如图 5-10、图 5-11 所示。

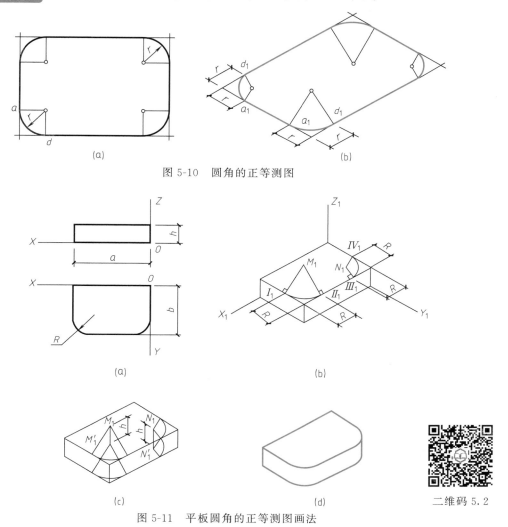

图 5-10　圆角的正等测图

图 5-11　平板圆角的正等测图画法

二维码 5.2

解　作图步骤如下：

（1）在正投影图中定出原点和坐标轴位置。如图 5-11（a）所示。

（2）先根据尺寸 a、b、h 作平板的轴测图，由角点沿两边分别量取半径 R 得 I_1、II_1、III_1、IV_1 点，过各点作直线垂直于圆角的两边，以交点 M_1、N_1 为圆心，$M_1 I_1$、$N_1 III_1$ 为半径作圆弧。如图 5-11（b）所示。

（3）过 M_1、N_1 沿 $O_1 Z_1$ 方向作直线量取 $M_1 M_1' = N_1 N_1' = h$，以 M_1'、N_1' 为圆心分别以 $M_1 I_1$、$N_1 III_1$ 为半径作弧得底面圆弧。如图 5-11（c）所示。

（4）作右边两弧切线，擦去多余线条并描深，即得有圆角平板的正等测图。如图 5-11（d）所示。

5.2.2.3　组合体的正等轴测图

组合体是由若干个基本形体以叠加、切割、相切或相贯等连接形式组合而成。因此在画正等测图时，应先用形体分析法，分析组合体的组成部分、连接形式和相对位置，然后逐个画出各组成部分的正等轴测图，最后按照它们的连接形式，完成全图。

画组合体的正等测图一般先用形体分析法将其分解为基本立体，画出基本立体的轴测图，再逐一细化。

【例 5-6】 画出如图 5-12 所示组合体的正等测图。

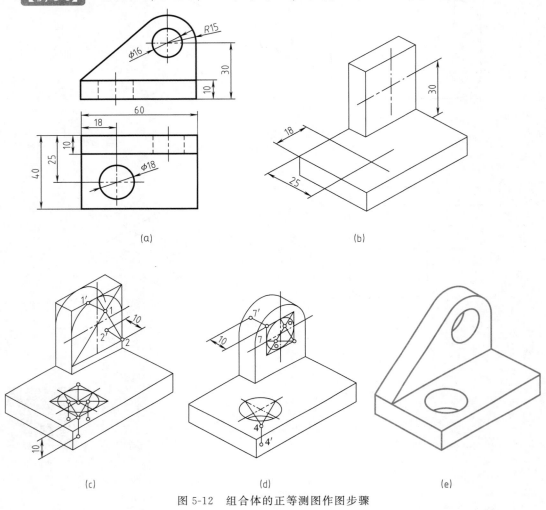

图 5-12　组合体的正等测图作图步骤

解　作图步骤

(1) 组合体的视图。如图 5-12 (a) 所示。

(2) 画基本立体的正等轴测图，并确定底板圆孔 $\phi18$ 和立板圆孔 $\phi16$（与 $R15$ 圆弧同心）的圆心位置。如图 5-12 (b) 所示。

(3) 作出 $R15$ 圆弧的对应菱形，定出两心 1、2，作出它在立板前面的轴测投影，将 1、2 两心向后平移立板厚 10，作出该弧在立板后面的投影；作出底板上面 $\phi18$ 圆孔的对应菱形，求得四心，作出该孔的上底面轴测投影椭圆，将圆心 4 向下平移底板厚 10。如图 5-12 (c) 所示。

(4) 作出立板上 $\phi16$ 圆孔的对应菱形，求得它在立板前面的轴测投影，将圆心 7 向后平移立板厚 10，作该孔在立板后面的投影（只作可见部分）；作出底板圆孔 $\phi18$ 的下底面投影。如图 5-12 (d) 所示。

(5) 画立板上两条公切线，擦去不可见轮廓线，并加深结果。完成组合体的正等轴测图。如图 5-12（e）所示。

【例 5-7】 画出如图 5-13（a）所示组合体的正等测图。

解 作图过程如图 5-13（b）、（c）、（d）、（e）所示。

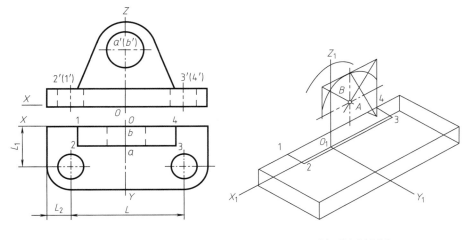

（a）根据两视图定坐标   （b）画底板，并定出竖板圆心

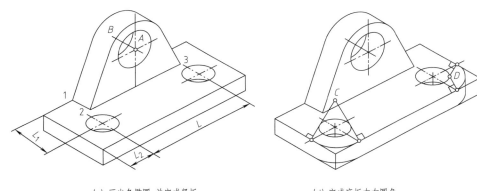

（c）画出各椭圆，并完成竖板   （d）完成底板左右圆角

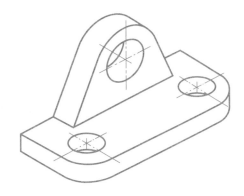

（e）擦去作图线，描深

图 5-13 组合体的正等轴测图

5.2.3 斜二测图的画法

当圆平面平行于由 OX 轴和 OZ 轴决定的坐标面时，其斜二测图仍是圆。当圆平行于其他两个坐标面时，由于圆外切四边形的斜二测图是平行四边形，圆的轴测图可采用近似的作法——"八点法"作图，如图 5-14 所示。

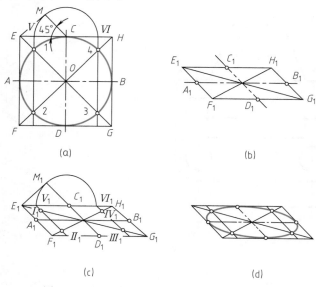

图 5-14 用八点法作圆的斜二测图——椭圆

作图步骤如下：

（1）作圆的外切正方形 $EFGH$，并连接对角线 EG、FH 交圆周于 1、2、3、4 点。如图 5-14（a）所示。

（2）作圆外切正方形的斜二测图，切点 A_1、B_1、C_1、D_1 即为椭圆上的四个点。如图 5-14（b）所示。

（3）以 E_1C_1 为斜边作等腰直角三角形，以 C_1 为圆心，腰长 C_1M_1 为半径作弧，交 E_1H_1 于 V_1、$Ⅵ_1$，过 V_1、$Ⅵ_1$ 作 C_1D_1 的平行线与对角线交于 I_1、$Ⅱ_1$、$Ⅲ_1$、$Ⅳ_1$ 四点。如图 5-14（c）所示。

（4）依次用曲线板连接 A_1、I_1、C_1、$Ⅳ_1$、B_1、$Ⅲ_1$、D_1、$Ⅱ_1$、A_1 各点，即得平行于水平面的圆的斜二测图。如图 5-14（d）所示。

【例 5-8】 作带孔圆台的斜二测图，如图 5-15 所示。

解 作图步骤如下：

（1）在正投影图中定出原点和坐标轴位置。如图 5-15（a）所示。

（2）画轴测轴，在 O_1Y_1 轴上取 $O_1A_1 = L/2$。如图 5-15（b）所示。

（3）分别以 O_1、A_1 为圆心，相应半径的实长为半径画底圆及圆孔。如图 5-15（c）所示。

（4）作两底圆公切线，擦去多余线条并描深，即得带通孔圆台的斜二测图。如图 5-15（d）所示。

【例 5-9】 作圆锥的斜二测图，如图 5-16 所示。

解 作图步骤如下：

（1）在正投影图中定出原点和坐标轴位置。如图 5-16（a）所示。

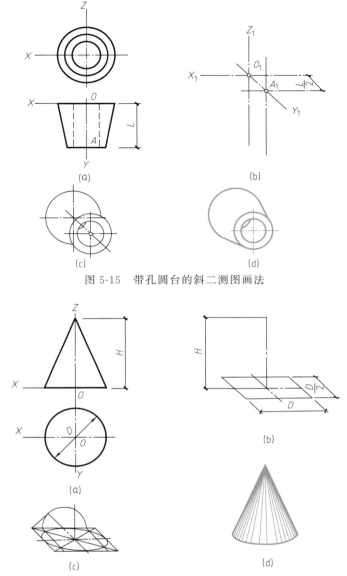

图 5-15　带孔圆台的斜二测图画法

图 5-16　圆锥的斜二测图

（2）根据圆锥底圆直径 D 和圆锥的高 H，作底圆外切正方形的轴测图，并在中心定出高。如图 5-16（b）所示。

（3）用八点法作圆锥底圆的轴测图。如图 5-16（c）所示。

（4）过顶点向椭圆作切线，最后检查整理，加深图线或描黑，即为所求。如图 5-16（d）所示。

5.3　轴测草图的画法

徒手画图是指不用绘图仪器和工具，而以目估的方法画出图样。徒手画出来的图一般称为草图，它是工程技术人员在技术交流过程中常常要用到的图样，也是在学习过程中需要掌握的一种方法。例如：已知形体两投影，补第三投影。初学者可先徒手画出形体的轴测图，形成直观的感觉，而使问题简化，从而很快地作出第三投影。徒手画图一般用 HB 或 B、2B铅笔。

5.3.1 画直线

如图 5-17 所示。

图 5-17 徒手作直线

（1）画水平线时，铅笔放平些，从起点画线，而眼则看其终点，掌握好方向，图线宜一次画成。对于较长的直线，可分段画出，自左而右画。

（2）画铅直线时，与画水平线方法相同，但持笔可稍高些，自上而下画。

（3）画斜线时，画与水平线成 30°、45°、60°等特殊角度的斜线，可按两直角边的近似关系，定出两端点后连接画出，如图 5-18 所示。

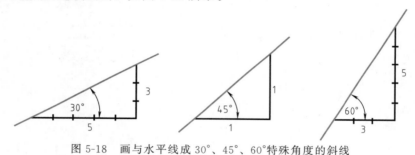

图 5-18 画与水平线成 30°、45°、60°特殊角度的斜线

5.3.2 画圆

画圆时，可过圆心作均匀分布的直线，在每根线上目测半径，然后顺连成圆。画较小的圆，可在中心线上按半径目测定出四点后连成，如图 5-19 所示。

5.3.3 画椭圆

已知长短轴画椭圆，作出椭圆的外切矩形，然后连对角线，在矩形各对角线的一半上目测十等分，并定出七等分的点，把这四个点与长短轴端点顺次连成椭圆，如图 5-20 所示。

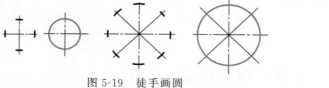

图 5-19 徒手画圆

图 5-20 徒手画椭圆

5.3.4 草图画法示例

草图画法示例如图 5-21～图 5-25 所示。

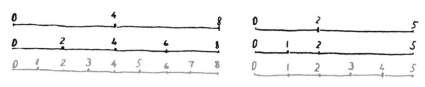

图 5-21　等分线段

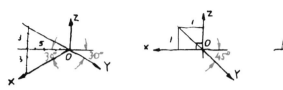

图 5-22　常用角度画法

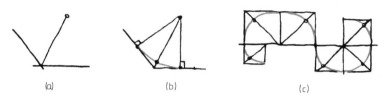

(a)　　　　　　(b)　　　　　　(c)

图 5-23　徒手画圆角和圆弧

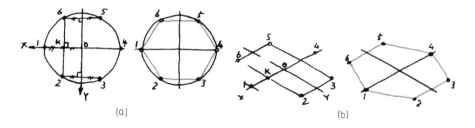

(a)　　　　　　　　　　　(b)

图 5-24　徒手画正六边形

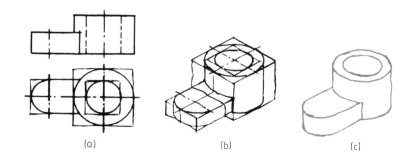

(a)　　　　　　(b)　　　　　　(c)

图 5-25　徒手画组合体

　　草图虽然是徒手绘制，但绝不是潦草的图，仍应做到：图形正确、线型粗细分明、字体工整、图面整洁。

一、填空题

1. 在作形体投影图时如果选取适当的投影方向将物体连同确定物体长、宽、高三个尺度的直角坐标轴，用平行投影的方法一起投影到一个投影面（轴测投影面）上所得到的投影，称为_____。应用轴测投影的方法绘制的投影图叫做_____。

2. 将物体的三个直角坐标轴与轴测投影面_____，投影线_____投影面，所得的轴测投影图称为正轴测投影图，简称正轴测图。

3. 当物体两个坐标轴与轴测投影面_____，投影线_____投影面时，所得的轴测投影图称为斜轴测投影图，简称为斜轴测图。

4. 画基本体轴测投影图的方法主要采用_____。

二、简答题

1. 轴测投影是怎样形成的？分类如何？

2. 简述平面体轴测投影的画法。

3. 简述曲面体轴测投影的画法。

4. 如何徒手画直线、画圆、画椭圆？

学习单元六 组合体视图

6.1 组合体的形成

6.1.1 组合体的概念

从几何的角度看，物体大多可看成是由棱柱、棱锥、圆柱、圆锥和球等基本体所组成。由两个及以上基本形体（简称基本体）叠加而成的物体，或由多个截面切挖同一基本体而成的物体，称为组合体。由若干个组合体可形成复杂的土木工程建筑物。

6.1.2 组合体的分类

组合体的组合方式大致可分成三种：叠加、切割和综合。根据其组合方式的不同，组合体又可分成叠加型、切割型、综合型。

6.1.2.1 叠加型

将基本体叠加在一起的基本方式常有以下几种：

（1）竖向叠加 基本体在高度方向叠加后可构成组合体。图 6-1（a）表达的组合体，可以看成是三个基本体叠加而成。其中基本体 II 叠加在基本体 I 之上，如图 6-1（b）所示。

(a)组合体　　　(b)竖向叠加　　　(c)水平叠加

图 6-1　竖向、水平叠加式组合体

（2）水平叠加 基本体在水平方向叠加后可构成组合体。图 6-1（a）表达的组合体，也可以看成是基本体 I 叠加在基本体 II 之前，形体 III 叠加在基本体 I、II 之右，如图 6-1（c）所示。

（3）相切　平面形体和曲面形体在叠加时，棱面光滑过渡到曲面，或一个曲面与另一曲面在叠加时，两曲面间是光滑过渡的方式，称为相切。形体相切后可构成组合体。图 6-2（a）表达的组合体，是图 6-2（b）的三个形体在叠加时，形体 Ⅱ 的前、后两个棱面分别与形体 Ⅰ 和基本体 Ⅲ 表面相切所组成。图 6-3（a）表达的组合体，是图 6-3（b）的圆锥体、部分圆球体和圆柱体在叠加时，圆球体分别与圆锥体和圆柱体表面相切所组成。

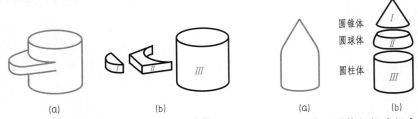

图 6-2　平面与曲面形体相切组合体　　　图 6-3　曲面形体相切式组合体

（4）相交　两形体在叠加时，相邻表面发生相交，可构成组合体。图 6-4（a）是图 6-4（b）中的平面体和曲面体表面相交后所构成的组合体。

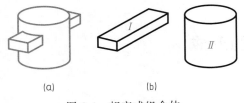

图 6-4　相交式组合体

从图 6-1～图 6-4 中的图（a）看出，叠加式组合体具有以下特点：

① 两形体叠加，若端面靠齐形成共面时，在两形体之间无线。

② 相切式组合体光滑过渡时，在结合处无线。

③ 相交式组合体在表面有交线，在形体内无线。

6.1.2.2　切割型

切割式组合体构成的基本方式有两种：

（1）切割　由多个截面（包括平面和曲面）在切割同一基本体后可形成组合体。如图 6-5（a）所示的组合体，是由九个截平面切割四棱柱后所形成，如图 6-5（b）所示。

（2）挖孔　由多个截面（包括平面和曲面）在同一基本体上挖出孔洞后可形成组合体。如图 6-6 所示组合体，是在圆柱体上用四个截平面挖出形体 Ⅰ，再用圆截面挖出一直径较小的圆柱体 Ⅱ 后所形成。

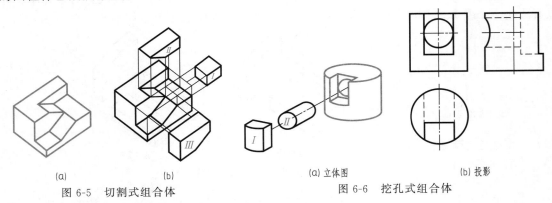

（a）　　　　　　（b）　　　　　　（a）立体图　　　　（b）投影
图 6-5　切割式组合体　　　　图 6-6　挖孔式组合体

由图 6-5 和图 6-6 看出，切割式组合体具有以下特点：

① 不平行投影面的截平面切割形体后，交线的投影必有类似性。平行投影面的平面切

割形体后，交线的投影必有积聚性。

② 相邻两个不共面的截面切割形体后，会产生交线。

③ 切割了形体外形线后，由交线替代轮廓线。

6.1.2.3　综合型

在组合体中既有叠加方式
又有切割方式的综合式组合体
最为常见。肋式杯形基础的形
体，如图 6-7（a）所示，可以
看成由四棱柱底板、中间四棱
柱（其中挖去一楔形块）和 6
块梯形肋板叠加组成。四棱柱
在底板中央，前后各肋板的
左、右外侧面与中间四棱柱
左、右侧面共面，左右两块肋
板在四棱柱左右侧面的中央，
如图 6-7（b）所示。

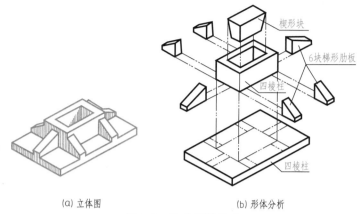

（a）立体图　　　　　　（b）形体分析

图 6-7　肋式杯形基础

综合式组合体的特点就是叠加式和切割式组合体特点的总和。

6.1.3　组合体的表面连接形式及画法

组成组合体的各形体表面相对位置不同，连接关系也就不同，也影响到组合体投影图的
画法。这里将组合体各部分之间的表面连接关系归纳为四种：

6.1.3.1　两表面共面

如图 6-8（b）所示，当叠加的两个四棱柱的宽度相等时，前后两端面是对齐的，即为同一平
面。因此端面的连接处就不再有分界线。所以，在投影图中不画分界线，如图 6-8（a）所示。

6.1.3.2　两表面相错

如图 6-9（b）所示的组合体可看作是由两个四棱柱叠加而成，并且两个四棱柱的宽度不相
等，即两者表面是相互错开的。因此，在端面连接处应有分界线，如图 6-9（a）投影图所示。

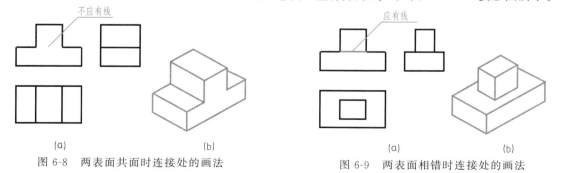

（a）　　　　　　　　（b）

图 6-8　两表面共面时连接处的画法

（a）　　　　　　　　（b）

图 6-9　两表面相错时连接处的画法

6.1.3.3　两表面相切

如图 6-10（b）所示，当 I 、II 两个形体相切时，相切处的表面是光滑过渡的，因此，
连接处在投影图中不应画线，如图 6-10（a）所示。

6.1.3.4　两表面相交

如图 6-11（b）所示，当 I 、II 两个形体相交时，连接处有交线。因此，在投影图中应
画出交线，如图 6-11（a）所示。

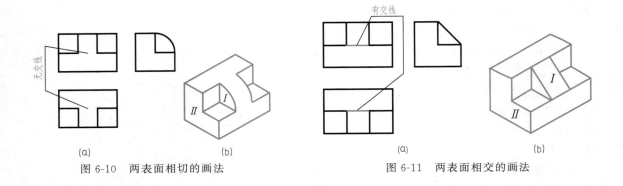

图 6-10 两表面相切的画法　　　　　　　图 6-11 两表面相交的画法

6.2　组合体的三视图

6.2.1　组合体三视图的形成

在工程制图中常把工程形体在某个投影面上的正投影称作视图。正面投影是从前面向后投射（主视）得到的视图，在土木工程图上称之为正立面图（简称正面图或立面图）；水平投影是从上向下投射（俯视）得到的视图，在土木工程图上称之为平面图；侧面投影是从左向右投射（左视）得到的视图，在土木工程图上称之为左侧立面图（简称侧面图）。三面投影图总称为三视图或三面图。

6.2.2　组合体三视图的画法

根据实物画组合体三视图的一般步骤是：①进行形体分析；②选定正面图；③画出三视图的草图；④在草图上标注尺寸；⑤根据草图用绘图仪器画出工作图。现以图 6-12（a）的组合体为例，说明组合体三视图的画法。

6.2.2.1　形体分析

画组合体三视图时，首先要分析该组合体是由哪些基本立体组成的，再分析各基本立体之间的组合关系，从而弄清楚它们的形状特征和投影图画法。这是一种把复杂问题分解成若干简单问题，有条理地逐个予以解决的方法。

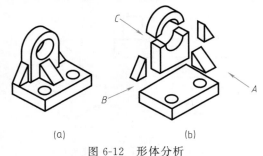

图 6-12　形体分析

对于如图 6-12（a）所示组合体，可以将它分析成由以下这些基本立体所组成的，如图 6-12（b）所示：底板是一个长方体，两侧各开了一个小圆柱孔；底板之上，中间靠后面的一块支撑直板由半圆柱和一个长方体叠加而成，板上有一个圆柱孔贯通前后；直板的两侧各有一个小三棱柱的斜撑，前边还有一个小三棱柱斜撑位居中央。

应该注意，形体分析仅仅是一种认识对象的思维方法，实际上物体仍是一个整体。采用形体分析的目的，是为了把握住物体的形状，便于画图、看图和配置尺寸。

6.2.2.2　主视方向

在用视图表达物体的形状时，选择物体的摆放位置和投射方向对物体形状特征的表达效果和图样的清晰程度都有明显的影响。正面图的选择，实际上是主视方向的选择。由于正面图是三视图中的主要投影，因此要首先确定正面图。选择正面图一般应考虑以下四条原则：

（1）使物体处于正常的工作位置，并使物体的主要面与投影面平行；

（2）使正面图能较多地反映物体的形状特征和各组成部分的相对关系；

（3）为了合理利用图纸，要使物体较大的一面平行于正立投影面；

（4）为了使视图清晰，在确定观察方向时应尽可能减少各视图中的虚线。

由于组合体的形状是多种多样的，在选择正面图时，有时不能全部满足上述要求，这时就要根据具体情况，全面分析，权衡轻重，决定取舍。

例如图 6-13（a）所示组合体为一台阶，其工作位置明显。围绕组合体可有 A、B、C 和 D 四个投射方向。图 6-13（b）画出了四组三视图。其中 D 方向画出的三视图中没有虚线，正面图清楚地反映了组合体各部分的上下、左右的组合关系，所以选择 D 方向作为该组合体的主视方向比较合适。

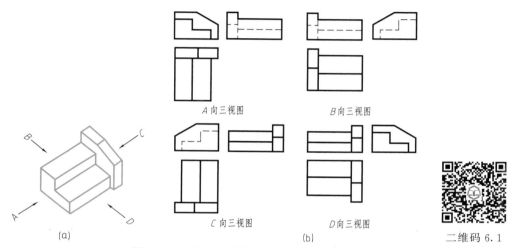

A 向三视图　　　　　B 向三视图

C 向三视图　　　　　D 向三视图

（a）　　　　　　　（b）　　　　　二维码 6.1

图 6-13　组合体正面图选择

对于图 6-12 所示组合体，首先把它放成正常位置，使底板在下并且平放，三个主要面与投影面平行。再考虑从哪个方向投射能较多地反映物体的形状特征，例如沿着箭头 A 或 C 所示方向投射，得到的视图均能较多地反映组合体的主要形状特征；但从 C 向投射显然增加了许多虚线，故不可取。沿着箭头 B 所示方向投射得到的视图反映物体的形状特征不够明显，而且从 B 方向投射得到的视图面积较小，图纸的利用欠合理。经全面分析比较，最后选定把从 A 向投射得到的视图作为正面图。

6.2.2.3　画图步骤

（1）画三视图草图

① 布置图面。不要急于画某个视图，先要安排各视图在图纸上的位置和大小。草图是凭目测徒手画出来的，所以安排视图位置时先要目测形体各部分间的大小比例关系。例如：图 6-12 组合体的总长、总宽、总高之间大致是 3：2：4 的关系，据此比例关系用轻淡的细线在图纸上画出三个矩形，如图 6-14（a）所示（本插图不是徒手绘制的）。各个矩形就是各个视图的边界，用它们来控制三视图的位置和大小。三个矩形的布局要匀称，它们之间要留有足够的间隔，使得全图疏密得当、布置均匀，如未达到要求应调整矩形的大小或位置。

② 在矩形边界内画出每个视图的定位基准线，例如对称轴线、基座底边、直板的侧边等，如图 6-14（b）所示。

③ 根据形体分析，按相互间位置关系逐个画出每个基本立体的三视图，如图 6-14（c）、（d）、（e）所示。注意，不是把整个组合体的某一个视图画完了再去画另一个视图。

④ 修饰描深，如图 6-14（f）所示。由于人为地将形体分解、拼合而产生的接缝应当去掉不描。

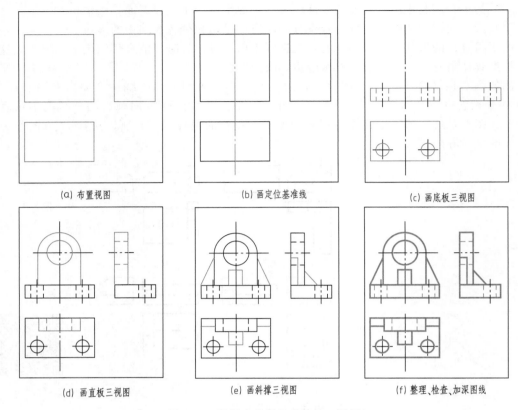

图 6-14　根据实物画组合体的三视图

（2）标注尺寸　在视图上标注尺寸，用来表达物体的实际大小。标注尺寸分为两步：先在视图上配全尺寸线，然后集中测量尺寸、填写尺寸数字。关于标注尺寸的基本方法将在本学习单元的 6.3 中讲述。

（3）根据组合体草图用仪器画工作图，可按以下步骤进行：

① 根据图形的复杂程度，选定图纸幅面和绘图的比例。

② 安排各视图的位置，使图面布置匀称、合理，具体作法与画草图时布置图面的作法相同。画图时仍是先画出各视图中的一条水平线和竖直线作为基准，通常以视图的对称轴线或较长的轮廓线作为基线。

③ 用轻而细的线条画出底稿。

④ 经检查无误后，按规定线型加深描黑。

⑤ 书写各项文字。

6.3　组合体尺寸的标注

6.3.1　组合体三视图的尺寸标注

组合体视图只能反映组合体的几何形状。组合体中各个形体的大小，形体之间相互位置的大小，以及组合体总体的大小，都要由尺寸来确定。因此，标注尺寸是表达物体的一项重要内容。组合体视图尺寸标注的要求是正确、齐全、清晰与合理。

要确定组合体中各形体大小，各形体之间相互位置的大小，以及组合体大小，因此，组合体的尺寸就有三种类型，即组合体中各形体的定形尺寸，形体的定位尺寸，组合体的总体尺寸。

（1）定形尺寸　这类尺寸的标注对象是基本体。图3-14、图3-15中给出了几种常见基本体的尺寸注法。通过基本体的视图和标注的尺寸，已完全确定了各个形体的几何形状和大小。

（2）定位尺寸　这类尺寸的标注对象仍然是基本体，但不是要确定基本体本身的大小，而是要确定基本体在组合体中的具体位置及组合体中各基本体之间的相对位置。

在标注定位尺寸时，需要注意以下几点：

① 基本立体之间，在左右、上下和前后三个方向上的相互位置都需要确定。例如图6-15所示组合体中的圆柱与棱柱，在左右方向上的相互位置是用尺寸22确定的；前后的相互位置是用尺寸16确定的。由于圆柱与棱柱是上下叠放的，它们的叠放关系已由图形明确表示出来了，所以上下方向的定位尺寸就不需要再作标注。

② 棱柱的位置用其棱面确定，圆柱和圆锥的位置，一般都用它的轴线来确定。例如图6-15中标注出了棱柱的棱面和圆柱轴线间的距离22和16，用以表明两者在左右和前后方向上的相互位置关系。量取定位尺寸的基准通常选用物体的底面、主要端面、对称平面、旋转体的轴线等。

③ 处于对称位置的基本立体，通常需注出它们相互间的距离。如图6-16所示的组合体中，底板上两个小圆柱孔的位置是左右对称的，因此标注了两个小圆孔轴线之间的距离58，而不需标注小圆孔轴线到四棱柱底板侧面的距离。

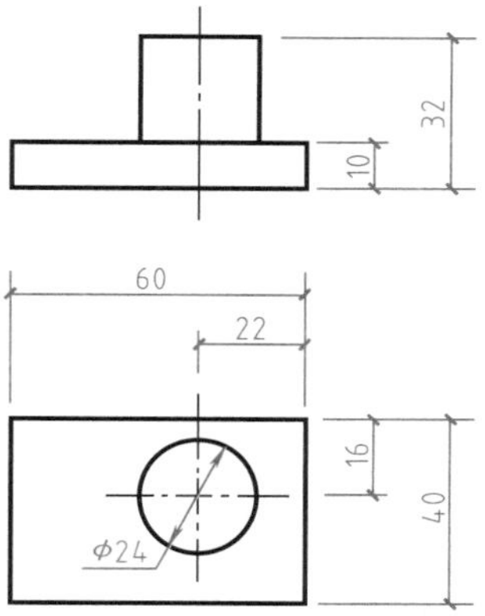

④ 当基本立体的轴线位于物体的对称平面上时，相应的定位尺寸可以省略。例如在图6-16所示的组合体上，前后两块立板上的半圆形槽口的轴线，正好在物体的左右对称平面上，因此就不必注出槽口在左右方向的定位尺寸了。底板上的两个小圆孔的轴线正好在物体的前后对称平面上，因此它们的前后方向也不需要再进行定位了。

图 6-15　尺寸标注

（3）总体尺寸　这类尺寸的标注对象是组合体，标注组合体的总长、总宽和总高尺寸。图6-16中的尺寸76、47、36即为组合体的总体尺寸。

以上三种尺寸可能互相有些交叉、重复，在标注尺寸时要合理地进行选择，去掉一些重复的尺寸。例如图6-15中，由于标注了组合体的总高度32，就不必再标圆柱的高度；在图6-17中，由于需要用尺寸118保证圆孔的高度，用R50保证半圆柱端面的半径大小，这时总高度即应免去不注。总之，标注尺寸需要有合理的选择，不应该盲目拼凑一些尺寸，或者看见有图线就注尺寸，也不应该注写互相矛盾的多余尺寸。

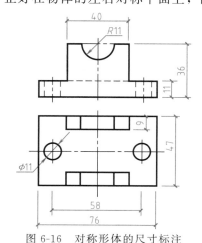

图 6-16　对称形体的尺寸标注

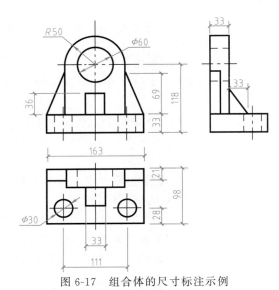

图 6-17 是图 6-12 所示组合体的三视图尺寸标注示例。

6.3.2 组合体尺寸标注的基本原则

尺寸标注除了要齐全、正确和合理外，还应清晰、整齐和便于阅读。

（1）必须严格遵守制图标准中有关尺寸标注的规定（详见学习单元一）。

（2）尺寸标注要齐全，应能完全确定形体的形状和大小，既不缺少尺寸，也不应有不合理的多余尺寸。

（3）尺寸标注应清晰与合理，布置得当。

组合体视图标注的尺寸是工程施工的重要依据。为了看图人员能快速、准确理解尺寸的含义，要求在尺寸标注时，应使尺寸排列整齐，清晰明了，并考虑施工的合理性。

图 6-17　组合体的尺寸标注示例

组合体出现在工程建筑物中，就是建筑物的局部结构。组合体的尺寸标注就是建筑物局部结构的尺寸标注。因此，尺寸标注还应符合工程施工要求。

尺寸标注合理性之一，就是定位尺寸的基准确定。

在图 6-18 中，挡土墙的高度尺寸标注基准选择在墙面顶部，就要增加支撑板、半圆柱轴线的定位尺寸④和⑤，还要修改总高数值。虽然满足尺寸齐全和清晰要求，但是定位尺寸指导从上向下修建挡土墙，这不符合挡土墙由下往上修建的施工过程。所以挡土墙的高度尺寸标注基准选择在墙面顶部是不合理的。

（4）尺寸标注要明显，某个部位的尺寸应尽可能将其标注在反映该部位形状特征最明显的那个视图上。

例如在图 6-19 中，该 L 形棱柱的整体轮廓在正面图上的效果最好，因此该 L 形棱柱的基本尺寸 45、38 就标注在正面图中；物体左前端的切角在平面图上最具特征，所以切角的定位尺寸 30、19 就标注在平面图上；而物体右上部的槽口在侧面图中最为明显，故槽口的定形尺寸 15、11 就标注在侧面图中。

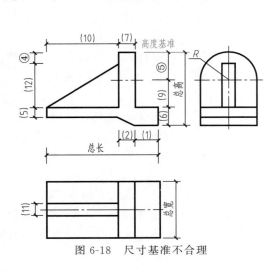

图 6-18　尺寸基准不合理

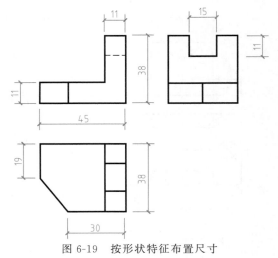

图 6-19　按形状特征布置尺寸

（5）为使图形清晰，一般应将尺寸注在图形轮廓以外；但为了便于查找，对于图内的某些细部，其尺寸也可酌情注在图形内部。

（6）尺寸布局应相对集中，并尽量安排在两视图之间的位置。

（7）尺寸排列要整齐，大尺寸排在外边，小尺寸排在里面，各尺寸线之间的间隔应大致相等，约为 7～10mm。

（8）尽量避免在虚线上标注尺寸。

标注尺寸是一项极其严肃的工作，必须认真负责，一丝不苟。

6.4　阅读组合体三视图

读图是画图的逆过程，读图的基本方法有两种：形体分析法和线面分析法。

6.4.1　形体分析法

在投影图上把形体分解成几个组成部分，根据每个组成部分的投影，想象出它们所表示的形体的形状，再根据各组成部分的相对位置关系，想象出整个形体的形状，这种读图的方法叫做形体分析法。

画图时，首先要对形体进行分析，把组合体分解为若干个基本形体（棱柱、棱锥、棱台、圆柱、圆锥、圆台和球等），然后根据这些基本形体的空间形状和相对位置关系，分别画出各个基本形体的投影图，从而得到整个组合体的投影图。

读图时，一般是从反映物体形状特征的正立面图入手，根据投影图的对应部分，先将组合体假设分解成若干个基本形体，并想象出各基本形体的空间形状，再按各基本形体的相对位置，想象出组合体的空间形状，补出组合体投影图中的缺线，或根据组合体的两个投影补画第三个投影，达到读懂组合体投影图的目的。此法多用于叠加型组合体。

现以图 6-20（a）投影图为例，来说明形体分析法读图的基本步骤。

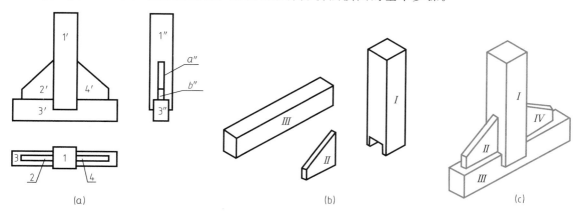

（a）　　　　　　　　　　　　　　（b）　　　　　　　　　　　　　　（c）

图 6-20　形体分析法读图

（1）划分线框，将投影分成若干部分，按投影分析出各个部分的形状。

如图 6-20（a）所示，将正立面图分成 1′、2′、3′、4′ 四个线框，即将投影分解成四个组成部分。由形体投影的三等关系和基本形体投影的特征可知，四边形 1′ 在平面图与左侧立面图中对应的是线框 1、1″，这就可以确定该组合体的正中间是一个如图 6-20（b）所示的四棱柱 I；正立面图中的四边形 2′ 所对应的平面图是矩形 2 和侧面图的 a″、b″ 二线框，由此可知其空间形状是如图 6-20（b）所示的上顶面为斜面的四棱柱Ⅱ；同样可以分析出正立面图中四边形 4′所对应的其他两投影与四边形 2′的其他两投影是完全相同的，所以可知其空间形状与Ⅱ形状是完全相同的。再看正立面图中的线框 3′，在平面图中与之对应的是矩形 3，在侧立面图中与之对应的是矩形 3″，所以可知它的空间形状是如图 6-20（b）所示的四棱柱Ⅲ。

（2）根据投影确定各组成部分在整个形体中的相对位置。

由投影可知，V 面图反映了组合体各组成部分（基本形体）的上下左右位置；W 面图反映了组合体各组成部分的上下前后关系。于是从各投影图中可知Ⅲ形体在最下面，形体Ⅰ在形体Ⅲ的中间上方，且形体Ⅲ从形体Ⅰ下方的方槽中通过。形体Ⅱ、Ⅳ对称地分放在形体Ⅰ的两侧，与形体Ⅲ前面、后面距离相等。

（3）综合以上分析，想象出整个形体的形状与结构。

由以上分析，知道组合体各组成部分的形状以及相对位置，最后只需将这些组成部分按投影图所示位置组合即可。组合后的形状如图 6-20（c）所示的立体图。

【例 6-1】　如图 6-21（a）所示，用形体分析法分析所给形体的空间形状。

解　观察图 6-21（a）给出的三个投影图，在正立面图中可把组合体划分成为五个线框，左、右各一个，中间三个，如图 6-21（b）所示，即可认为此形体由五部分组成。只要分析出五个组成部分的空间形状，然后根据图中所示的相对位置关系，即可想象出形体的空间形状。解题步骤如下：

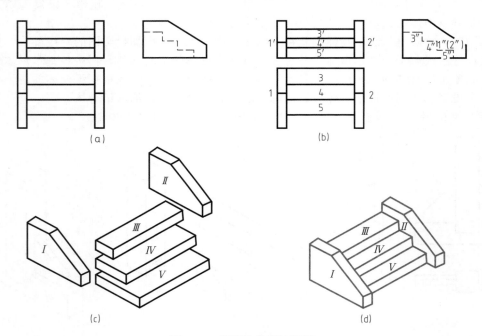

图 6-21　用形体分析法读图

（1）观察线框 1′，利用三等关系分别找出所对应的侧面投影 1″和水平投影 1，其中 1″为一五边形，水平投影 1 为线框 1′的类似形。由此可知，线框 1′表示一个五棱柱，如图 6-21（c）所示。

（2）同理可知，线框 2′也表示一个五棱柱，如图 6-21（c）所示。

（3）观察线框 3′，其对应的侧面投影和水平投影均为矩形。由此可知，线框 3′表示一

个四棱柱，如图 6-21 （c）所示

（4）同理可知，线框 4′、5′也都表示四棱柱，如图 6-21 （c）所示。

（5）按图中所给出的相对位置可知，三个四棱柱按大小由上而下的顺序叠加在一起，两个五棱柱紧靠在其左右两侧。

由此可见，该组合体是房屋建筑中的一个台阶。如图 6-21 （d）所示。

6.4.2　线面分析法

当物体被多个平面切割，物体的形状不规则或一些局部结构比较复杂的物体，单用形体分析法显得不够时，需进一步用线面分析法进行分析。在对投影图进行形体分析的基础上，对投影图中难以看懂的局部投影，根据线、面的投影规律，逐一分析它们的形状和空间位置，这种方法称为线面分析法。

运用线面分析法读图，要掌握投影图中每一线框和每一线段所代表的空间意义。

投影图中的每一线框，一般是形体某一表面的投影。投影图中的每一线段，一般是投影面垂直面的积聚投影，或是两相交平面的交线，或是曲面体外形轮廓线的投影。

线面分析法是组合体读图的辅助方法，主要用于切割型组合体。

现以图 6-22 （a）所示形体的投影图为例，首先 V、H、W 三面投影的外轮廓均为矩形线框，可知其原始基本形体为长方体，再在长方体上进行切割。下面就用线面分析法读图，读懂细部形状。其步骤如下：

（1）将投影分成若干部分，按投影分析出各部分的形状

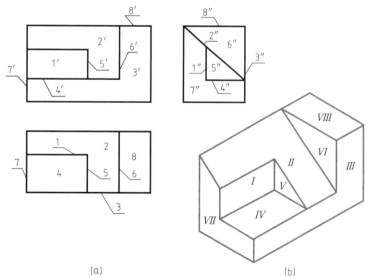

（a）　　　　　　　　　　　　　（b）

图 6-22　线面分析法读图

① 将正立面图中封闭的线框编上号并找出其对应投影确定其空间形状。

如图 6-22 （a）正立面图中有 1′、2′、3′三个封闭线框，按"高平齐"的投影关系，线框 1′对应在 W 投影上的一条竖直线 1″。根据平面的投影规律可知平面 I 是一个正平面，它的平面投影应为与之长对正的平面图中的水平线 1。正立面图中的 L 形线框 2′，按"高平齐"的投影关系，它的 W 投影为斜线 2″，因此平面 II 应为侧垂面。根据平面的投影规律，它的水平投影不仅应与它的正面投影对正，而且应为正面投影的类似形，所以就可以确定平面图中的 L 形线框 2 是它的水平投影。根据"高平齐"，线框 3′的 W 投影为竖线 3″，说明平面 III 为正平面，它的水平投影为平面图中的水平线 3。

② 将平面图中剩下的封闭线框编上号（4、8）。将侧面图中的封闭线框也编上号（5″、6″、7″），并找出其对应投影，确定其空间形状。

同理可以分析出平面图中的线框 4 的对应投影为水平线段 4′、4″，可确定它的空间形状为矩形的水平面；线框 8 的对应投影为线 8′、8″，可确定它为矩形的水平面；线框 5″的对应投影为竖线 5′、5，可确定它为直角三角形的侧平面；线框 6″的对应投影为竖线 6′、6，可确定它为侧平面；线框 7″的对应投影为竖线 7′、7，可确定它为侧平面。

（2）根据投影，分析各组成部分的相对位置，并综合起来想象出整体形状。

由投影图可知各组成部分的上、下、左、右、前、后关系；因此不难想象出其整体形状为在长方体的左上方切割去一个大的三棱柱，再在余下形体的左上前方又切割去了一个小的三棱柱，如图 6-22（b）所示的立体。

【例 6-2】 如图 6-23（a）所示，用线面分析法分析所给组合体的空间形状。

解 如图 6-23（a）所示，在正立面图中有四个线框 a′、b′、c′、d′和六条线段 1′、2′、3′、4′、5′、6′。因此，首先从图中线框入手，利用三等关系，在三投影图中分别找出所对应的投影，弄清图中线框所代表的含义，进而想象出形体的空间形状。

解题步骤如下：

（1）首先观察线框 a′，在三投影图中，利用三等关系分别找出所对应的侧面投影 a″和水平投影 a，其中 a″为一积聚的铅垂线段；a 为一积聚的水平线段，如图 6-23（b）所示。由上述分析可知，线框 A 在空间是一个长方形的正平面。

（2）同理可知，线框 B 在空间是一个长方形的侧垂面；线框 C 在空间是一个六边形的正平面；线框 D 在空间是一个铅垂的圆柱面。

（3）再观察线段 1′，根据"三等"关系可知，其对应的水平投影为一带圆孔的正方形平面；侧面投影为一积聚的水平线段，如图 6-23（c）所示。由上述分析可知，线段 I 在空间是一个带圆孔的正方形的水平面。

（4）同理可知，线段 II 在空间是一个梯形的侧平面；线段 III 在空间是一个长方形的水

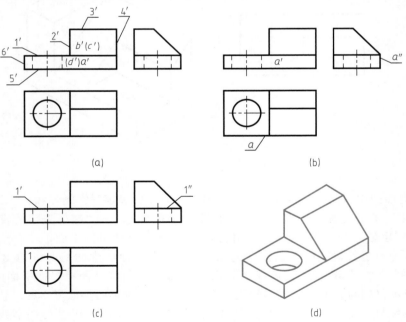

（a）　　　　　　　　　　　　　　　（b）

（c）　　　　　　　　　　　　　　　（d）

图 6-23　用线面分析法读图

平面；线段Ⅳ在空间是一个五边形的侧平面；线段Ⅴ在空间是一个带圆孔的长方形水平面；线段Ⅵ在空间是一个长方形的侧平面。

由前面的分析不难知道，图 6-23（a）形体的空间形状如图 6-23（d）所示。

实际读图时，常以形体分析法为主，线面分析法为辅，综合运用。

任何一个形体的投影轮廓都是封闭的线框，因此读图时，首先在初读的基础上，把组合体大致划分成几个部分；其次在正面投影上找出封闭的线框，并利用"三等关系"找出各线框在其他投影面上的投影，想象出每一个线框所表示的形状，对各组成部分的细部，再进一步运用线面分析法分析其形状；最后，根据它们的相对位置想象出组合体的整体形状。

由读图步骤可归纳为四先四后。即先粗看后细看，先用形体分析法后用线面分析法，先外部（实线）后内部（虚线），先整体后局部。

6.4.3 读图时应注意的事项

根据给出的视图想象形体的空间形状，简称读图。读图是边看图、边想象的思维过程。由于人们对事物思维方式的差异，读图不存在一条简单的通用方法。一般来说，读图能力的提高，一是要熟练掌握投影原理，二是要有丰富的知识储备。

6.4.3.1 把几个投影图按投影关系联系起来看

一般情况下，一个投影图不能完全确定物体的空间形状，这样读图时，必须要根据投影规律，将各个投影图联系起来进行分析，而不要孤立地看一个投影图。

如图 6-24 所示的三组视图，它们的正立面图相同，但实际上是三个不同形状的物体。如果只看正立面图则无法区分它们，但若联系平面图一起看，其区别就明显了（见轴测图）。

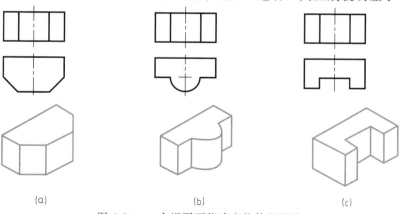

(a)   (b)   (c)

图 6-24　一个视图不能确定物体的形状

有时只看两个视图，也还无法确定物体的形状，如图 6-25 所示的两组视图，它们的正立面图和平面图都相同，这时只有结合左侧立面图一起看，才能区分它们的形状（见轴测图）。

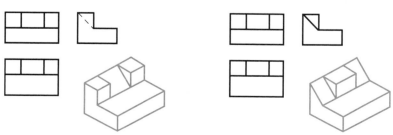

图 6-25　几个视图配合看图示例

读图过程中，一般是先根据某一视图作设想，然后把这种设想在其他视图上作验证，如果验证不出矛盾，则设想成立；否则再作另一种设想，直到想象出来的物体形状与已知的视图完全相符为止。

6.4.3.2 找出反映组合体各部分形状特征的投影图

所谓特征投影图，就是把物体的形状特征及相对位置反映得最充分的那个投影图。找到这个投影图，再配合其他投影图，就能较快地看懂投影图，认清物体的形状。通常，正立面图是反映物体形状特征的投影图，但是由于组合体的组合方式不同，组合体各部分的形状特征及相对位置并非总是集中在正立面图上，有时分散在各个视图上。

如图 6-26 所示的形体。它是由形体 I、形体 II 两部分叠加而成，正立面图反映了组合体和形体 II 的形状特征；而左侧立面图则主要反映形体 I 的形状特征。在读图时，要抓住反映各组成部分形状特征较多的投影图。

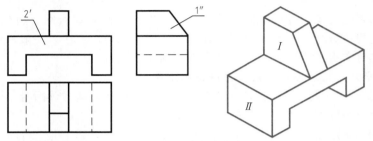

图 6-26 读图时应找出反映组合体各部分形状特征的投影图

6.4.3.3 了解投影图中图线和线框的含义

弄清投影图中图线和线框的含义，是看图的基础。

（1）投影图上的每一条图线可以表示下列各种情况：

① 具有积聚性表面的投影，如图 6-27（a）中 s''。

② 表面与表面交线的投影，如棱线、截交线、相贯线等。如图 6-27（a）正面图中 $1'2'$ 即为两表面交线的投影。

③ 曲面转向轮廓线的投影，如图 6-27（b）正立面图中的 $a'b'$ 即为圆柱转向轮廓线的投影。

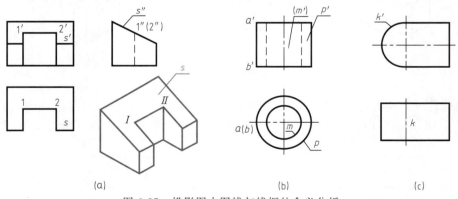

图 6-27 投影图中图线与线框的含义分析

看图时，要判断投影图中某一图线属于上述哪一种情况的投影，需先找到该图线在其他投影图中相对应的投影，再将几个投影联系起来分析，才能得到正确的判断。

（2）投影图上每一个封闭线框，一般表示物体上一个面的投影，可以有以下几种情况：

① 平面的投影，如图 6-27（a）中的 s、s'。

② 曲面的投影，如图 6-27（b）中的 p。

③ 孔洞的投影，如图 6-27（b）中的 m。

④ 曲面与平面的组合投影，如图 6-27（c）中的 k'。

看图时要判断某一个线框属于上述哪一种情况的投影，必须找到该线框在各个投影图中的相应投影，然后将几个投影联系起来进行分析。那么，图 6-27（a）平面图中的线框，表示上述哪种情况的投影呢？可先找到线框 s 在正立面图、左侧立面图上的相应投影。在正立面图上不难找到与 s 线框对应的线框 s'，而在左侧立面图上却找不到与之相应的类似形，但与它们对应的是一直线段 s''。这就说明，s 线框表示的是一个侧垂面的投影。

（3）相邻两个线框代表两个面。一个线框代表一个面，那么相邻的两个线框（或线框里面套线框）则必然是代表两个表面。既然是两个表面就会有上下、左右、前后和斜交之分。图 6-28 表示了判别方法。

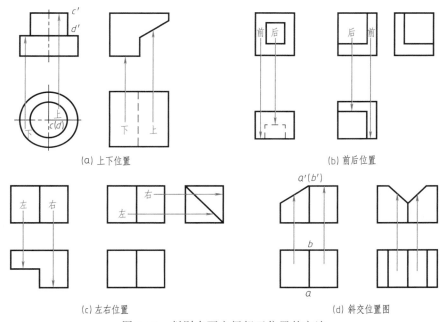

(a) 上下位置　　　　　　　　　　　　　　　　(b) 前后位置

(c) 左右位置　　　　　　　　　　　　　　　　(d) 斜交位置图

图 6-28　判别表面之间相互位置的方法

【例 6-3】　试想象出图 6-29 所示物体的形状。

解　正面图上有较明显的分块痕迹，可以从它入手，在正面图上划分出 I、II、III 三个部分，用对线框的办法找到每个部分在另外两个视图上的对应投影，这样就把每一部分的三个投影从整体上分离了出来，如图 6-30（a）、（b）、（c）所示。单独考察每个部分，不难想象出第一部分是一个长方体底板，其上有两个小圆孔；第二部分是一个带有半圆形缺口的梯形棱柱；第三部分是一个空心圆柱。从图 6-29 中的侧面图可以看出，梯形棱柱、圆柱的后表面与底板的后表面是对齐的。就左右方向来说，从正面图可以看出，梯形棱柱恰好在底板的中央部位，而空心圆柱则置于梯形棱柱的缺口中。由于圆柱与梯形棱柱结合成了一体，所以侧面图中圆柱下边的那条轮廓线也就不存在了。经过分解与

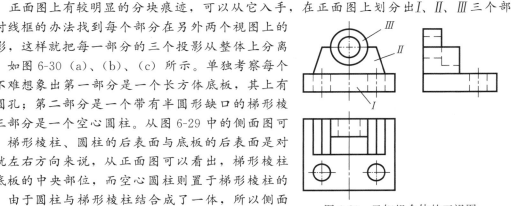

图 6-29　已知组合体的三视图

综合，最后想象出物体的形状如图 6-31 所示。

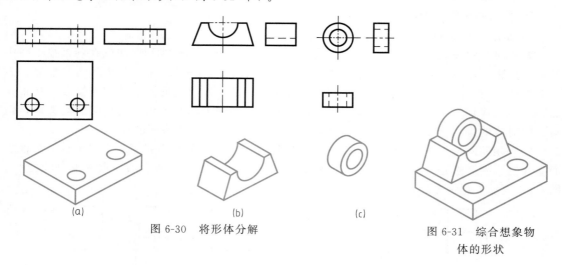

图 6-30　将形体分解

图 6-31　综合想象物
体的形状

6.4.4　阅读组合体两视图补画第三视图

阅读组合体的两个视图，补画第三个视图，也就是通常所说的"给二补三"。一般情况下，形体的两个视图就能把它的形状确定下来，所以看懂两个视图，就能正确作出它的第三视图。学习并掌握"给二补三"问题能够提高图示、图解和空间思维能力。

根据能完整表达组合体形状的两个视图，补画第三个视图的一般步骤是：首先对已知的投影进行形体分析，大致想象出形体的形状，然后根据各基本形体的投影规律，画出各部分的第三投影。对于较难读懂的部分，采用线面分析法，并根据线面的投影特性，补出该细部的投影，最后加以整理即得出形体的第三投影。

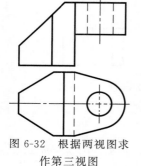

图 6-32　根据两视图求
作第三视图

【例 6-4】　根据图 6-32 组合体的正面图和平面图，画出它的侧面图。

解　首先读图。根据正面图和平面图，可以看出该物体由左右两部分组合而成：左边部分可以看作是一个长方体被一个正垂面和两个铅垂面切割形成的，见图 6-33（a）；右边部分是由一个半圆柱和一个梯形棱柱组成的圆端形水平板，并贯穿了一个圆柱孔，见图6-33（b）。把左右两部分的形状结合在一起，就可以得到该物体的总体形状，如图 6-33（c）所示。想象出物体的形状以后，就可以

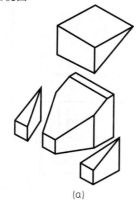

（a）　　　　　　　　　　（b）　　　　　　　　　（c）

图 6-33　读图过程

按照投影关系，逐步画出其侧面图。画图过程如图 6-34 所示。

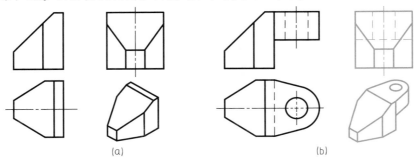

图 6-34　求作侧面图

【例 6-5】　根据图 6-35 物体的正面图和侧面图，画出它的平面图。

解　两已知视图上有明显的分块痕迹，根据投影关系，可以把该物体分解为下、中、上三个部分：下边部分是一个长方体底板；中间部分是一个梯形棱柱，其上贯通了两个圆柱孔；上边部分为一个五边形棱柱，如图 6-36 所示。

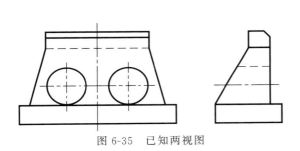

图 6-35　已知两视图

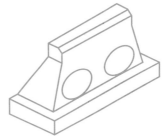

图 6-36　根据视图想象形体

按照投影关系逐步画出该物体的平面图。画图过程如图 6-37 所示。注意孔的背面是两个椭圆，它们是侧垂面切割圆柱面形成的，平面图上应按求截交线的方法作出。

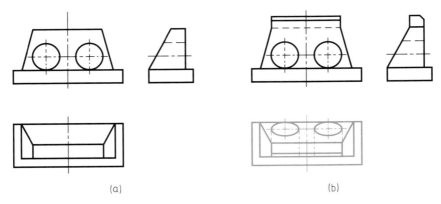

图 6-37　求作平面图

【例 6-6】　如图 6-38（a）所示，根据组合体的 V、H 投影，补绘 W 投影，并想象（画出）形体的形状（轴测图）。

解　首先根据图中线框进行形体分析，然后根据形体的 V、H 投影、三等关系及方位关系，逐个补绘出各组成部分的 W 投影，进而将三投影图结合起来，想象出组合体的形状。

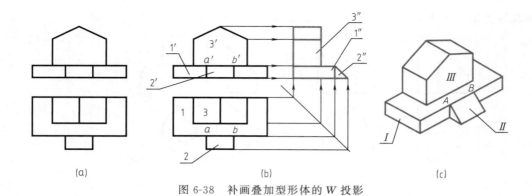

(a)   (b)   (c)

图 6-38　补画叠加型形体的 W 投影

解题步骤如下：

（1）形体分析，通过对图中线框的分析可知，该组合体由形体Ⅰ（长方体）、形体Ⅱ（三棱柱）和形体Ⅲ（五棱柱）组成。

（2）补形体Ⅰ的 W 投影为一矩形线框。

（3）补形体Ⅱ的 W 投影为三角形线框。

（4）补形体Ⅲ的 W 投影为上下两个矩形线框。上面的矩形线框为正垂面的投影，下面矩形线框为侧平面的投影，如图 6-38（b）所示。

（5）画出组合体的立体图，如图 6-38（c）所示。

【例 6-7】　根据图 6-39（a）所示形体的 V、W 投影，补绘 H 投影。

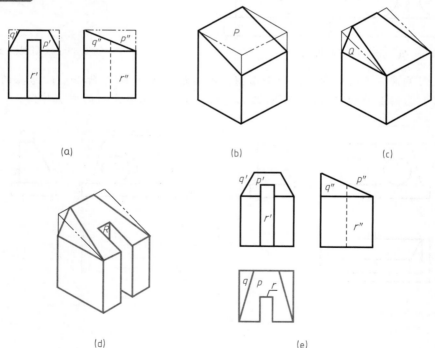

(a)   (b)   (c)

(d)   (e)

图 6-39　补画切割型形体的 H 投影

解　该形体可以看作切割型组合体，不容易想象出由几个基本形体组成。凡遇到这样的形体，根据图中线框进行分析，把它看作是由一个长方体被不同截面经几次切割后形成的切割型组合体。

第一步：把它看成长方体。

第二步：利用侧垂面 P 切掉一个三棱柱，如图 6-39（b）所示。

第三步：再用正垂面 Q 左右各切掉一个三棱锥，如 6-39（c）所示。

第四步：根据 W 投影的虚线位置 r'' 对应 V 投影 r'，r' 为矩形，故可以理解成正平面。通过以上分析可知，此形体可以视为由一个正平面和两个侧平面挖去一个斜四棱柱，如图 6-39（d）所示。

解题步骤如下：

（1）根据三等关系在 H 投影的位置补一矩形线框。

（2）因为 V 投影中 p' 对应 W 投影图 p''，p'' 为一斜直线，该面的空间位置为侧垂面，在 H 投影中应补一个与 p' 类似的多边形。

（3）因为 V 投影中 q' 与 W 投影中的 q'' 对应，V 投影中 q' 为斜直线，该面的空间位置应为正垂面，根据正垂面的投影特征，在 H 投影中应补一个与 q'' 类似的三角形。同理，在 V 投影中，与 q' 对应的右边部分也与 W 投影中 q'' 对应，也应该补一类似的三角形。

（4）从 r'、r'' 的投影特征可以判断 R 是一个正平面，在 H 投影中应补一直线，前后位置应与 r'' 对应，左右位置与 r' 对应。

补出的投影见图 6-39（e）中的 H 投影。

【例 6-8】　试根据图 6-40 建筑形体的 V、W 投影，补绘 H 投影。

解　先要确定该建筑形体的形状，才能补作 H 投影。读图步骤如下：

（1）形体分析

根据图 6-40 房屋外形轮廓线的 V、W 投影分析，可以想象这是一个两坡顶的房屋，其投影如图 6-41 所示。

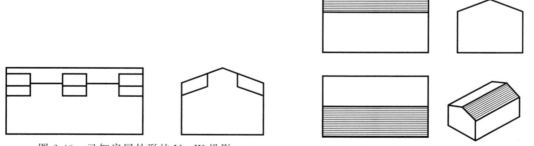

图 6-40　已知房屋外形的 V、W 投影　　　　图 6-41　形体投影——两坡顶房屋外形的投影

比较图 6-40 和图 6-41 的两坡顶屋面可看出，前者的 V 投影比后者多了三个小方块线框，前者的 W 投影比后者多了左右对称的两个平行四边形线框，需作进一步分析。

（2）线面分析

先分析图 6-40 中 V 投影左边一个小方块。根据"高平齐"关系对应于 W 投影的平行四边形线框。如图 6-42 所示，这小方块内又分成两个线框，上面一个线框 r'，对应 W 投影上一条竖直线 r''，可知这是一个正平面 R。小方块内下面一个线框 q'，对应 W 投影上一条斜线 q''，可知这是一个侧垂面 Q。小方块线框右边的竖直线 p'，与 W 投影上的平行四边形 p'' 对应，可知这是一个侧平面 P。

由上述分析可知，V 投影上的小方块线框和 W 投影上相对应的平行四边形线框，是在两坡屋面上用一个正平面 R、一个侧垂面 Q 和一个侧平面 P 切去了一个小四棱柱，所产生的截交线的投影，如图 6-42（b）所示的立体图。经过六处同样切割之后，两坡顶屋面就形成了具有六个纵横天窗的屋面，如图 6-42 所示。

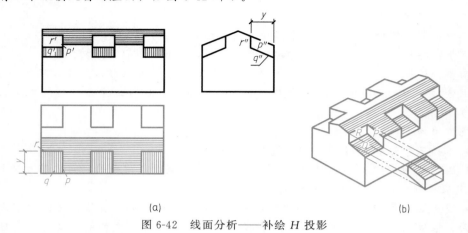

图 6-42　线面分析——补绘 H 投影

（3）补绘 H 投影

根据"长对正、宽相等"的投影关系，在两坡顶房屋的 H 投影上画出截交线的 H 投影，如图 6-42（a）所示。

能力训练

一、填空题

　　1. 组合体的组合方式大致可分成_____、_____和_____三种。

　　2. 根据组合方式的不同，组合体大致可分成_____、_____、_____。

　　3. 组合体各部分之间的表面连接关系归纳为四种，分别是：_____、_____、_____、_____。

　　4. 组合体的尺寸有_____、_____和_____三种类型。

　　5. 阅读组合体三视图的方法有_____和_____两种。

二、简答题

　　1. 组合体有哪些类型？

　　2. 如何选择组合体的正立面图？

　　3. 组合体要标注几类尺寸？

　　4. 组合体的阅读方法是什么？

　　5. 读图时应注意的事项是什么？

　　6. 投影图中图线和线框的含义是什么？

学习单元七 建筑形体的表达方法

教学提示

　　本学习单元主要介绍了建筑形体的视图、剖面图、断面图的种类及应用、简化画法等几种常用的表达方法。

教学要求

　　要求学生掌握建筑形体的视图、剖面图、断面图及简化画法等几种常用的表达方法。

7.1 视　　图

　　在生产、施工等实际工作中，仅用前面所讲述的投影法的基本原理和三视图，难于将较为复杂形体的内外结构准确、完整、清晰地表达出来。为了满足这些要求，还需采用国家标准中规定的各种表达方法——视图、剖面图、断面图、局部放大图、简化画法和其他规定画法等。本学习单元着重介绍一些常用的表达方法。

7.1.1　基本视图

7.1.1.1　基本视图的形成

　　对于形状比较复杂的形体，用两个或三个视图不能完整、清楚地表达它们的内外形状时，为满足工程需要，按国家标准规定，在三面投影体系中再增设三个分别与 H、V、W 面平行的新投影面 H_1、V_1、W_1，组成一个正六面体。将形体置于由六个投影面构成的立方体之中，如图 7-1 所示，图中正六面体的六个面为基本投影面，将得到的投影图展开摊平在与 V 面共面的平面上，得到六个基本投影图。基本投影图的名称以及投射方向如下：

　　正立面图：自前向后投射得到的投影图；

　　左侧立面图：自左向右投射得到的投影图；

　　右侧立面图：自右向左投射得到的投影图；

　　平面图：自上而下投射得到的投影图；

　　底面图：自下而上投射得到的投影图；

　　背立面图：自后向前投射得到的投影图。

7.1.1.2　图样布置

　　为了在同一图纸上得到六个基本视图，需要将上述六个视图所在的投影面都展平到 V 面所在的平面上。图 7-2 表示展开后的六个基本视图的排列位置，在这种情况下，不标注图样的名称。但为了合理利用图纸，各图样的顺序宜按主次关系从左至右依次排列，如图 7-3 所示。一般每个图样均应标注图名，图名宜标注在图样的下方，并在图名下绘制粗实横线，

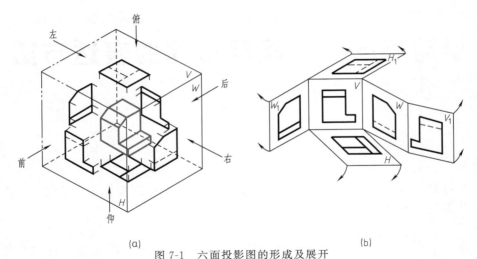

(a)
图 7-1 六面投影图的形成及展开
(b)

其长度应以图名所占长度为准。

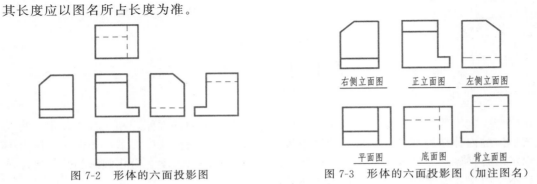

图 7-2 形体的六面投影图

右侧立面图　　正立面图　　左侧立面图

平面图　　底面图　　背立面图

图 7-3 形体的六面投影图（加注图名）

国标中规定了六个基本视图，不等于每一个建筑形体都要用六个基本投影图来表示，而应在完整、清晰表达的前提下，视图越少越好。例如图 7-4 只用了四个立面图和一个平面图就能清楚地表达出一栋房屋的外形。

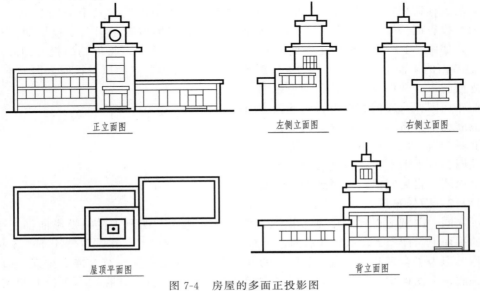

正立面图　　　　　　左侧立面图　　　　　　右侧立面图

屋顶平面图　　　　　　　　　　背立面图

图 7-4 房屋的多面正投影图

必须指出，视图中的虚线一般用来表示不可见的内、外部结构形状，如果该结构形状在其他视图中已经表达清楚了，则这个视图中的虚线就可以省略不画，否则这些虚线必须画出。

7.1.2　向视图

在同一张图纸内按图 7-2 配置视图时，一律不标注视图的名称。若不能按图 7-2 配置视图时，则如图 7-5 所示，应在视图上方标注视图的名称"X 向"，在相应的视图附近用箭头指明投影方向，并标注同样的字母"X"。

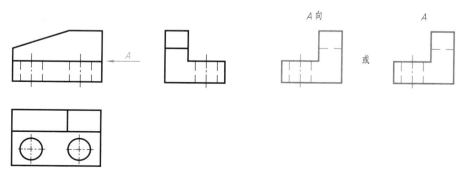

图 7-5　向视图

7.1.3　斜视图

如图 7-6 所示的形体，由于其右上部板是倾斜的，所以它的俯视图和左视图都不反映实形，表达得不够清楚，作图较困难，读图也不方便。为了清晰地表达该处的倾斜结构，如图 7-6 所示，增设一个平行于倾斜结构的正垂面作为新投影面，然后将倾斜结构按垂直于新投影面的方向 A 作投影，就可得到反映它的实形的视图。形体向不平行于任何基本投影面的平面投射所得的视图称为斜视图。因为斜视图只是为了表达它们的倾斜结构的局部形状，所以画出了它所需要表达的实形部分后，用波浪线断开，不画其他部分的视图，成为一个局部的斜视图。

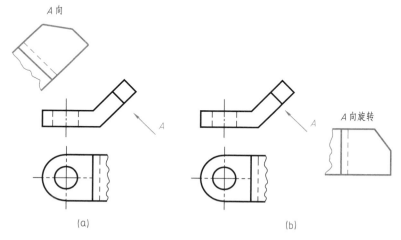

图 7-6　斜向投影图

画斜视图时应注意以下几点：

（1）必须在视图的上方标出视图的名称"X 向"，在相应的视图附近用箭头指明投影方向，并注上同样的字母"X"，如图 7-6 中的"A"。

（2）斜视图最好布置在箭头所指的方向上，必要时允许将斜向投影图旋转成不倾斜而布置在其他适当的位置，但这时应加注"旋转"两字，如图7-6（b）所示。

（3）斜视图只要求表示形体倾斜部分的实形，其余部分不必画出。需用波浪线表示断裂边界。

7.1.4 局部视图

将形体的某一部分向基本投影面投射，所得的视图称为局部视图，如图7-7所示。

画局部视图时应注意以下几点：

（1）在一般情况下，应于局部视图的上方标注视图的名称"X向"，并在相应的视图附近用箭头指明投影方向，标注同样的字母"X向"，如图7-7所示；当局部视图按投影关系配置，中间又没有其他图形隔开时，可省略标注。

（2）局部视图的断裂边界通常用波浪线表示。

（3）当局部视图所表示的局部结构是完整的，且外轮廓线又成封闭时，波浪线可省略不画。

波浪线作为依附实体上的断裂线时，波浪线不应超出断裂形体的轮廓线，并且不可在形体的中空处绘出，如图7-8是一块用波浪线断开的空心圆板。用正误对比说明了波浪线的画法。

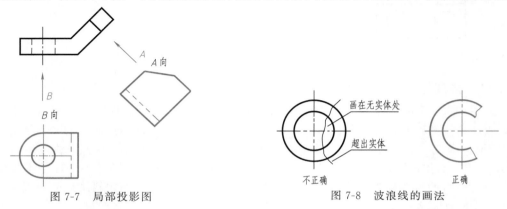

图 7-7　局部投影图　　　　　　　　图 7-8　波浪线的画法

7.2　剖　面　图

7.2.1　剖面图的形成

复杂的建筑物，例如一幢房屋，内部有各种房间、走廊、楼梯、门窗、基础等，如果都用虚线来表示这些看不见的部分，必然形成图面虚、实线交错，混淆不清，既不便于标注尺寸，也容易产生混乱。

为能直接表达清楚形体内部的结构形状，可假想用剖切面将形体剖开，将处在观察者和剖切面之间的部分移去，让它的内部构造显露出来，使形体看不见的部分变成了看得见的部分，然后将其余部分向投影面进行投影，并在截断面上画出材料图例，这样得到的图形称为剖面图。剖面图主要用来表达形体的内部结构，是工程上广泛采用的一种图样。

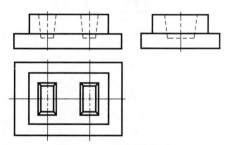

图 7-9　双柱杯形基础

7.2.2　剖面图的画法

如图7-9所示是钢筋混凝土双柱杯形基础的投影

图。这个基础有安装柱子用的两个杯口，在 V、W 投影上都出现了虚线，图面不清晰。假想用一个通过基础前后对称平面的剖切平面 P 将基础剖开，然后将剖切平面 P 连同它前面的半个基础移走，将留下来的半个基础，投射到与剖切平面 P 平行的 V 投影面上，如图 7-10（a）所示，所得的投影图，称为剖面图，如图 7-10（b）所示。现比较图 7-9 的 V 投影和图 7-10（b）的剖面图，就可看到在剖面图中，基础内部的形状、大小和构造，例如杯口的深度和杯底的长度都表示得一清二楚。同样可以假想用一个通过左侧杯口中心线并平行于 W 面的剖切平面 Q 将基础剖开，移去剖切平面 Q 和它左边的部分，然后向 W 面进行投射，如图 7-11（a）所示，得到基础另一个方向的剖面图，如图 7-11（b）所示。

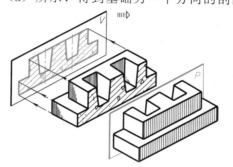

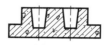

(b)基础的 V 向剖面图

二维码 7.1

(a)假想用剖切平面 P 将基础剖开并向 V 面进行投影

图 7-10　V 向剖面图的产生

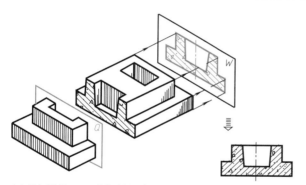

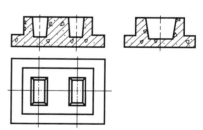

(a)假想用剖切平面 Q 将基础剖开并向 W 面进行投影　　(b)基础的 W 向剖面图

图 7-11　W 向剖面图的产生

图 7-12　用剖面图表示的投影图

7.2.2.1　画剖面图的注意事项

（1）形体的剖切是一个假想的作图程序。剖开形体是为了更清楚地表达其内部形状，实际形体仍是完整的，所以剖面图是被剖开后形体剩下部分的投影，但在其他视图中则应按完整的形体画出。如图 7-12 所示，在画 V 面的剖面图时，虽然已将基础剖去了前半部，但是在画 W 面的剖面图时，则仍然按完整的基础剖开。H 面投影也按完整的基础画出。

（2）剖切平面的选择。一般就选用投影面的平行面作剖切平面，从而使剖切后的形体截断面在投影上能反映实形。同时，为了将形体内部表示清楚，还应尽量使剖切平面通过形体的对称面以及形体的孔、洞、槽等结构的轴线或对称中心线。剖切平面平行于 V 面时，作出的剖面图称为正立剖面图，可以用来代替原来有虚线的正立面图；剖切平面平行于 W 面时，所作的剖面图称为侧立剖面图，也可以用来代替侧立面图，如图 7-12 所示。

（3）材料图例的规定画法。形体剖开之后，都有一个截口，即截交线围成的平面图形，称为截面或断面。在剖面图中，规定断面的轮廓线应用粗实线画出，并要在断面上画出建筑材料图例，以区分断面（剖到的）和非断面（看到的）部分。非断面部分的轮廓线，一般仍用粗实线画出，如图 7-12 所示，但也可用中实线绘画，以突出断面部分。各种建筑材料图例必须遵照国家标准规定的画法。由表 7-1 常用建筑材料的图例可知，图 7-10～图 7-12 的断面上，所画的是钢筋混凝土图例。由于画出材料图例，所以在剖面图中还可以知道建筑物是用什么材料做成的。在不指明材料时，可以用等间距、同方向的 45°细斜线来表示断面。由不同材料组成的同一建筑物，剖开后的相应的断面上应画出不同的材料图例，并用粗实线将处在同一平面上的两种材料图例隔开，如图 7-13 所示。当剖切后的形体断面很小时，材料图例应涂黑表示，并在两个相邻断面的涂黑图例间留出空隙，其宽度不得小于 0.7mm，如图 7-14 所示。

表 7-1　常用建筑材料图例

名　称	图　例	说　明
自然土壤		包括各种自然土壤
夯实土壤		
普通砖	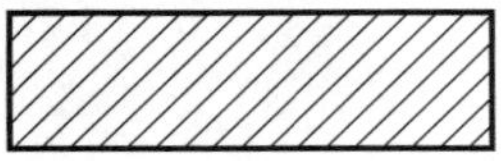	包括砌体,砌块;当端面较窄,不易画出图例线时,可涂红
混凝土	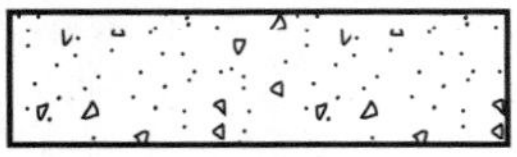	1. 本图例仅适用于能承重的混凝土及钢筋混凝土 2. 包括各种标号,骨料,添加剂的混凝土 3. 当断面较窄,不易画出图例线时,可涂黑 4. 在断面图上画出钢筋时,不画图例线
钢筋混凝土	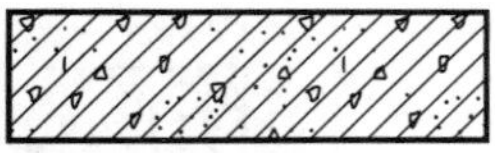	
沙,灰土	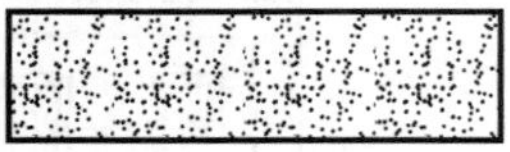	靠近轮廓线的较密
金属	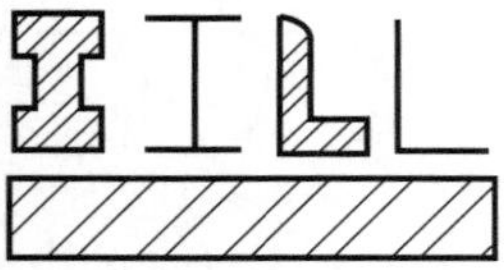	1. 包括各种金属 2. 图形小时可涂黑
防水材料		构造层次较多或比例较大时,采用上面图例
塑料		包括各种软,硬塑料及有机玻璃等

（4）剖面图中一般不画虚线。为使剖面图清晰易读，对已经表达清楚了的构件的不可见轮廓可省略不画，但如添加少量的虚线可以减少视图而又不影响剖面图的清晰时，也可以画出虚线。在未作剖面图的投影图中的虚线也可按上述原则处理。

7.2.2.2　剖面图的标注

为了便于读图和查找剖面图与其他图样间的对应关系，国家制图标准对剖面图的标注作

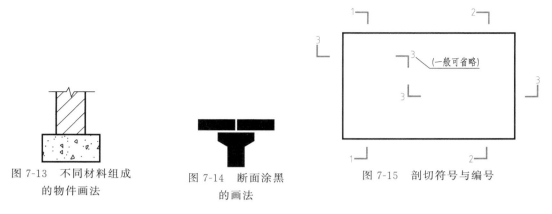

图 7-13　不同材料组成
　　　的物件画法

图 7-14　断面涂黑
　　　的画法

图 7-15　剖切符号与编号

（一般可省略）

了如下规定：剖面图的标注由剖切符号及其编号组成，其形式如图 7-15 所示。剖面图的剖切符号应由剖切位置线、剖视方向线及其编号组成，前两者应以粗实线绘制。剖切位置线的长度宜为 6～10mm，投影方向线应与剖切位置线垂直，长度短于剖切位置线，宜为 4～6mm。绘制时，剖切符号不应与图形上的图线相接触。剖切符号的编号，宜采用阿拉伯数字，按顺序由左到右、由下向上依次编排，写在剖视方向线的端部，编号数字一律水平书写。需要转折的剖切位置线，在转折处为避免与其他图线发生混淆，应在转角的外侧加注与该符号相同的编号。

在剖面图的下方正中或一侧应标注图名，并在图名下绘一粗横线，其长度等于注写文字的长度。剖面图以剖切符号的编号命名，例如：剖切符号的编号为 1，则绘制的剖面图命名为"1—1 剖面图"，也可将图名简写成"1—1"。其他剖面图的图名，也应同样依次命名和标明，如图 7-16 所示。当剖切平面通过形体的对称平面，且剖面图又在基本投影图的位置，两图之间也没有其他图形隔开时，上述标注的各项要求均可省略，如图 7-12 所示。

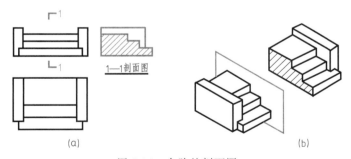

1—1剖面图

(a)　　　　　　　　　　　　　　　　(b)

图 7-16　台阶的剖面图

7.2.3　剖面图的分类

按照剖切面不同程度地剖开形体的情况，剖面图分为全剖面图、半剖面图和局部剖面图。

7.2.3.1　全剖面图

不对称的建筑形体，或虽然对称但外形比较简单，内部结构比较复杂的建筑形体，或在另一个投影中已将它的外形表达清楚时，可假想用一个剖切平面将形体全部剖开，然后画出形体的剖面图。这种剖面图称为全剖面图。如图 7-17 所示的房屋，为了表示它的内部布置，假想用一水平的剖切平面，通过门、窗洞将整幢房屋剖开，如图 7-17（a）所示，然后画出其整体的剖面图。这种水平剖切的剖面图，在房屋建筑图中，称为平面图，如图 7-17（b）

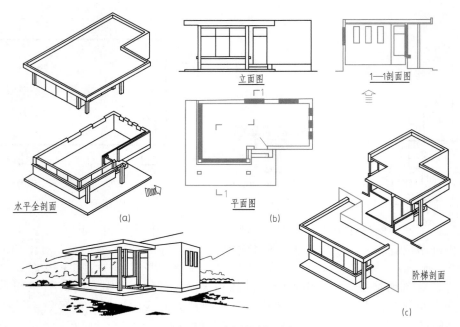

立面图

1—1剖面图

水平全剖面

(a)

平面图

(b)

阶梯剖面

(c)

图 7-17　房屋的剖面图

所示。

前述图 7-12 所示基础的正立剖面图和侧立剖面图，以及图 7-16 所示的台阶剖面图都是全剖面图。

适用条件：全剖面图主要适用于外形简单，内部形状复杂的形体。

7.2.3.2　半剖面图

当形体具有对称面时，在垂直于对称平面的投影面上投影所得的图形，可以以对称中心线为界，一半画成剖视，另一半画成视图，这种剖面图称为半剖面图。如图 7-18 所示混凝土正锥壳基础的立体图，从图中可知，该基础结构是前后、左右都对称。表达这个结构时，将正立面图和左立面图都画成半剖面图。

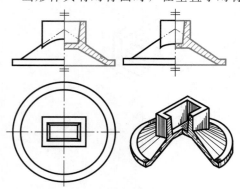

图 7-18　正锥壳基础的半剖面图

画图时必须注意以下几点：

① 在半剖面图中，半个外形视图和半个剖面图的分界线画成点划线，不能画成粗实线。一般情况下视图与剖面图的位置关系为：左边画视图，右边画剖面图或后边画视图，前边画剖面图。

② 对于对称图形，形体的内部结构已在半个剖面图中表示清楚，所以在表达外部形状的半个视图中，虚线应省略不画，如图 7-18 正立面图和左侧立面图所示。但是，如果形体的某些内部形状在半剖面图中没有表示清楚，则在表达外部形状的半个视图中，应该用虚线画出。

③ 半剖面图的标注完全与全剖面图的标注相同。图 7-18 中，因其剖切平面均通过形体的对称面，所以完全省略了标注。图 7-19 中所作的半剖的正立面图，其剖切平面未通过形体的对称面，所以按规定进行了标注；正立面图与平面图是按投影关系配置，所以平面图中省略了投影方向。

适用条件：半剖面图主要适用于外形与内部形状复杂，且在剖切的视图方向具有对称平面的形体；当形体基本对称，且不对称的部分已另有图形表达清楚时，也允许画成半剖面图。

7.2.3.3　局部剖面图

当建筑形体的外形比较复杂，完全剖开后就无法表示清楚它的外形时，可以保留原投影图的大部分，而只将局部地方画成剖面图。如果钢筋混凝土构件的钢筋配置比较简单，如图 7-20 所示的杯形基础，可在其投影图的一角"剖开"，绘出钢筋配置情况。这种剖面图，称为局部剖面图。按国家标准规定，投影图与局部剖面之间，要用徒手画的波浪线（断开界线）分界。

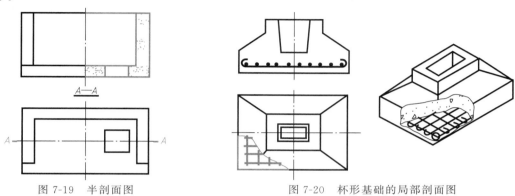

图 7-19　半剖面图　　　　　　　图 7-20　杯形基础的局部剖面图

适用条件：局部剖面图主要适用于外形与内部形状复杂，且结构不对称的形体。

局部剖视是一种比较灵活的表达方法，当形体既不宜采用全剖面图，也不宜采用半剖面图时，则可采用局部剖面图表达。如图 7-21 所示的三个形体，虽然前后、左右都对称，但形体的正中，都分别有外轮廓或内轮廓存在，因此正立面图不宜画成半剖面图，而应画成局部剖面图。在作波浪线时，尽可能巧妙地把形体的外轮廓或内轮廓清晰地显示出来。

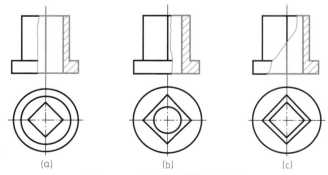

图 7-21　局部剖面图应用示例

由于局部剖面的方法简明、灵活，在工程中的使用也较为广泛。如图 7-22 所示，是用局部剖面图来表达楼面所用的多层次的材料和构造图。

画图时必须注意以下几点：

① 局部剖面图中剖切平面的剖切位置较为明显，一般不作标注，如图 7-20 所示。

② 作为局部剖面图中视图与剖面图的分界线的波浪线，可视作实体上的断裂面的投影，波浪线不应与图样上其他图线重合，如图 7-23 所示。

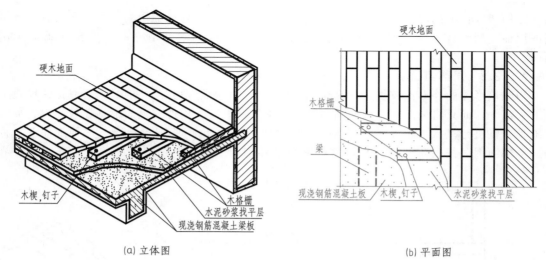

硬木地面

木格栅

梁

现浇钢筋混凝土板　木楔,钉子　水泥砂浆找平层

硬木地面

木楔,钉子
水泥砂浆找平层
木格栅
现浇钢筋混凝土梁板

(a) 立体图　　　　　　　　　　　　(b) 平面图

图 7-22　分层局部剖面图

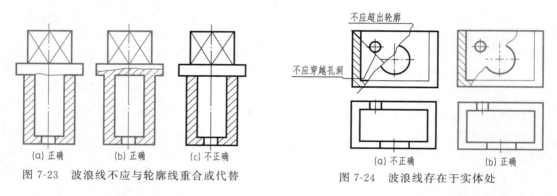

(a) 正确　　(b) 正确　　(c) 不正确

图 7-23　波浪线不应与轮廓线重合或代替

不应超出轮廓

不应穿越孔洞

(a) 不正确　　　(b) 正确

图 7-24　波浪线存在于实体处

③ 波浪线为依附实体上的不规则的断裂线,因此,不应超出轮廓线,也不应穿越孔、洞,如图 7-24 所示。

④ 在一个视图中,局部剖视的数量不宜过多,以免使图形过于破碎以至影响图形的清晰。

7.2.4　剖切面的类型

7.2.4.1　单一剖切平面

(1) 用平行于某一基本投影面的平面剖切。

前面所讲的全剖面图、半剖面图和局部剖面图,都是用平行于某一基本投影面的剖切平面剖开形体后所得出的,这些都是最常用的剖面图。如前述图 7-16、图 7-17、图 7-19 等。

(2) 用不平行于任何基本投影面的剖切平面剖切。

用不平行于任何基本投影面的剖切平面剖开形体的方法称为斜剖。如图 7-25 中的"A—A"全剖面图就是用斜剖画出的,它表达了弯管及其顶部凸缘、凹台与通孔。

采用斜剖面图时,剖面图可如图 7-25 (b) 那样,按投影关系配置在与剖切符号相对应的位置;也可将剖面图平移至图纸的适当位置,如图 7-25 (c) 所示;在不引起误解时,还允许将图形旋转,但旋转后的标注形式应为"X—X 旋转",如图 7-25 (d) 所示。

7.2.4.2　几个平行的剖切平面

用几个平行的剖切平面剖切形体的方法称为阶梯剖。有些形体断面层次或内部结构没有规

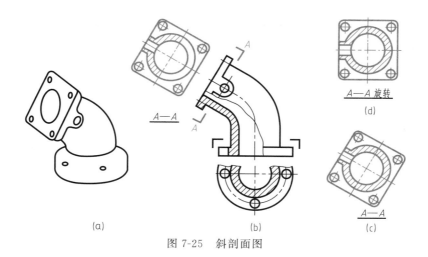

图 7-25　斜剖面图

则的排列，用一个剖切平面不能将形体上所需要表达的内部结构或断面形状一起剖开，需用一组相互平行的剖切平面沿形体所需要表达的地方剖开，然后画出剖面图。

如图 7-26 所示的形体，左侧小圆柱孔轴线与右侧的大圆柱孔洞轴线不在同一平面上，这时选用了分别过孔洞轴线的两个相互平行的剖切平面 A，中间的方孔同时也被剖切到，该 $A—A$ 阶梯剖面图能清楚地表达了形体内部三处孔洞结构。结构外形虽被剖掉未能表达，但可将立面图与平面图结合分析，较易掌握其简单外形结构。

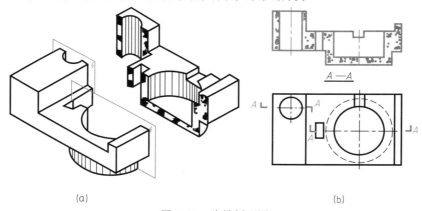

图 7-26　阶梯剖面图

如图 7-17 所示的房屋，如果只用一个平行于 W 面的剖切平面，就不能同时剖开前墙的窗和后墙的窗，这时可采用阶梯剖，如图 7-17（c）所示，即使一个平面剖开前墙的窗，另一个与其平行的平面剖开后墙的窗，即得如图 7-17（b）的 1—1 剖面图。

画图时应注意以下几点：

① 由于是假想用剖切平面进行剖切，两平行的剖切面之间的转折面并不存在于实体上，因此，在作剖面图时不应绘出，如图 7-27（a）所示；

② 剖切面的转折处应选择适当位置，应避免与图中的轮廓线重合，如图 7-27（b）所示；

③ 应完整剖切孔洞的结构，避免出现不完整的要素，如图 7-27（c）所示；但如果两个要素在图形上具有公共的对称中心或轴线时，可允许在阶梯剖面图中，以对称中心或轴线为界，各画一半，如图 7-28 所示。

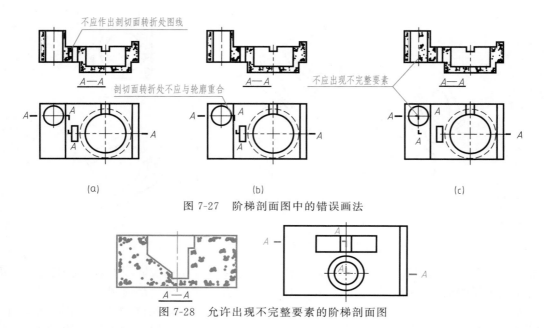

（a）　　　　　　　　　　　　　（b）　　　　　　　　　　　　　（c）

图 7-27　阶梯剖面图中的错误画法

图 7-28　允许出现不完整要素的阶梯剖面图

7.2.4.3　几个相交的剖切平面

用交线垂直于某一投影面的两相交剖切平面剖切形体，并将倾斜于某基本投影面的剖开部分的结构及有关部分绕两平面的交线旋转到与选定的基本投影面平行，然后一起向所平行的某基本投影面投影，得到的剖面图称为旋转剖面图。

旋转剖面图常用于建筑形体如果只用一个剖切平面剖切，其内部结构形状不能完全表达清晰，而这个形体在整体上又具有公共的回转轴线的场合。

如图 7-29（a）所示是用旋转剖面图和全剖面图的方法表达的建筑构件。从 1—1 剖面图中的剖切符号可知，2—2 剖面图是用相交于铅垂线的正平面和铅垂面剖切后，将铅垂面剖到的结构绕铅垂轴旋转到与正平面共面的位置，并与左侧用正平面剖切到的结构一起向 V 面投影而得到的，剖切情况如图 7-29（b）轴测图所示。

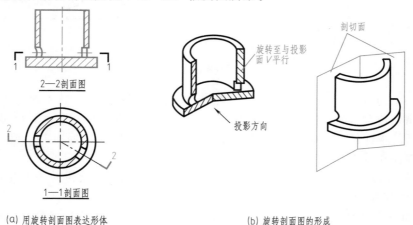

（a）用旋转剖面图表达形体　　　　　　　（b）旋转剖面图的形成

图 7-29　旋转剖面图

绘制旋转剖面图的注意事项如下：

① 不可画出相交剖切面所剖到的两个断面转折的分界线。

② 标注时，在剖切平面的起始、转折和终止处画上剖切面的位置，并用剖切方向线表明剖切后的投影方向，然后标注出相应的编号。为清晰明了，应在两剖切位置线的相交处加注与剖视符号相同的编号，转折处的编号有时也可省略。

【例 7-1】 试阅读化粪池的两面投影（图 7-30），并补绘 W 投影（比例 1∶100）。

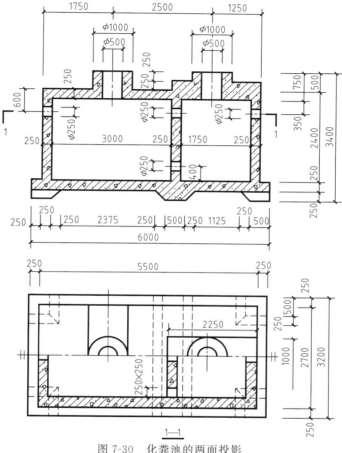

图 7-30　化粪池的两面投影

解　（1）读图步骤

① 分析投影图。V 投影采用全剖面，剖切平面通过该形体的前后对称平面。H 投影采用半剖面，从 V 投影上所标注的剖切位置线和名称可知，水平剖切平面通过小圆孔的中心线和方孔。

② 形体分析。该形体由四个主要部分组成。现自下至上逐个分析：

a. 长方体底板。长方体底板的下方，近中间处有一个与底板相连的梯形断面，左右各有一个没有画上材料图例的梯形线框，它们与 H 投影中的虚线线框各自对应。可知底板下近中间处有一四棱柱加劲肋，底板四角有四个四棱台的加劲墩子。由于它们都在底板下，所以画成虚线，见图 7-31。

b. 长方体池身。底板上部有一箱形长方体池身，分隔为两个空间，构成一个两格的池子。四周壁厚及横隔板厚均为 250mm。左右壁上及横隔板上各有一个 φ250 的小圆柱孔，位于前后对称的中心线上，其轴线距池顶面高度为 600mm。横隔板的前后端，又有对称的两个方孔，其大小是 250mm×250mm，其高度与小圆柱孔相同。横隔板正中下方距底板面

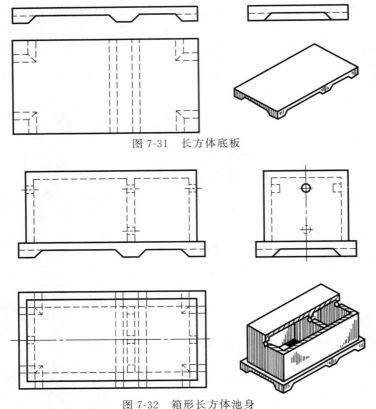

图 7-31 长方体底板

图 7-32 箱形长方体池身

400mm 处，还有一个 $\phi250$ 的小圆柱孔，见图 7-32。

c. 长方体池身顶面。顶面有两块四棱柱加劲板。左边一块横放，其大小是 1000mm×2700mm×250mm；右边一块纵放，其大小是 2250mm×1000mm×250mm。

d. 圆柱通孔。两块加劲板上方，各有一个 $\phi1000$ 的圆柱体，高 250mm，其中挖去一个 $\phi500$ 的圆柱通孔，孔深 750mm，与箱内池身相通，见图 7-33。

③ 综合分析。把以上逐个分解开的形体综合起来，即可确定化粪池的整体形状如图 7-33 所示。

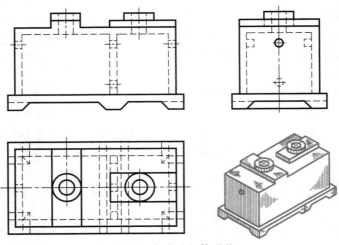

图 7-33 化粪池整体形状

（2）补绘 W 投影

在形体分析过程中，自下而上逐个补出各基本形体的 W 投影，如图 7-31～图 7-33 所示。最后把 W 投影画成半剖面，剖切位置选择通过左边垂直圆柱孔的轴线。当向右投射时，即可反映出横隔板上的圆孔和方孔等的形状和位置，见图 7-34。

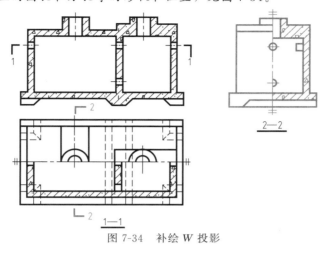

图 7-34　补绘 W 投影

7.3　断　面　图

7.3.1　断面图的概念与画法

前面讲过，用一个剖切平面将形体剖开之后，形体上的截口，即截交线所围成的平面图形，称为截面或断面。如果只把这个断面投射到与它平行的投影面上，所得的投影，表示出断面的实形，称为断面图。断面图常用来表达建筑工程中梁、板、柱的某一部分的断面真形，也用于表达建筑形体的内部构造。断面图常与基本视图和剖面图互相配合，使建筑形体的图样表达更加完整、清晰和简明。

如图 7-35 表达了 T 形梁被剖切平面 P 剖切后的情况，对照 1—1 断面图和 2—2 剖面图可知：方案一采用了 1—1 断面图和正立面图来表达 T 形梁；方案二采用了 2—2 剖面图和正立面图来表达 T 形梁。对比之下，显然方案一要简明得多。

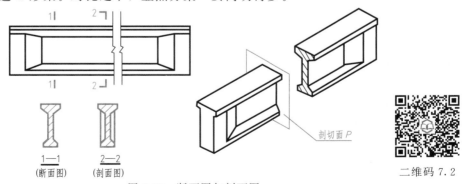

图 7-35　断面图与剖面图

需要特别指出的是：断面图与剖面图有许多共同之处。如断面图和剖面图都是用剖切平面假想剖开形体后画出的；断面图和剖面图中的断面轮廓线内都要按材料的不同绘制材料图例；断面图和剖面图都要按剖切的编号注写图名等。

剖面图与断面图的区别如下：

① 断面图只画出形体被剖开后断面的投影，如图 7-36（d）所示；而剖面图要画出形体被剖开后整个余下部分的投影，如图 7-36（c）所示，剖面图除了画出断面外，还画出牛腿的投影（1—1 剖面图）和柱脚部分的投影（2—2 剖面图）。

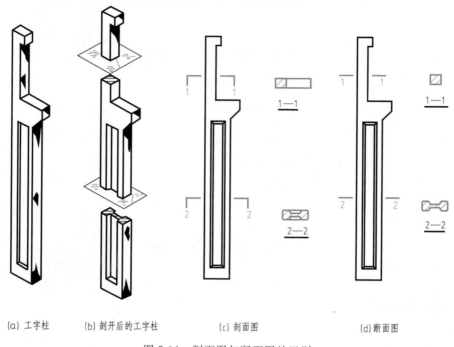

(a) 工字柱　　　(b) 剖开后的工字柱　　　(c) 剖面图　　　(d) 断面图

图 7-36　剖面图与断面图的区别

② 剖面图是被剖开的形体的投影，是体的投影，而断面图只是一个截口的投影，是面的投影。被剖开的形体必有一个截口，所以剖面图必然包含断面图在内，而断面图虽属于剖面图中的一部分，但一般单独画出。

③ 剖切符号的标注不同。断面图的剖切符号只画出剖切位置线（粗实线，长为 6～10mm），不画剖视方向线，只用编号的注写位置来表示投射方向。编号写在剖切位置线下侧，表示向下投射，注写在左侧，表示向左投射。

④ 剖面图中的剖切平面可转折，断面图中的剖切平面则不转折。

7.3.2　断面图的种类

7.3.2.1　移出断面图

布置在形体投影图图形以外的断面图称为移出断面图。移出断面图的轮廓线用粗实线绘制。一个形体有多个断面图时，可以整齐地排列在投影图的四周，并且往往用较大的比例画出。如图 7-37 所示，图中有六个断面图，分别表示空腹鱼腹式吊车梁各部分的断面形状，以及钢筋的配置情况（图中只用图例符号表示钢筋混凝土）。这种处理方式，适用于断面变化较多的构件，主要是钢筋混凝土构件。

在移出断面图的下方正中，应注明与剖切符号相同编号的断面图的名称，如 1—1、2—2，可不必写"断面图"字样。

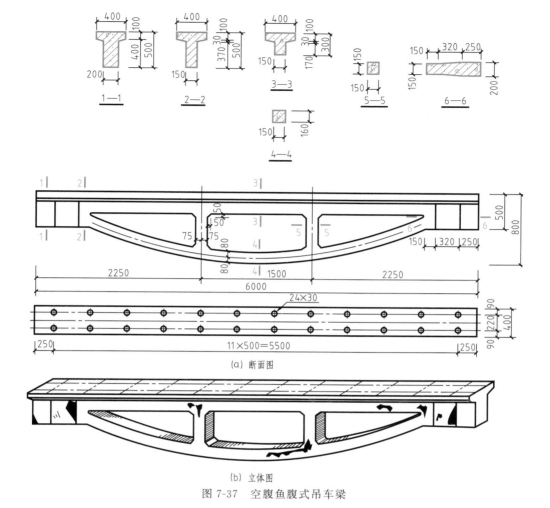

(a) 断面图

(b) 立体图

图 7-37　空腹鱼腹式吊车梁

7.3.2.2　中断断面图

有些构件较长且断面图图形对称，可以将断面图画在投影图的中断处。这种断面图称为中断断面图。中断断面图的轮廓线用粗实线绘制，投影图的中断处用波浪线或折断线绘制，如图 7-38 所示，这时不画剖切符号。

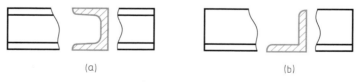

(a)　　　　　　　　　　　　(b)

图 7-38　断面图画在杆件的中断处

7.3.2.3　重合断面图

有些投影图为了便于读图，在不引起误解的情况下，也可以直接将断面图画在视图内，称为重合断面图。重合断面图的轮廓线用粗实线画出（如图 7-39 所示）。当投影图的轮廓线与断面图的轮廓线重叠时，投影图的轮廓线仍需要完整的画出，不可间断。

重合断面图不需要任何标注。如图 7-40 所示为现浇钢筋混凝土楼板层的重合断面图，侧平剖切面剖开楼板层得到的断面图，经旋转后重合在平面图上，因梁板断面图形较窄，不易画出材料图例，故按国家制图标准予以涂黑表示。

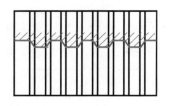

图 7-39　墙上装饰线的断面图

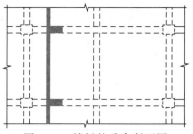

图 7-40　楼板的重合断面图

7.3.3　简化画法

为了便于图纸的合理利用，节约绘图时间，建筑制图的有关国家标准允许采用下列简化画法：

7.3.3.1　对称画法

平面图形如果具有对称线，可只画出一半，并在对称线的两端画上对称符号。对称线用细点划线表示，对称符号用一对平行等长的细实线表示（长度约 6～10mm）。如图 7-41（a）所示的正锥壳基础的平面图。

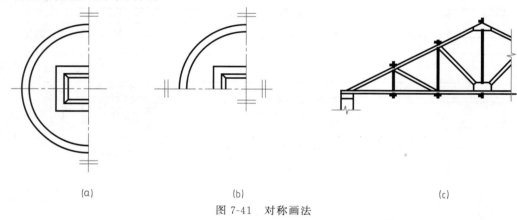

(a)　　　　　　　　　　　(b)　　　　　　　　　　　(c)

图 7-41　对称画法

对于左右对称、上下对称的平面图形，可只画出四分之一，并在两条对称线的端部都画上对称符号，如图 7-41（b）所示。

对称图形也可画出一大半，然后画上细折断符号或细波浪线作为图形的边界。此时不画对称符号。如图 7-41（c）所示的木屋架立面图。

对称的构件需画剖面图时，可以画成半剖面图，一半画外形投影图，一半画剖面图，中间画对称线，并在对称线的两端画上对称符号（参见本学习单元 7.2 有关内容）。

7.3.3.2　相同要素的省略画法

当建筑物或构配件的图形上有多个完全相同且排列规则的构造要素时，可仅在两端或适当位置画出几个要素的完整形状，其余要素只需画出中心线，或中心线的交点，以确定位置。如图 7-42（a）、（b）所示。

如果相同要素的个数少于中心线的交点数，则应在各要素的实际位置的中心线交点处用小圆点表示。如图 7-42（c）所示。

7.3.3.3　折断省略画法

较长的构件，如果在较大范围内断面不变或按一定规律变化，可断开省略绘制，断开处应以折断符号或波浪线表示。此时，应标注完整构件的长度，如图 7-43（a）、（b）、（c）所示。

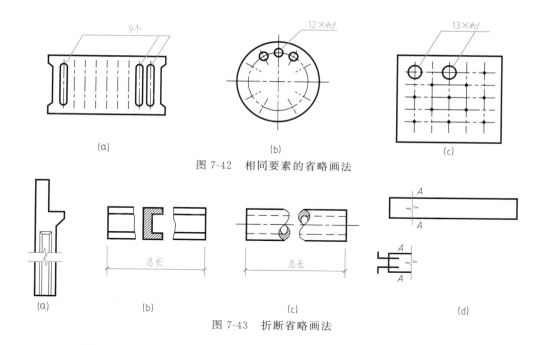

图 7-42　相同要素的省略画法

图 7-43　折断省略画法

7.3.3.4　构件局部不同的画法

当两个构件仅部分不相同时则可在完整地画出一个后，另一个只画不同部分，但应在两个构件的相同部分与不同部分的分界线处，分别绘制连接符号，且保证两个连接符号对准在同一线上，如图 7-43（d）所示。

能力训练

一、填空题

1. 视图有_____、_____、_____和_____四种。

2. 基本视图有_____个，分别是_____、_____、_____、_____、_____、_____。

3. 剖面图的剖切符号应由_____、_____及其_____组成。

4. 剖切面的种类有_____、_____、_____。

5. 半剖面图主要适用于_____，且在剖切的视图方向具有_____形体。

6. 阶梯剖面图是用_____剖切的。

7. 旋转剖面图是用_____剖切的。

8. 断面图的种类有_____、_____和_____三种。

9. 对称符号用一对平行等长的_____表示，长度约_____。

二、简答题

1. 常用的视图有哪些？适用于哪些情况？

2. 剖面图是如何形成的？

3. 剖面图的种类有哪些？分别适用于何种情况？

4. 剖面图与断面图的区别与联系是什么？

5. 断面图有几种？

6. 哪些图形可用简化画法？

模块二

CAD 绘图

学习单元八　计算机绘图的基本知识与操作

教学提示

　　本学习单元主要阐述了 AutoCAD 的基本功能和基本知识，介绍了 AutoCAD 的工作界面，绘图环境设置，图形的显示控制以及绘图辅助功能等内容。

教学要求

　　要求学生熟悉工作界面，了解工作环境的设置和图形的显示控制，掌握用辅助功能作图，为学习计算机绘图技术打下良好基础。

　　在工程设计中图样的绘制占用大量的时间，手工绘图已经不能适应现代化生产的要求，而使用计算机辅助绘图技术则具有减小设计绘图工作量、缩短设计周期、易于建立标准图库及改善绘图质量、提高设计和管理水平等一系列优点。所以交互式计算机绘图软件现在已经成为一种实用工具，计算机绘图技术也成为工程设计人员必须掌握的基本技能之一。

　　现在国内外有很多软件可以满足计算机辅助绘图的工作。下面以 AutoCAD 2018 为例，简要介绍图形对象的绘制和编辑等基本内容。AutoCAD 是美国 Autodesk 公司推出的一个通用的交互式计算机辅助绘图软件。由于它功能相对强大而且完善、易于使用、适应性强（可用于建筑、机械、电子等许多行业）、易于二次开发，而成为当今世界上应用最广泛的辅助绘图软件之一。

8.1　AutoCAD 的工作环境

　　在启动 AutoCAD 2018 时，系统会首先打开"AutoCAD 2018"对话框，用户可以通过"AutoCAD 2018"对话框打开已有文件、创建新的图形文件或进行其他操作。

　　根据需要选择相应的选项后，就可进入 AutoCAD 2018 的工作界面，用户可以在此界面下开始图形文件的绘制和编辑工作。

　　图 8-1 为经过重新配置后的 AutoCAD 2018 工作界面，主要包括下拉菜单、工具栏、命令行、绘图窗口、状态栏、坐标系图标以及窗口按钮和滚动条等。下面对工作界面的各个部分分别作介绍。

8.1.1　下拉菜单

　　使用下拉菜单是调用 AutoCAD 命令的第一种方式，每个选项都代表一个命令，基本上AutoCAD 2018 的所有操作都可以使用下拉菜单来实现。

8.1.2　工具栏

　　工具栏为用户提供了另一种快捷而简便调用命令的方式。它由一些形象的图形按钮组

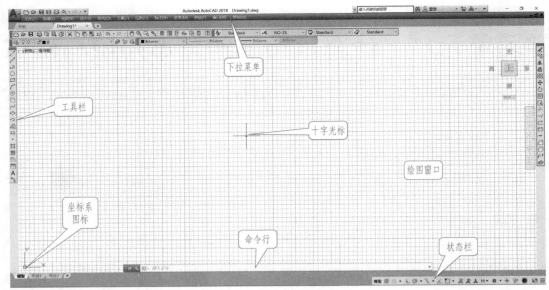

图 8-1 AutoCAD 工作界面

成，通过工具栏可以直观、快速地调用一些常用的命令。

AutoCAD 2018 中的工具栏包含有：标准、对象特性、绘图、修改等 35 个工具栏，用户还可以创建新的工具栏或对已有工具栏进行编辑。

在任意一个工具栏上单击鼠标右键可弹出工具栏快捷菜单。该快捷菜单列出了 Auto-CAD 中的所有工具栏名称，用户也可以通过该快捷菜单来控制某个工具栏的显示与否。

8.1.3 命令行

命令行提供了调用命令的第三种方式，即用键盘直接输入命令。用户可在命令行中的"命令"提示符的右侧键入各种命令或选项、数据等操作信息以实现与计算机的交互。任何命令处于执行交互状态时都可按【Esc】键取消该命令。

AutoCAD 的大多数命令在被调用时都会在命令行显示用"［ ］"括起来的若干个选项，在进行交互操作时只要输入选项后的大写英文字母即可，在选项中有时会有一个用"〈 〉"括起来的选项，此项为默认值，直接回车即接受此默认值。

如上所述，调用 AutoCAD 2018 命令的方式有三种：

◇在下拉菜单选取选项；

◇在工具栏选取图标；

◇在命令行输入命令。

8.1.4 绘图窗口

屏幕上剩余的中央大区是绘图窗口，是 AutoCAD 显示、绘制图形的工作场所。Auto-CAD 2018 支持多文档工作，用户可以同时打开多个图形文件分别对它们进行编辑。

鼠标位于绘图窗口内时显示为十字线，其交点反映当前光标的位置，故称它为十字光标。十字光标用于绘图、选择对象。

8.1.5 状态栏

状态栏位于绘图屏幕的最底部，它主要反映当前的工作状态，左侧数字表示当前光标的坐标，右侧提供了一系列控制按钮，用于控制绘图辅助功能。

8.1.6 坐标系图标

在绘图窗口内的左下角处有一"L"形图标，它表示当前绘图时所用的坐标系形式：系统默认以左下角为坐标原点（0，0），水平向右为 X 轴正向，垂直向上为 Y 轴正向。

8.2 绘图环境设置

当使用 AutoCAD 绘制图形时，通常先要进行图形的一些基本的设置，诸如单位、精度、区域、线型、颜色等，正确地对绘图环境进行设置，可以大大地提高绘图工作效率。

8.2.1 设置图形界限和线型比例

8.2.1.1 设置图形界限

图形界限即为绘图区域的大小。AutoCAD 是通过定义其左下角和右上角的坐标来确定一个矩形区域。设定图形界限可由以下操作来实现。

◇菜单栏：【格式】→【图形界限】

◇命令：Limits

① 调用"Limits"命令后系统提示如下：

重新设置模型空间界限

• 指定左下角点或［开（ON）/关（OFF）］＜0.0000，0.0000＞：

• 指定右上角点＜420.0000，297.0000＞：

即确定了一个 A3 图纸大小的绘图界限。

② 选项"开（ON）/关（OFF）"用于控制界限检查的开关状态。

开（On）：打开界限检查。此时 AutoCAD 将检测输入点，并拒绝输入图形界限外部的点。

关（Off）：关闭界限检查，AutoCAD 将不再对输入点进行检查。

8.2.1.2 设置线型比例

设置线型比例可调整虚线、点画线等线型的疏密程度。线型比例设置不合适，有可能使虚线或点画线表现为实线或是间隙过大。设置线型比例可由以下操作来实现。

◇菜单栏：【格式】→【线型】

◇命令：Ltscale

输入新线型比例因子＜1.0000＞：（在此输入合适的线型比例因子即可）

8.2.2 设置对象特性

AutoCAD 2018 中，对象的特性包括线型、颜色、线宽、打印样式和图层等。通过设置对象的特性，用户可以方便地管理和组织图形对象。这里简要介绍这些特性的使用及设置方法。

设置对象特性的命令可以从【格式】下拉菜单或图 8-2 的"对象特性"工具栏选取，也可以在命令行输入命令。

图 8-2 "对象特性"工具栏

图层是 AutoCAD 中的一个重要而实用的基本概念，是 AutoCAD 的管理者。下面介绍图层的建立、设置和使用。

8.2.2.1　图层的概念

可以把图层看作是透明的图纸，多张透明的图纸按照同一坐标重叠在一起，最后得到一幅完整的图纸。引用图层，用户可以对每一图层指定绘图所用的线型、颜色，并可将具有相同线型和颜色的实体放到相应的图层上。

二维码8.1

8.2.2.2　利用对话框操作图层

◇菜单栏：【格式】→【图层】

◇命令：Layer

执行命令后，立即弹出图8-3的"图层特性管理器"对话框。

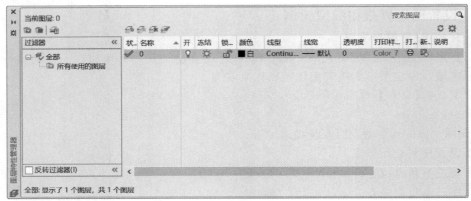

图 8-3　图层特性管理器

在 AutoCAD 中，与图层相关的一些功能设置都集中到"图层特性管理器"对话框中进行统一管理。用户可以使用"图层特性管理器"创建新的图层、线型、线宽以及进行其他的操作。

（1）创建新图层

AutoCAD 创建一个新图层时，会自动创建一个 0 层为当前图层。用户可在"图层特性管理器"中单击【新建】按钮创建一个新层。AutoCAD 会创建一个新的图层并显示在图层列表中。用户可以修改新创建的图层名。

（2）删除图层

用户可以删除不必要的一些空白图层，删除时选择图层。不能删除下列图层：0 层、定义点层、当前层、外部引用所在层以及含有对象的图层。

（3）【当前】：使某层变成当前层

用户可先选择某一图层后单击【当前】按钮。这样就可使此图层变为当前层，从而可使用当前图层的颜色、线型、线宽等特性进行图形对象的绘制。

（4）【显示细节】：显示选择图层的详细信息

用户可以通过"详细信息"栏来设置选择图层的各种状态和特性。

（5）图层特性设置区

图层特性管理器的中央大区是图层特性设置区，该区域显示已有的图层及其设置。在设置区的上方有一标题行，各项含义如下：

①"名称"：显示各图层的层名，0 层为缺省层。

②"开"：设置图层打开与否。其下方对应的图标是灯泡，如灯泡是黄色，则表示打开；灯泡灰黑，表示该图层是关闭的，其上图形对象不能够显示和打印。

③"在所有视口冻结"：控制图层对象冻结与否。当图层处于"冻结"状态时，Auto-CAD 不会显示、打印或重新生成冻结图层中的图形。太阳图标表示处于解冻状态；雪花图标表示处于冻结状态。

★ 注意：不能把当前层冻结，也不能把冻结层置为当前层。

④"锁定"：控制图层锁定与否。被锁定的图层上的对象不能被选择和编辑，但是仍然可见并可进行对象捕捉。当要编辑某些图层上的对象，而又不想影响其他图层上的不需编辑的对象时，可将这些不需要编辑的对象所在图层锁住。

可将当前层设置为"锁定"状态并在上面绘制对象。"锁定"状态图层上的对象可以被打印。

该项的图标是一把锁，若该锁打开，表示图层处于"解锁"状态；若该锁关闭，则其处于"锁定"状态。

⑤"颜色"：显示图层中图形对象使用的颜色。若想改变该图层颜色，单击对应图标，则出现图 8-4 的"选择颜色"对话框，从对话框中点击所需颜色即可。

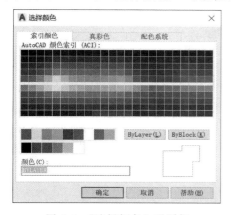

图 8-4 "选择颜色"对话框

图 8-5 "线型管理器"对话框

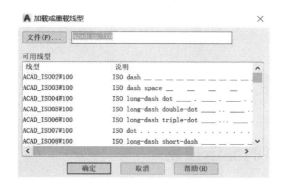

图 8-6 线型加载对话框

图 8-7 "线宽"对话框

⑥"线型"：显示图层中图形对象使用的线型。若想改变某一线型，单击对应的线型名，则出现图 8-5 的"线型管理器"对话框，用户可利用它设置。通常，所需线型并未出现在该对话框中，这时需按下"线型管理器"对话框中的【加载】按钮，载入 AutoCAD 的线型库，如图 8-6 所示。其中预先定义的线型基本上可以满足用户的需要。

⑦ "线宽"：单击"图层特性管理器"中要设置线宽图层的"线宽"列，AutoCAD 弹出如图 8-7 所示的"线宽"对话框。选择一种线宽后，单击【确定】按钮即可重新设置该图层的线宽。

8.2.2.3 利用对象特性工具栏操作图层

AutoCAD 提供了"对象特性"工具栏，全部展开后的"对象特性"工具栏见图 8-2，利用它可以方便地对图层进行操作和设置。

工具栏中各项功能说明如下：

（1）"将对象的图层置为当前"：将指定对象所在图层设置为当前层。操作方式是，点取对象，然后单击【将对象的图层置为当前】按钮即可。

（2）"图层"：利用对话框进行图层操作。当按下【图层】按钮后，将出现图 8-3 对话框。

（3）"图层设置显示"：按下三角形箭头，将弹出如图 8-8 所示的下拉列表。显示出所设置的图层名及图层设置状况。

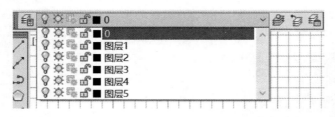

图 8-8　图层设置显示对话框

其中常用操作如下：

① 点取某图层层名，即将某图层变为当前层。

② 对该图层进行加锁、冻结等处理。

（4）"颜色控制"：可在调色板中选择一种颜色指定给选定的对象，或直接用某种颜色绘制图形。

（5）"线型控制"：可在线型列表中选择一种线型指定给选定的对象，或直接用某种线型绘制图形。

（6）"线宽控制"：可在线宽列表中选择一种线宽指定给选定的对象，或直接用某种线宽绘制图形。

通常，在使用"图层特性管理器"中为每一个图层设置好线型、颜色和线宽后，在对应的"对象特性"工具栏内，都选择"随层"项，即与"图层特性管理器"的设置相同，以便于统一管理和使用。

8.3　图形的显示控制

在 AutoCAD 图形绘制过程中，用户既要对整张图进行总体布局，也要对图中局部细节进行操作。为此，AutoCAD 提供平移、缩放、重画、重生成视图功能满足用户要求。

8.3.1　平移与缩放视图

8.3.1.1　平移（Pan）视图命令

在当前视口中，使用 Pan 或窗口滚动条，移动视图的位置。其调用方式如下：

◇菜单栏：【视图（V）】→【平移（P）】→【实时】、【定点】、【左】、【右】、【上】、【下】

◇工具栏："标准（Draw）"→ ![icon]

◇命令：Pan 或 P

（1）【实时】：选用"实时"选项，可以通过定点设备动态地进行平移。像使用相机平移一样，"Pan"不会变更图形中对象的位置或放大比例，只变更视图。

（2）【定点】：指定两点，按照第一点移动至第二点方式移动视图。

（3）【左】、【右】、【上】、【下】：将当前视图向左、右、上、下移动。

8.3.1.2　缩放（Zoom）视图命令

图 8-9 是缩放工具栏，图 8-10 是常用缩放图标。

使用该命令实现放大或缩小当前视口中对象的外观尺寸。"Zoom"不会变更图形中对象的绝对大小只变更视图的视觉比例。其调用方式如下：

图 8-9　缩放工具栏　　　　　　　　　图 8-10　常用缩放图标

◇菜单栏：【视图（V）】→【缩放（Z）】→【实时】、【上一个】、【窗口】、【动态】、【比例】、【中心点】、【放大】、【缩小】、【全部】、【范围】

◇工具栏："标准（Draw）"→ ![icon] 或 "缩放"→ ![icon] 等

◇命令：Zoom 或 Z

（1）【实时】：通过向上或向下移动定点设备进行动态的缩放。

（2）【上一个】：显示上一个图标。

（3）【窗口】：缩放以显示矩形窗口指定的区域。

（4）【动态】：缩放以显示图形已生成的部分。

（5）【比例】：以指定的比例因子缩放显示。

（6）【中心点】：缩放显示由中心点和放大比例（或高度）所指定的视图。

（7）【放大】：增大对象的外观尺寸。

（8）【缩小】：减小对象的外观尺寸。

（9）【全部】：以显示图形范围或栅格界限进行缩放。

（10）【范围】：以显示图形范围进行缩放。

实时"平移"和"缩放"命令都可使用快捷菜单启动，在绘图区域单击右键弹出快捷菜单并选择操作。平移和缩放过程中也可使用快捷菜单实行切换操作。

8.3.2　重画、重生成视图

8.3.2.1　重画（Redraw）命令

重画命令用于刷新屏幕显示。该命令有两种：一种是刷新当前视口；另一种是刷新所有视口。其调用方法如下：

◇菜单栏：【视图（V）】→【重画（R）】

◇命令：Redraw，Redrawall 或 Ra

8.3.2.2　重生成（Regen）命令

重生成命令不仅刷新屏幕，而且更新图形数据库中所有图形对象的坐标。重生成命令有两种：一种是重生成当前视口；另一种是重生成所有视口。其调用方法如下：

◇菜单栏：【视图（V）】→【重生成（G）】或【全部重生成（A）】

◇命令：Regen，Regenall 或 Ra

使用名称保存特定视图后，可以在打印或参考特定的细部时恢复它们。

8.4　使用绘图辅助功能

AutoCAD 提供了多种绘图辅助功能，利用这些功能，用户可以方便、迅速、准确地绘出需要的图形。

8.4.1　对象捕捉功能

使用 AutoCAD 绘图时，当希望用点取的方法找到某些特殊点时（如圆心、切点、线切圆弧的端点、中心点等），无论怎么小心，要准确地找到这些点都十分困难，甚至根本不可能。例如，当绘制一条线，该线以某圆的圆心为起点时，如果要用点取的方式找到此圆心就很困难。为解决这样的问题，AutoCAD 提供了"对象捕捉"功能，利用该功能，用户可以迅速、准确地捕捉到某些特殊点，从而能够迅速、准确地绘出图形。

图 8-11 是 AutoCAD 2018 的"对象捕捉"工具栏，在标准工具栏中也可以弹出与此相似作用的工具栏。另外，由于用户在绘图时要常用到"对象捕捉"功能，因此 AutoCAD 还提供了另外一种执行"对象捕捉"功能的方法，当按下【Shift】键后再按右键时，Auto-CAD 会弹出一个快捷菜单，利用它也可以实现"对象捕捉"功能。

图 8-11　"对象捕捉"工具栏

使用"对象捕捉"功能绘图时，当在命令提示行中提示输入一点时，可利用"对象捕捉"功能准确地捕捉到上述特殊点。方法如下：

◇在命令行提示后面输入相应捕捉模式的关键词，然后根据提示操作即可。

◇直接在"对象捕捉"工具栏上点取相应按钮。

◇在状态栏中按下"对象捕捉"按钮，使用自动捕捉功能。在"对象捕捉"按钮上按鼠标右键，单击【设置】，可设置自动捕捉的项目。

◇【Shift】＋鼠标右键，可弹出一个快捷菜单，选取相应的选项。

8.4.2　栅格捕捉功能

利用栅格功能可以生成一个隐含分布于屏幕上的栅格，这种栅格能够捕捉光标，使得光标只能落到其中的一个栅格点上（称这种栅格为捕捉栅格）。为便于说明问题，在此假定这种栅格是可见的。采用下列方法可以打开图 8-12 的对话框。

◇菜单栏：【工具】→【草图设置】。

◇命令：Snap

◇或点按状态栏的"捕捉"按钮，或按【F9】键

• 指定捕捉间距或［开（ON）/关（OFF）/纵横向间距（A）/旋转（R）/样式（S）/类型（T）]＜缺省值＞

图 8-12 "捕捉和栅格"选项卡

各选项的含义如下：

（1）开（ON）：打开栅格捕捉功能，且使用上一次设定的捕捉间距、旋转角度和捕捉方式。

（2）关（OFF）：关闭栅格捕捉功能，即绘图时光标的位置不再受捕捉栅格点的控制。

（3）纵横向间距（A）：该选项用于分别确定捕捉栅格点在水平与垂直两个方向上的间距。执行它时 AutoCAD 提示如下：

• 指定水平间距＜缺省值＞：（输入水平方向的间距值）

• 指定垂直间距＜缺省值＞：（输入垂直方向的间距值）

（4）旋转（R）：该选项将使捕捉栅格绕指定的点旋转一给定的角度。

• 指定基点＜缺省值＞：（输入旋转基点）

• 指定旋转角度＜缺省值＞：（输入旋转角度）

执行此选项，AutoCAD 提示如下：

执行结果使捕捉栅格绕着旋转基点旋转指定的角度，同时光标的十字线也绕旋转基点旋转该角度。

（5）样式（S）：该选项用来确定捕捉栅格的方式。执行时 AutoCAD 提示如下：

• 输入捕捉栅格类型［标准（S）/等轴测（1）]＜S＞：

• 指定捕捉间距或［纵横向间距（A）]＜10.0000＞：

① 标准：标准方式。该方式下的捕捉栅格是普通的矩形栅格。

② 等轴测：等轴测方式。等轴测方式是绘正等轴测图时非常方便的工作环境，此时的捕捉栅格和光标十字线已不再互相垂直，而是成绘等轴测图时的特定角度。

（6）类型（T）：用于设置捕捉的类型，执行时 AutoCAD 提示如下：

• 输入捕捉类型［极轴（P）/栅格（G）]＜Grid＞：

选择"极轴"选项后设置为极轴捕捉模式；选择"栅格"选项设置为栅格模式。

点按状态栏上的"捕捉"按钮或按【F9】键可打开或关闭"栅格捕捉"功能。通常在两个方向上的捕捉栅格间距相等。根据实际绘图需要，用户可以将栅格捕捉点在水平与垂直两个方向上的间距设置成相等，也可以设置成不相等。

8.4.3　栅格显示功能

它的功能是控制是否在屏幕上显示栅格。所显示栅格的间距可以与捕捉栅格的间距相等。

◇命令：GRID

◇或点按状态栏的"栅格"按钮，或按【F7】键

• 指定栅格间距（X）或［开（ON）/关（OFF）/捕捉（S）/纵横向间距（A）]＜缺省值＞：

各选项含义如下：

① 栅格间距（X）：该选项用来确定显示栅格的间距，为缺省项。响应该项后 X 轴方向和 Y 轴方向各间距相同。该命令允许用户以当前捕捉栅格间距与指定倍数之积作为显示栅

格的间距，方法是用所希望的倍数紧跟一 X 来响应。

② 开（ON）/关（OFF）：按当前的设置在屏幕上显示或不显示栅格。

③ 捕捉（S）：该选项表示显示栅格的间距与捕捉栅格的间距保持一致。

④ 纵横向间距（A）：该选项用来分别设置 X 轴方向与 Y 轴方向的显示栅格间距，执行该选项，AutoCAD 提示如下：

- 指定水平间距＜缺省值＞：（输入水平方向的间距值）
- 指定垂直间距＜缺省值＞：（输入垂直方向的间距值）

在上面的提示下，用户既可以直接输入某一数值作为相应的间距，也可以输入一数值并紧跟一 X，其作用同"栅格间距"。

对于栅格捕捉和栅格显示，还可以用右键单击状态栏中的"捕捉"或"栅格"按钮，再单击【设置】，打开"草图设置"对话框，选择"捕捉和栅格"选项卡，在其中设置各项参数。

8.4.4　正交功能

此功能控制用户是否以正交方式绘图。在正交方式下，用户可以方便地绘出与当前 X 轴或 Y 轴平行的线段。

◇命令：Ortho

◇或点按状态栏的【正交】按钮，或按【F8】键

- ［开（ON）/关（OFF）］＜缺省值＞：

开（ON）/关（OFF）：该选项打开或关闭正交方式。

点按状态栏上的"正交"按钮或按【F8】键可打开或关闭正交功能。

当捕捉栅格发生旋转或选择"Snap"命令的"等轴测"项时，十字光标线仍与 X 轴或 Y 轴方向平行。

8.4.5　追踪功能

使用追踪的功能可以用指定的角度方向来绘制对象。在追踪模式下确定目标时，系统会在光标接近指定的角度方向上显示临时的对齐路径，并自动在对齐路径上捕捉距离光标最近的点，这样，用户就能以精确的位置和角度绘制对象。

AutoCAD 提供了两种追踪方式：极轴追踪、对象捕捉追踪。

8.4.5.1　极轴追踪

极轴追踪设置：右键单击状态栏上的"极轴"按钮，选择【设置】，打开"草图设置"对话框，选择"极轴追踪"选项卡。

（1）启用极轴追踪

可通过选中或不选中"启用极轴追踪"复选框来打开或关闭"极轴追踪"状态。此外也可使用功能键【F10】或点按状态栏的"极轴"按钮进行极轴追踪状态的切换。

（2）极轴角设置

用于设置极轴追踪的角度。用户可按设定的极轴角的增量来使用极轴追踪：系统可按 $90°$、$60°$、$45°$、$30°$、$22.5°$、$18°$、$15°$、$10°$ 和 $5°$ 进行追踪。用户可以选择这 9 个角度增量中的一个，也可直接输入自己需要的追踪角度增量。当设置了极轴追踪的角度增量后，极轴追踪角度可为设置角度增量的整数倍。

AutoCAD 还允许用户自己设置一个或多个附加角。单击【新建】按钮后，可以在"附加角"列表框里输入一个附加角度。当选中"附加角"复选框后，这时的追踪角度除了追踪角度增量的整数倍外，还包括设置的附加角度。

（3）对象捕捉追踪设置

①"仅正交追踪"：在采用对象捕捉追踪时，只能在水平方向或垂直方向进行追踪。

②"用所有极轴角设置追踪"：在采用对象捕捉追踪时可在水平、垂直方向和极轴角度方向进行追踪。

（4）极轴角测量

①"绝对"：采用绝对角度测量，所有极轴角都是相对于直角坐标的绝对角度。

②"相对上一段"：选择此项时，自动追踪的提示为"相关极轴"，表示极轴角度为相对于上一线段的角度。

8.4.5.2 对象捕捉追踪

在"工具"→"草图设置"对话框中选择"对象捕捉"选项卡，如图8-13所示。

其中"对象捕捉模式"选区内的选项含义与前面"对象捕捉"工具栏各选项的含义相同。选择了其中的选项后，AutoCAD在绘图过程中会自动捕捉所选定的对象特征点。

①"启用对象捕捉"：打开对象捕捉模式，与按下状态栏上的"对象捕捉"按钮作用相同。

②"启动对象捕捉追踪"：启动对象捕捉状态。在该状态下，极轴追踪和对象捕捉同时起作用。用户可以十分容易地实现图样中各个位置的"长对正、高平齐、宽相等"的要求。

图8-13 "对象捕捉"选项卡

能 力 训 练

一、填空题

1. AutoCAD 的 工 作 界 面 包 括：＿＿＿＿＿＿＿＿＿＿、＿＿＿＿＿＿＿＿＿＿、＿＿＿＿＿＿＿＿＿＿、＿＿＿＿＿＿＿＿＿＿、＿＿＿＿＿＿＿＿＿＿、＿＿＿＿＿＿＿＿＿＿ 六 项内容。

2. 图形的显示控制包括：＿＿＿＿＿＿＿＿＿＿、＿＿＿＿＿＿＿＿＿＿、＿＿＿＿＿＿＿＿＿三项内容。

3. 绘 图 辅 助 功 能 包 括：＿＿＿＿＿＿＿＿＿＿、＿＿＿＿＿＿＿＿＿＿、＿＿＿＿＿＿＿＿＿＿、＿＿＿＿＿＿＿＿、＿＿＿＿＿＿＿＿＿五项功能。

二、简答题

1. 简述 AutoCAD 的产生及应用。

2. 简述图层及其作用。

3. "对象捕捉"有何作用？绘图时怎样操作？

4. "栅格捕捉"与"对象捕捉"有什么不同？绘图时怎样设置参数？

学习单元九　基本绘图命令与编辑方法

教学提示

　　本学习单元主要阐述了绘制基本图形命令和图形编辑命令，介绍了图中的文字注写，剖面线的绘制，尺寸标注以及三维建模简介等内容。

教学要求

　　要求学生掌握基本的绘图及编辑命令，能够在图中书写文字和标注尺寸，学会图案填充的方法，了解三维建模的原理和方法。

9.1　绘制基本二维图形

　　AutoCAD 2018 提供了丰富的绘图命令和绘图辅助命令，通过学习，掌握这些命令，可以设计和绘制图形。这里将介绍这些基本绘图功能。

9.1.1　点的输入方式

　　在工程绘图时，经常要输入一些点，如线段的端点、圆和圆弧的圆心等。因此这里先介绍点的各种输入方法。

9.1.1.1　用定标设备（如鼠标等）在屏幕上点取点

移动定标设备，将光标移到所需位置，然后单击定标设备上的点取键。

9.1.1.2　用目标捕捉方式捕捉特殊点

利用 AutoCAD 的目标捕捉功能捕捉一些特殊点，如圆心、切点、中点、垂足点、端点等。

9.1.1.3　通过键盘输入点的坐标

用绝对坐标或相对坐标的方式输入点的坐标。

9.1.1.4　在指定的方向上通过给定距离确定点

通过定标设备将光标移到希望输入点的方向上，然后输入一个距离值。

9.1.2　AutoCAD 中点的坐标

9.1.2.1　绝对坐标

绝对坐标是指相对于当前坐标系坐标原点的坐标。当用户以绝对坐标的方式输入一个点时，可以采用直角坐标等方式实现。

（1）直角坐标　直角坐标就是点的 X、Y 坐标值，坐标间要用逗号隔开。例如，要输入一个 X 坐标为 8，Y 坐标为 6，Z 坐标为 5 的点，则可在输入坐标点的提示后输入：8，6，5。

（2）极坐标　极坐标就是用点与坐标原点之间的距离以及这两点的连线与 X 轴正方向的夹角（中间用"＜"隔开）表示点的位置。例如，要输入一个距坐标原点的距离为 15，该点与坐标系原点的连线与 X 轴正方向的夹角为 $30°$ 的点，则可在输入坐标点的提示后输入：$15＜30$。

9.1.2.2　相对坐标

相对坐标是指输入点相对于前一坐标点的坐标。其输入的格式与绝对坐标相同，但要求在坐标前面加上"@"。例如，已知前一点的坐标为 $(4，5)$，如果要输入另一相对于该点的 X 方向距离为 12，Y 方向距离为 8 的点，则可在输入坐标点的提示后输入：$@12，8$。

9.1.3　基本绘图命令

绘图命令工具栏如图 9-1 所示，其上列出了常用的绘图命令。在需要时直接在标题栏中点取相应的图标即可。

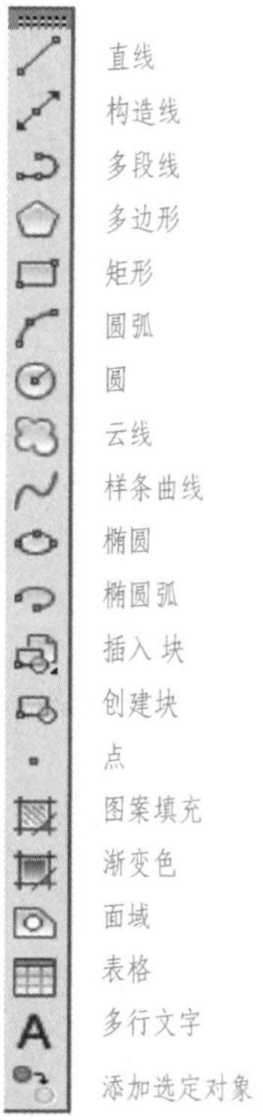

下面解释一些常用绘图命令的具体操作方法。

9.1.3.1　直线

它的功能是绘直线段，命令输入方式有以下几种：

◇菜单栏：【绘图】→【直线】

◇工具栏："绘图"→

◇命令：Line

【例 9-1】　用输入绝对坐标值画直线，如图 9-2 所示。

解　命令：Line↙

　　　指定第一点：250，250↙

　　　指定下一点或［放弃（U）］：100，100↙

　　　指定下一点或［放弃（U）］：250，100↙

　　　指定下一点或［闭合（C）/放弃（U）］：C↙

最后绘出如图 9-2 所示的三角形。

图 9-1　绘图命令工具栏

（右侧工具栏标签自上而下）直线　构造线　多段线　多边形　矩形　圆弧　圆　云线　样条曲线　椭圆　椭圆弧　插入块　创建块　点　图案填充　渐变色　面域　表格　多行文字　添加选定对象

"放弃（U）"选项为放弃上一点所输入的坐标；

"闭合（C）"选项为将最后一点与第一点相连。

9.1.3.2　圆

它的功能是在指定位置绘圆，命令输入方式如下：

◇菜单栏：【绘图】→【圆】

◇工具栏："绘图"→

◇命令：Circle

【例 9-2】　绘圆，如图 9-3 所示：

解　绘圆的方法有六种，下面介绍其中的三种方法：

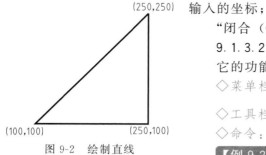

(250,250)

(100,100)　(250,100)

图 9-2　绘制直线

（1）根据圆心与圆的半径绘圆

命令：Circle↙

指定圆的圆心或［三点（3P）/两点（2P）/相切、相切、半径（T）］：200，190↙

指定圆的半径或［直径（D）］：25↙

绘出图 9-3 中的圆 01。

（2）用三点绘圆

指定圆的圆心或［三点（3P）/两点（2P）/相切、相切、半径（T）］：3P↙

指定圆上的第一个点：（输入第一点）（用鼠标选取点 A）

指定圆上的第二个点：（输入第二点）（用鼠标选取点 B）

指定圆上的第三个点：（输入第三点）（用鼠标选取点 C）

绘出图 9-3 中的圆 02。

（3）用两切点绘圆

命令：Circle↙

指定圆的圆心或［三点（3P）/两点（2P）/相切、相切、半径（T）］：T↙

指定对象与圆的第一个切点：（用鼠标选取圆 02 的圆周线）

指定对象与圆的第二个切点：（用鼠标选取圆 01 的圆周线）

指定圆的半径＜缺省值＞：25↙

绘出图 9-3 中的圆 03。

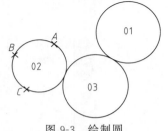

图 9-3　绘制圆

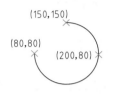

图 9-4　三点绘圆弧

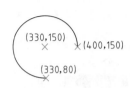

图 9-5　起点、圆心及端点绘圆弧

9.1.3.3　绘圆弧

它的功能是绘制给定参数的圆弧，命令输入方式如下：

◇菜单栏：【绘图】→【圆弧】

◇工具栏："绘图"→

◇命令：Arc

绘制圆弧的方式共有 11 种，使用下拉菜单：【绘图】→【圆弧】→……，可以在多种方式中选择一项。下面只介绍其中的三种方法。

【例 9-3】　用三点绘圆弧，如图 9-4 所示。

解　菜单栏：【绘图】→【圆弧】→【三点】

命令：Arc↙

指定圆弧的起点或［圆心（C）］：150，150↙

指定圆弧的第二个点或［圆心（C）/端点（E）］：200，80↙

指定圆弧的端点：80，80↙

绘出由上述三点确定的圆弧。

【例 9-4】　已知圆弧的起点、圆心及端点绘圆弧，如图 9-5 所示。

解　菜单栏【绘图】→【圆弧】→【起点、圆心、端点】

命令：Arc↙

指定圆弧的起点或［圆心（C）］：（输入圆弧起点）400，150↙

指定圆弧的第二个点或［圆心（C）/端点（E）］：C↙指定圆弧的圆心：330，

指定圆弧的端点或［角度（A）/弦长（L）］：（输入终点）330，80 ↙

绘出如图 9-5 所示圆弧。

AutoCAD 规定按逆时针方向由起点到终点画圆弧，终点只用来决定角度。

【例 9-5】 根据圆弧的起点、端点及半径绘圆弧，如图 9-6 所示。

解 菜单栏：【绘图】→【圆弧】→【起点、端点、半径】

命令：Arc ↙

指定圆弧的起点或［圆心（C）］：200，110 ↙

指定圆弧的第二个点或［圆心（C）/端点（E）］：__ E↙指定圆弧的端点：110，200 ↙

指定圆弧的圆心或［角度（A）/方向（D）/半径（R）］：__ R↙指定圆弧的半径：90 ↙

绘出如图 9-6 所示圆弧，半径 $R=90$ 和 $R=-90$ 时，图形不同。

图 9-6　起点、端点及半径绘圆弧

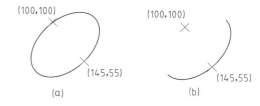

图 9-7　绘制椭圆和椭圆弧

9.1.3.4　绘椭圆和椭圆弧

它的功能是绘椭圆或椭圆弧。可通过确定椭圆某一轴上的两个端点的位置以及另一轴的半长；椭圆一根轴上的两个端点的位置以及一转角；椭圆的中心坐标、一根轴上的一个端点的位置以及一转角确定椭圆。命令输入方式如下：

◇菜单栏：【绘图】→【椭圆】或【椭圆弧】

◇工具栏："绘图"→ ⬭ 或 ⟳

◇命令：Ellipse

【例 9-6】 绘椭圆。

解 命令：Ellipse

指定椭圆的轴端点或［圆弧（A）/中心点（C）］：100，100 ↙

指定轴的另一个端点：145，55 ↙

指定另一条半轴长度或［旋转（R）］：50 ↙

绘出如图 9-7（a）所示椭圆。

【例 9-7】 绘椭圆弧。

解 命令：Ellipse

指定椭圆的轴端点或［圆弧（A）/中心点（C）］：A↙

指定椭圆弧的轴端点或［中心点（C）］：100，100 ↙

指定轴的另一个端点：145，55 ↙

指定另一条半轴长度或［旋转（R）］：50 ↙

指定起始角度或［参数（P）］：0 ↙

指定终止角度或［参数（P）/包含角度（I）］：180 ↙

绘出如图 9-7（b）所示椭圆弧。

9.1.3.5　绘等边多边形

它的功能是绘等边多边形，边数可为 3 至 1024。可根据多边形的边数以及多边形上一条边的两端点或多边形的内（外）接圆的半径确定多边形。命令输入方式如下：

◇菜单栏：【绘图】→【正多边形】

◇工具栏："绘图"→⬠

◇命令：Polygon

【例 9-8】　以（250，100）、（230，180）两点为八边形中一条边的端点，绘等边八边形。

解　命令：Polygon

　　　输入边的数目＜缺省值＞：8✓

　　　指定正多边形的中心点或［边（E）］：E✓

　　　指定边的第一个端点：（输入多边形上的某一条边的第一个端点）250，100✓

　　　指定边的第二个端点：（输入同一边上的另一个端点）230，180✓

　　　绘出如图 9-8 所示正八边形。

【例 9-9】　以（200，150）点为中心，100 为外接圆半径，绘正六边形。

解　命令：Polygon

　　　输入边的数目＜缺省值＞：6✓

　　　指定正多边形的中心点或［边（E）］：200，150✓

　　　输入选项［内接于圆（I）/外切于圆（C）］＜缺省值＞：I✓

　　　指定圆的半径：100✓

　　　绘出如图 9-9 所示正六边形。

【例 9-10】　以（200，150）点为中心，100 为内切圆半径，绘正六边形。

解　命令：Polygon

　　　输入边的数目＜缺省值＞：6✓

　　　指定正多边形的中心点或［边（E）］：200，150✓

　　　输入选项［内接于圆（I）/外切于圆（C）］＜缺省值＞：C✓

　　　指定圆的半径：100✓

　　　绘出如图 9-10 所示正六边形。

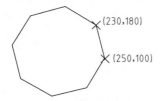
图 9-8　绘制八边形

图 9-9　内接正六边形

图 9-10　外接正六边形

9.1.3.6　矩形

它的功能是绘制矩形，命令输入方式如下：

◇菜单栏：【绘图】→【矩形】

◇工具栏："绘图"→▭

◇命令：Rectang

调用"Rectang"命令后，系统提示如下：

• 指定第一个角点或［倒角（C）/ 标高（E）/ 圆角（F）/ 厚度（T）/ 宽度（W）］：（输入矩形第一个顶点的位置）0，0 ✓

• 指定另一个角点或［尺寸（D）］：（输入与第一个顶点成对角的另一个顶点的位置）50，30 ✓

上述结果为绘出以给定两点为对角线的矩形。

选项用于设置矩形的模式。

① 倒角：设置矩形的倒角长度，可绘出四个角都进行了倒角的矩形，倒角长度可设置成不同的值。

② 圆角：设置矩形的圆角半径，可绘出四个角都是圆角的矩形。

③ 宽度：设置矩形四条边的线宽，用于按设置的线宽绘制矩形。

9.1.3.7 绘制点

它的功能是在指定位置绘点，命令输入方式如下：

菜单栏：【绘图】→【点】

工具栏："绘图"→ ·

命令：Point

选取或输入命令"Point"后，再输入点的位置即可绘制出点。

（1）设置点的样式

单击下拉菜单【格式】→【点样式】，屏幕上弹出如图 9-11 所示的对话框。在该对话框中，用户可以选取自己所需要的点的形式和利用"点大小"编辑框调整点的大小。

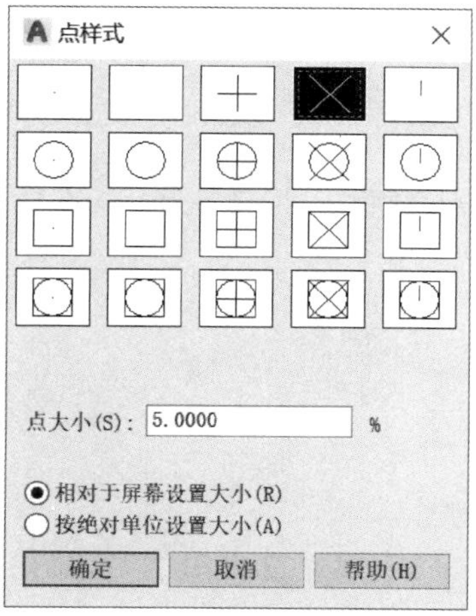

图 9-11 "点样式"对话框

（2）定数等分

"Divide"命令可将直线、圆、圆弧、多段线、样条曲线等图形对象进行等分，并用点标记出来。

【例 9-11】 五等分直线。

解 首先设置点的样式如图 9-11 所示。

命令：Divide（或选取菜单栏【绘图】→【点】→【定数等分】）

选择要定数等分的对象：（选取要定数等分的直线）

输入线段数目或［块（B）］：5 ✓

结果如图 9-12（a）所示。

（3）定距等分

(a)

(b)

图 9-12 定数等分和定距等分

"Measure"命令可在图形对象上标记出定距离的点。

【例 9-12】 定距等分直线。

解 命令：Measure（或选取菜单栏【绘图】→【点】→【定距等分】）

选择要定距等分的对象：（选取要定距等分的直线）

指定线段长度或［块（B）］：50↙

结果如图9-12（b）所示。

9.1.3.8　绘二维多段线

它的功能是绘制二维多段线。命令输入方式如下：

◇菜单栏：【绘图】→【多段线】

◇工具栏："绘图"→ 🖋️

◇命令：Pline

二维多段线可以由等宽或不等宽的直线以及圆弧组成，AutoCAD把多段线看成是一个单独对象，用户可以用多段线编辑命令对多段线进行各种编辑操作。具体操作如下：

输入"Pline"命令后，系统提示如下：

- 指定起点：（输入起始点）

  当前线宽为0.0000　　　（提示当前的线宽为m，其中m为数字）
- 指定下一个点或［圆弧（A）/半宽（H）/长度（L）/放弃（U）/宽度（W）］：
- 指定下一个点或［圆弧（A）/闭合（C）/半宽（H）/长度（L）/放弃（U）/宽度（W）］：

下面介绍各选项的含义：

① 圆弧：把画图状态从画线状态切换到画弧状态。

② 闭合：用直线把图形的始点与终点连接起来。

③ 半宽：设置要画的直线的半宽度值。

④ 长度：输入所要画的一条直线的长度值。

⑤ 放弃：取消最近一次画出的直线段或圆弧。

⑥ 宽度：选择本项后，在"指定起点宽度＜缺省值＞"和"指定端点宽度＜缺省值＞"提示后输入开始和结束的宽值。

在选用上述选项时，只需输入选项的第一个字母即可。

- 指定圆弧的端点或［角度（A）/圆心（CE）/方向（D）/半宽（H）/直线（L）/半径（R）/第二个点（S）/放弃（U）/宽度（W）］：

该行各选项的含义如下：

① 角度：设定圆弧的角度，并会有进一步的提示。

② 圆心：设定圆弧中心点，并会有进一步的提示。

③ 方向：设定圆弧的起始方向，并会有进一步的提示。

④ 直线：本项用于返回画线状态。

⑤ 半径：设定圆弧半径，并会有进一步的提示。

⑥ 第二个点：输入圆弧的第二个点，并会有进一步的提示。

其他选项与前面介绍的一样。

【例9-13】　绘出如图9-13所示图形。

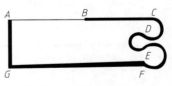

图9-13　绘制二维多段线

解　命令：Pline

指定起点：（用鼠标单击图9-13中A点）

当前线宽为0.0000

指定下一个点或［圆弧（A）/半宽（H）/长度（L）/放弃（U）/宽度（W）］：（单击B点）

指定下一点或［圆弧（A）/闭合（C）/半宽（H）/长度（L）/放弃（U）/宽度（W）］：W↙

指定起点宽度＜0.000＞5↙

指定端点宽度＜5.000＞↙

指定下一点或［圆弧（A）/闭合（C）/半宽（H）/长度（L）/放弃（U）/宽度（W）］：（单击 C 点）

指定下一点或［圆弧（A）/闭合（C）/半宽（H）/长度（L）/放弃（U）/宽度（W）］：A↙

指定圆弧的端点或［角度（A）/圆心（CE）/闭合（CL）/方向（D）/半宽（H）/直线（L）/半径（R）/第二个点（S）/放弃（U）/宽度（W）］：（单击 D 点）

指定圆弧的端点或［角度（A）/圆心（CE）/闭合（CL）/方向（D）/半宽（H）/直线（L）/半径（R）/第二个点（S）/放弃（U）/宽度（W）］：（单击 E 点）

指定圆弧的端点或［角度（A）/圆心（CE）/闭合（CL）/方向（D）/半宽（H）/直线（L）/半径（R）/第二个点（S）/放弃（U）/宽度（W）］：（单击 F 点）

指定圆弧的端点或［角度（A）/圆心（CE）/闭合（CL）/方向（D）/半宽（H）/直线（L）/半径（R）/第二个点（S）/放弃（U）/宽度（W）］：L↙

指定下一点或［圆弧（A）/闭合（C）/半宽（H）/长度（L）/放弃（U）/宽度（W）］：H↙

指定起点半宽＜缺省值＞：5↙

指定端点半宽＜缺省值＞：2.5↙

指定下一点或［圆弧（A）/闭合（C）/半宽（H）/长度（L）/放弃（U）/宽度（W）］：（单击 G 点）

指定下一点或［圆弧（A）/闭合（C）/半宽（H）/长度（L）/放弃（U）/宽度（W）］：C↙

9.1.3.9　绘制样条曲线

它的功能是用于绘制样条曲线。命令输入方式如下：

◇菜单栏：【绘图】→【样条曲线】

◇工具栏："绘图"→ 〜

◇命令：Spline

样条曲线是通过指定一系列控制点而拟合形成的一条光顺曲线。AutoCAD 绘制的样条曲线为非均匀有理 B 样条（NURBS）。这种样条曲线在控制点之间生成光顺曲线。样条曲线通常用于绘制一些不规则曲线，如波浪线或标高图中的等高线等。

输入"Spline"命令后，系统提示如下：

• 指定第一个点或［对象（O）］：

有两种生成样条曲线的方法：一种是通过指定样条曲线的控制点来生成样条曲线；另一种方法是将选择的二次或三次样条化拟合的多段线转换为样条曲线。

（1）通过指定的控制点生成样条曲线

• 指定第一个点或［对象（O）］：（指定样条曲线的第一个点）

• 指定下一点：（指定样条曲线的下一个节点）

• 指定下一点或［闭合（C）/拟合公差（F）］＜起点切向＞：

……

结束输入控制点时，AutoCAD 接着提示如下：

• 指定起点切向：（指定样条曲线在起点处的切线方向）

• 指定端点切向：（指定样条曲线在端点处的切线方向）

这两个选项要求用户指定样条曲线在起点和端点处的切线方向。AutoCAD 只能通过在绘图窗口拾取一点，由该点至样条曲线起点或端点的连线方向来定义切线方向。确定切线方向后，AutoCAD 绘出样条曲线并退出该命令。

其中的选项含义如下：

① 闭合：用于绘制封闭的样条曲线。选取该项后，AutoCAD 会继续提示如下：

• 指定切向：（指定起点的切向）。在指定起点的切向后，即可绘出闭合的样条曲线。

② 拟合公差：AutoCAD 在绘制样条曲线时，允许用户指定和修改绘制样条曲线时生成的样条曲线和指定控制点的拟合公差。它反映了曲线与控制点的拟合程度。公差越小，样条曲线越靠近拟合点；在指定了拟合公差后，AutoCAD 将自动绘出满足拟合公差及切向位置的最短样条曲线。选取该项后，AutoCAD 提示指定拟合公差的数值，在指定拟合公差后，AutoCAD 提示继续指定下一点或选取其他选项。在结束指定控制点前，用户还可以重新指定拟合公差，AutoCAD 以最后一次指定的拟合公差作为生成样条曲线时的公差。

（2）选择对象转换生成样条曲线

在 AutoCAD 提示"指定第一个点或［对象（O）］："时，输入"O"，选择"对象［O］"选项，可以将选择的二次或三次样条化拟合的多段线转换为样条曲线。选择该选项后，AutoCAD 将会提示选择要转换为样条曲线的对象，此时可选择一条或多条样条化拟合的多段线将其转换生成样条曲线。

9.1.3.10 图块

在绘图工作中可以把一些常用的图形对象以图块的形式保存起来，这样可以在需要的时候在图中插入已经定义的图块，以提高图样的可重用性和工作效率。

图块的操作主要分为制作图块、保存图块和插入图块。

（1）制作图块

制作图块的步骤为：①绘制图形；②定义属性；③创建图块。

【例 9-14】 绘制轴线编号图块。

解 操作步骤：

① 按图 9-14 绘制出圆。其中"ZH"（轴号）为定义的属性。

② 定义图块的属性，如图 9-15 所示。

二维码 9.1

图 9-14 轴线编号

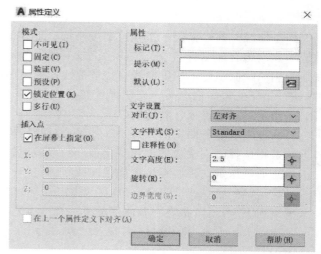

图 9-15 "属性定义"对话框

定义属性的操作如下：选择菜单【绘图】→【块】→【定义属性】，打开如图 9-15 所示的对话框。按照对话框中的设置设定属性（标记：ZH，提示：输入轴号）。注意在"插入点"项勾选"在屏幕上指定"，用鼠标点取轴线编号圆内的圆心。

定义好属性后，图样如图 9-14 所示，出现"ZH"标记。

③ 创建块 选取"绘图"工具栏中的"创建块"图标或选择菜单【绘图】→【块】→【创建】，在出现的图 9-16 的对话框中定义块。首先输入图块名称；点按【拾取点】按钮返回绘图工作区，

单击图 9-14 轴线编号中圆上的象限点作为以后插入图块的基点；再点按【选择对象】按钮返回绘图工作区，将图 9-14 中的内容全选，回车后按【确定】按钮结束。至此，图块定义成功。

（2）插入图块

选取"绘图"工具栏中的"插入块"图标或选择菜单【插入】→【块】，在出现的图 9-17 的对话框中操作。首先在下拉列表中选取要插入的图块；然后确定图块在 X、Y、Z 方向的缩放比例；再指定图块的旋转角度；最后单击【确定】按钮。于是在命令行中显示属性中的提示；根据提示输入轴线编号即可。

图 9-16 "块定义"对话框

图 9-17 "插入"对话框

（3）保存图块

按前文所述创建的图块称为"内部块"，只能保存在当前图层中，虽然能够与图形一道存盘，但不能用于其他图形。如果想要让图块用于其他图形，则必须使用"Wblock"命令创建和保存图块，这样的图块称为"外图块"。键入"Wblock"命令，出现图 9-18 的对话框，首先选择块源（当块源为"块"或"整个图形"时，"拾取点"和"选择对象"按钮将不可用），然后为存盘文件取文件名，选择存盘路径，最后确认。

图 9-18 "写块"对话框

9.2 图 形 编 辑

9.2.1 图形编辑功能简介

图形编辑是指对所绘图形对象实施修改、移动、复制和删除等操作。与绘图命令同时使用，保证作图准确，减少重复操作，提高绘图效率。图形编辑功能的调用有以下三种常用方式：

（1）菜单选择方式：鼠标左键选择下拉菜单或屏幕菜单中的编辑功能启动。

（2）工具条点击方式：鼠标左键点击工具条中编辑功能图标启动。

（3）命令方式：在命令提示行下输入编辑命令或简化命令，回车启动。

9.2.2 编辑对象选取方式

图形对象在被编辑前，要处于被选取的状态。被选取的对象一般都呈虚线状。相对编辑命令启动先后，选取对象有两种方法：第一种是在执行编辑命令之后根据系统提示选取对象；第二种是在执行编辑命令之前先选取要编辑的对象，然后再执行编辑命令。

9.2.2.1 选取（Select）命令

该命令将选定对象置于"上一个"选择集内。其调用是在命令行输入命令，回车启动。

AutoCAD 要求先选中对象，才能对它进行处理。执行许多命令（包括"Select"命令本身）后都会出现"选择对象"提示。使用对象选择方式，一个称为"对象拾取框"的小框将代替图形光标上的十字线。

不管由哪个命令给出"选择对象"提示，都可以使用这些方法。要查看所有选项，请在命令行中输入"?"。系统提示如下：

Window/Last/Crossing/BOX/ALL/Fence/WPolygon/CPolygon/Group/Add/Remove/Multiple/Previous/Undo/Auto/Singl

（1）Window：选择矩形（由两点定义）中的所有对象。从左到右指定角点创建窗口选择。

（2）Last：选择最近一次创建的可见对象。

（3）Crossing：选择区域（由两点确定）内部或与之相交的所有对象。窗交显示的方框为虚线或高亮度方框，这与窗口选择框不同。从左到右指定角点创建窗交选择。

（4）BOX：选择矩形（由两点确定）内部或与之相交的所有对象。如果该矩形的点是从右向左指定的，框选与窗交等价。否则，框选与窗选等价。

（5）ALL：选择解冻的图层上的所有对象。

（6）Fence：选择与选择栏相交的所有对象。

（7）WPolygon：选择多边形（通过待选对象周围的点定义）中的所有对象。

（8）CPolygon：选择多边形（通过在待选对象周围指定点来定义）内部或与之相交的所有对象。

（9）Group：选择指定组中的全部对象。

（10）Add：切换到"添加"模式：可以使用任何对象选择方式将选定对象添加到选择集。"自动"和"添加"为默认模式。

（11）Remove：切换到"去除"模式：使用任何一种对象选择方式都可以将对象从当前选择集中去除。

（12）Multiple：指定多次选择而不高亮显示的对象，从而加快对复杂对象的选择过程。

（13）Previous：选择最近创建的选择集。从图形中删除对象，将清除"前一个"选项设置。

（14）Undo：放弃选择最近加到选择集中的对象。

（15）Auto：切换到自动选择，指向一个对象即可选择该对象。

（16）Singl：切换到"单选"模式，选择指定的第一个或第一组对象而不继续提示进一步选择。

9.2.2.2 快速选择（Qselect）命令

该命令用于创建选择集，该选择集包括或排除符合指定过滤条件的所有对象。"Qselect"命令可应用于整个图形或现有的选择集。其调用方式如下：

◇快捷菜单：终止所有活动命令，在绘图区域中单击右键并选择"快速选择"

◇菜单栏：【工具（T）】→【快速选择】

◇命令：Qselect

命令启动后，将弹出如图 9-19 所示的"快速选择"对话框。

（1）"应用到（Y）"：将过滤条件应用到整个图形或当前选择集（如果存在的话）。

（2）"选择对象"图标：临时关闭"快速选择"对话框，以便选择要在其中应用过滤条件的对象。

（3）"对象类型（B）"：指定要包含在过滤条件中的对象类型。

（4）"运算符（O）"：控制过滤的范围。根据选定的特性，选项可能包括"等于""不等于""大于""小于"和"∗通配符匹配"。

（5）"值（V）"：指定过滤器的特性值。

（6）"如何应用"：指定是将符合给定过滤条件的对象包括在新选择集内或是排除在新选择集之外。

（7）"附加到当前选择集（A）"：指定用"Qselect"命令创建的选择集是替换当前选择集还是附加到当前选择集。

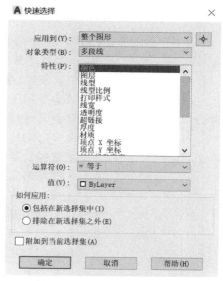

图 9-19　"快速选择"对话框

9.2.2.3　夹点简介、快捷菜单

（1）夹点简介　夹点是一些小方框，它们出现在用定点设备指定的对象的关键点上。可以拖动这些夹点执行拉伸、移动、旋转、缩放或镜像操作。

图 9-20　快捷菜单

通过夹点可以将命令和对象选择结合起来，从而提高编辑速度。夹点打开后，可以在输入命令之前选择所需对象，然后用定点设备操作对象。也可单击鼠标右键调用快捷菜单进行选择。如图 9-20 所示。

（2）快捷菜单　快捷菜单提供对当前操作的相关命令的快速访问。在屏幕的不同区域单击右键时，可以显示不同的快捷菜单，包括以下区域：

① AutoCAD 绘图区域内一个或多个选择对象。

② AutoCAD 绘图区域内没有任何选择对象。

③ 在文字和命令窗口中。

④ 在"Pan"或"Zoom"命令期间的任何地点。

⑤ 工具栏上。

⑥ 布局或模型选项卡上。

⑦ 在状态栏按钮上。

（3）快捷菜单选项　快捷菜单上通常包含以下选项：

① 重复执行输入的上一个命令。

② 取消当前命令。

③ 剪切和复制到剪切板以及从剪切板粘贴。

④ 选择不同的"Pan"或"Zoom"选项。

⑤ 显示对话框，例如"选项""自定义"或"特性"窗口。

⑥ 放弃输入的上一个命令。

9.2.3　图形编辑命令

图 9-21 为编辑功能图标，下面介绍部分编辑功能。

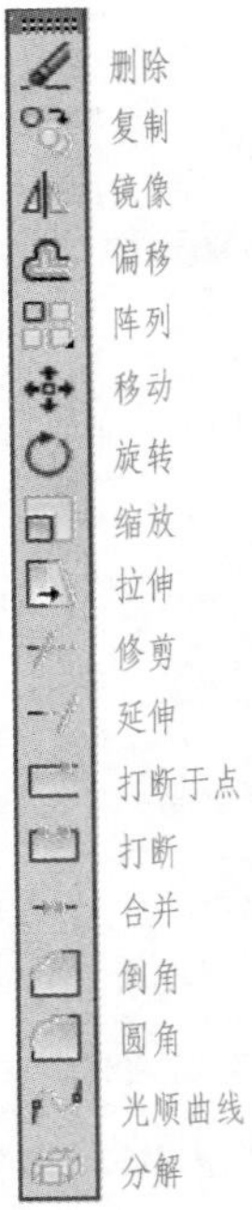

图 9-21 编辑功
能图标

图标标签（从上到下）：删除、复制、镜像、偏移、阵列、移动、旋转、缩放、拉伸、修剪、延伸、打断于点、打断、合并、倒角、圆角、光顺曲线、分解

9.2.3.1 删除（Erase）命令

该命令用于从图形中删除对象。

"Erase"命令可用于所有的选择对象。可以使用"Undo"命令恢复意外删除的对象；"Oops"命令可以恢复最近使用"Erase"、"Block"或"Wblock"命令删除的所有对象。

9.2.3.2 复制（Copy）命令

该命令用于把所选择的一个或多个对象生成一个副本，并将该副本放置到其他位置。

命令启动后，系统在命令行提示如下：

• 选择对象：找到1个（提示用户选择对象）

• 选择对象：（选择结束，回车确认）

• 指定基点或位移，或者［重复（M）］：

（1）指定基点或位移：指定两个点，AutoCAD 使用第一个点作为基点并相对于该基点放置单个副本。指定的两个点定义了一个位移矢量，它确定选定对象被复制后的移动距离和移动方向。

（2）重复（M）：使用"Copy"命令生成多重副本。系统提示指定选择对象的插入基点，随后提示用户指定第二个点，系统在相对于基点的这一点上放置一个副本。关于放置对象的多个副本的提示"指定位移的第二点"反复出现。如果按【Enter】键，则结束该命令。

9.2.3.3 镜像（Mirror）命令

该命令用于创建对象的镜像副本。命令启动后，系统在命令行提示如下：

• 选择对象：找到1个（选择需镜像的对象）

• 选择对象：（选择结束，回车确认）

• 指定镜像线的第一点：指定镜像线的第二点：（指定镜像线两端点）

• 是否删除源对象？［是（Y）/否（N）］〈N〉：（确定是否保留原对象）

9.2.3.4 偏移（Offset）命令

该命令用于对指定对象作同心拷贝。对于直线是平行复制。命令启动后，系统在命令行提示如下：

• 指定偏移距离或［通过（T）］＜1.0000＞：（输入数字或 T，回车）

• 选择要偏移的对象或＜退出＞：（选择要同心拷贝的单一对象）

• 指定点以确定偏移所在一侧：（指定副本放置于原对象的哪一侧）

选择要偏移的对象或＜退出＞：（重复上述操作）

9.2.3.5 阵列（Array）命令

该命令用于创建按指定方式排列的多个对象副本。命令启动后，系统将弹出"阵列"对话框，如图 9-22、图 9-23 所示。

（1）矩形阵列：创建由选定对象副本的行和列数所定义的阵列。

①"行数""列数"：指定阵列中的行、列数。

②"行偏移""列偏移"：指定行、列间距。

③"阵列角度"：指定旋转角度。通常角度为 0，因此，行和列与当前 UCS 的 X 和 Y 图形坐标轴正交。

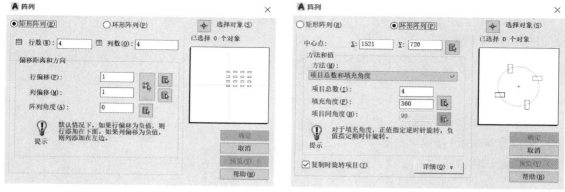

图 9-22 "矩形阵列"选项框　　　　　图 9-23 "环形阵列"选项框

④ "拾取两个偏移"图标：临时关闭"阵列"对话框，这样可以使用定点设备指定矩形的两个斜角，从而设置行间距和列间距。

⑤ "拾取行、列偏移"图标：临时关闭"阵列"对话框，这样可以使用定点设备来指定行、列间距。AutoCAD 提示用户指定两个点，并使用这两个点之间的距离和方向来指定"行偏移""列偏移"中的值。

⑥ "拾取阵列角度"图标：临时关闭"阵列"对话框，这样可以输入值或使用定点设备指定两个点旋转角度。

（2）环形阵列：通过围绕圆心复制选定对象来创建阵列。

① "中心点"：指定环形阵列的中心点。输入 X 和 Y 轴的坐标值，或选择"拾取中心点"图标使用定点设备指定位置。

② "拾取中心点"图标：临时关闭"阵列"对话框，这样可以使用定点设备在 Auto-CAD 绘图区域中指定圆心。

③ "方法和值"：指定用于定位环形阵列中的对象的方法和值。

④ "项目总数"：设置在结果阵列中显示的对象数目。

⑤ "填充角度"：通过定义阵列中第一个和最后一个元素的基点之间的包含角来设置阵列大小。正值指定逆时针旋转，负值指定顺时针旋转。

⑥ "项目间角度"：设置阵列对象的基点之间的包角。输入正值或负值指示阵列的方向。

9.2.3.6　移动（Move）命令

该命令用于在指定方向上按指定距离移动对象。命令启动后，系统在命令行提示如下信息：

- 选择对象：找到 1 个（选择对象）
- 选择对象：（回车，选择结束）
- 指定基点或位移：指定位移的第二点或＜用第一点作位移＞：（设置基点并指定目标点）

9.2.3.7　旋转（Rotate）命令

该命令用于将指定对象绕基点旋转一定角度。命令启动后，系统在命令行提示如下信息：

- 选择对象：找到 1 个（提示用户选择对象）
- 选择对象：（回车，选择结束）
- 指定基点：（设置基点）

- 指定旋转角度或［参照（R）］：（指定当前的绝对旋转角度或"R"选项，回车）

"参照（R）"：用于将对象与用户坐标系的 X 轴和 Y 轴对齐，或者与图形中的几何特征对齐。

9.2.3.8 缩放（Scale）命令

该命令用于在 X、Y 和 Z 方向按比例放大或缩小对象。命令启动后，系统在命令行提示如下信息：

- 选择对象：找到 1 个（选择缩放对象）
- 选择对象：…（回车，选择结束）
- 指定基点：（指定缩放基点）
- 指定比例因子或［参照（R）］：（指定比例或选"R"，回车）

"参照（R）"：按参照长度和指定的新长度比例缩放所选对象。

9.2.3.9 拉伸（Stretch）命令

该命令用于移动或拉伸对象。命令启动后，系统提示用户用窗交或圈交选择拉伸对象，执行命令时，系统移动选择窗口内的对象顶点，而不改变窗口外对象的顶点。如被选对象的两端都在选择窗口内，类似于使用 Move。AutoCAD 可拉伸与选择窗口相交的圆弧、椭圆弧、直线、多段线线段、二维实体、射线、宽线和样条曲线。

9.2.3.10 修剪（Trim）命令

该命令用其他对象定义的剪切边界修剪指定对象。命令启动后，系统提示选择作为剪切边界的对象；边界对象选择结束，按回车或鼠标右键；再选择要修剪的对象，实施修剪。命令执行过程中，系统在命令行显示如下信息：

- 当前设置：投影＝Ucs，边＝无
- 选择剪切边…
- 选择对象：找到 1 个（选择剪切边界对象）
- 选择对象：找到 1 个，总计 2 个（选择剪切边界对象），回车。
- 选择对象：（选择剪切边界对象结束）
- 选择要修剪的对象，或按住【Shift】键选择要延伸的对象，或［投影（P）/边（E）/放弃（U）］：（选择被剪对象）
- 选择要修剪的对象，或按住【Shift】键选择要延伸的对象，或［投影（P）/边（E）/放弃（U）］：（回车结束命令）

（1）投影（P）：指定修剪对象时 AutoCAD 使用的投影模式。

（2）边（E）：确定是在另一对象的隐含边处修剪对象，还是仅修剪对象到与它在三维空间中相交的对象处。

9.2.3.11 延伸（Extend）命令

该命令用于延伸对象以和另一对象相接。命令启动后，系统提示选择作为边界的对象；边界对象选择结束，按回车或鼠标右键；再选择要延伸的对象，实施延伸。命令执行过程中，有两个选择集需选择和切换。其过程与"Trim"命令相同。

9.2.3.12 打断（Break）命令

该命令有两种操作方式：一是在单个点打断选定对象，即选定对象，指定断点；二是在两点之间打断选定对象，系统提示用户选择对象，并在命令行显示如下信息：

- ＿break 选择对象：   （选择对象，并将选择点当作第一个断点）

• 指定第二个打断点或［第一点（F）］：（指定第二个点或选"F"）

第一点（F）：用指定新点替换原来的第一个打断点。用此选项时仍需指定第二个断点，实施打断。

9.2.3.13　倒角（Chamfer）命令

该命令用于给对象的边加倒角。命令启动后，系统在命令行提示用户选择第一条直线，第二条直线。系统显示如下信息：

• （"修剪"模式）当前倒角距离 1 = 0.0000，距离 2 ＝0.0000
• 选择第一条直线或［多段线（P）/距离（D）/角度（A）/修剪（T）/方式（M）/多个（U）］：
• 选择第二条直线：　　　（选择第二条直线，实施倒角，结束命令）

（1）多段线（P）：对整个二维多段线倒角。对多段线每个顶点处的相交直线段倒角。倒角成为多段线的新线段。如果多段线包含的线段过短以至于无法容纳倒角距离，则不对这些线段倒角。

（2）距离（D）：指定第一、第二个倒角距离。

（3）角度（A）：通过第一条线的倒角距离和第二条线的角度设置倒角距离。

（4）修剪（T）：控制 AutoCAD 是否将选定边修剪为倒角线端点。输入修剪模式选项［修剪（T）/不修剪（N）］

（5）方式（M）：控制 AutoCAD 使用两个距离还是一个距离和一个角度来创建倒角。输入修剪方式［距离（D）/角度（A）］

9.2.3.14　圆角（Fillet）命令

该命令用于给对象的边加圆角。命令启动后，系统在命令行提示用户选择第一条直线，第二条直线。

系统显示如下信息：

• 当前设置：模式＝修剪，半径＝0.0000
• 选择第一个对象或［多段线（P）/半径（R）/修剪（T）/多个（U）］：（R，回车）
• 指定圆角半径〈0.0000〉：（输入数字，回车）
• 选择第一个对象或［多段线（P）/半径（R）/修剪（T）/多个（U）］：（选择第一条直线）
• 选择第二个对象：（选择第二条直线，实施圆角，结束命令）

9.2.3.15　分解（Explode）命令

该命令用于将合成对象分解成它的部件对象。将复合线分解成各直线段，将块分解成该块的各对象，将一个尺寸标注分解成线段、箭头和尺寸文字。

9.3　图中的文字注写

视图标注、图纸标题栏、明细表、技术要求、说明都需用文字描述。AutoCAD 提供了丰富的文字输入和编辑功能满足工程制图的需要。

9.3.1　文字输入

9.3.1.1　多行文字输入（Mtext）命令

"Mtext"命令的调用方式为：

◇菜单栏：【绘图（Draw）】→【文字（Text）】→【多行文字（M）】

◇工具栏："绘图（Draw）"→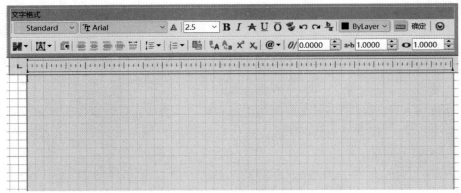

◇命令：Mtext（或 mt、t）

命令启动后，命令行出现：

• 指定第一角点：

• 指定对角点或［高度（H）/对正（J）/行距（L）/旋转（R）/样式（S）/宽度（W）］：

将弹出如图 9-24 所示多行文字编辑器对话框。

（1）文字格式：如图 9-24 所示，该选项包括文字的样式、字体、字高、颜色。

（2）输入文字：在文本框内输入文字，然后调整行距和间距。

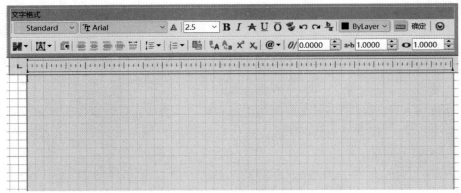

图 9-24　多行文字编辑器对话框

9.3.1.2　单行文字输入（Dtext、Text）命令

为方便简单文字的创建，AutoCAD 还提供了输入单行文字的命令，其命令调用方法如下：

◇菜单栏：【绘图（Draw）】→【文字（Text)】→【单行文字（S）】

◇命令：Dtext 或 Text

命令启动后，命令行将出现当前文字设置，下一步默认设置为用户输入文字的起始点；选择"J"实施文字对正设置；选择"S"指定文字的样式。完成文字设置后，返回文字起始点的输入；随后提示输入文字的高度、文字，经回车结束文字输入；再回车结束命令。其内容如下：

• 当前文字样式：Standard　　当前文字高度：5.000

• 指定文字的起点或［对正（J）/样式（S）］：

当选择"J（Justify)"时，将出现如下选项：

［对齐（A）/调整（F）/中心（C）/中间（M）/右（R）/左上（TL）/中上（TC）/右上（TR）/左中（ML）/正中（MC）/右中（MR）/左下（BL）/中下（BC）/右下（BR）］：

（1）对齐（A）：指定基线的两端点布置文字。文字布置的方向与两点连线方向一致，自动调整文字高度，以使文字布置于两点之间。对齐过程中文字的高、宽比不变。

（2）调整（F）：指定基线的两端点布置文字。文字布置方向与两点连线方向一致，文字高度由用户设定，只调整文字宽度，使文字布置于两点之间。调整过程中文字高度不变，高、宽比发生变化。

（3）中心（C）、中间（M）、右（R）：这三个选项都是要求用户指定一点，分别以该点作为基线水平中点、文字中央点或右端点布置文字，其过程中文字的高度、角度由用户设定不变。

（4）其他选项：为新输入的文字或选定的文字设置对正和对齐方式，在一行的长度方向分左、中、右位置；在一行的高度方向分上、中、下位置。

9.3.2　字体式样定义和特殊字符

9.3.2.1　字体式样定义（Style）命令

AutoCAD 图形中的所有文字都具有与之相关联的文字样式。输入文字时，AutoCAD 使用当前的文字样式，该样式设置了字体、字号、角度、方向和其他文字特征。除了默认的 Standard 文字样式外，必须创建所需文字样式。其命令调用方法如下：

◇菜单栏：【格式（Format）】→【文字样式（TextStyle）】

◇命令：Style

命令启动后，AutoCAD 弹出"文字样式"对话框，如图 9-25 所示。

（1）"样式（S）"：显示文字样式名、添加新样式以及重命名和删除现有样式。列表中包括已定义的样式名并默认显示当前样式。要改变当前样式，可以从列表中选择另一个样式，或者选择【新建】来创建新样式。

（2）"字体"：修改样式的字体。

①"字体名（F）"：列出所有注册的 TrueType 字体和 AutoCAD "Fonts" 文件夹中 AutoCAD 编译的字体文

图 9-25　"文字样式"对话框

件（＊.shx）。从列表中选择名称后，AutoCAD 将读出指定字体的文件。

②"字体样式（Y）"：指定字体格式，比如斜体、粗体或者常规字体。选定"使用大字体"后，该选项变为"大字体"，用于选择大字体文件。

③"使用大字体（U）"：指定亚洲语言的大字体文件。只有在"字体名"中指定 shx 文件，才可以使用"大字体"。只有 shx 文件可以创建"大字体"。

（3）"效果"：修改字体的特性，如高度、宽度比例、倾斜角、倒置显示、反向或垂直对齐。

①"颠倒（E）"：倒置显示字符。

②"反向（K）"：反向显示字符。

③"垂直（V）"：显示垂直对齐的字符。只有当选定的字体支持双向显示时，才可以使用"垂直"，TrueType 字体的垂直定位可用。

④"宽度因子（W）"：设置文字间距。输入一个小于 1.0 的值将压缩文字。输入一个大于 1.0 的值则扩大文字。

⑤"倾斜角度（O）"：设置字体倾斜角度。输入一个 -85 和 85 之间的值将使文字倾斜。

上述设置完成后，单击【应用】按钮将所做的修改、设置用到图形中。

9.3.2.2　特殊字符

AutoCAD 除提供字体外，还提供了一些特殊的工程符号。以下是常用的特殊符号：

① ％％O：打开或关闭上划线功能。第一次使用是打开上划线功能，接着使用则是关闭上划线功能。

② ％％U：打开或关闭下划线功能。

③ ％％P：加/减符号。例如％％P8 其结果是±8。

④ ％％C：圆直径符号"φ"。例如％％C45 其结果是φ45。

⑤ ％％D：角度符号。例如100％％D 其结果是100°。

⑥ ％：百分比符号。例如80％其结果是80％。

9.4 剖面线绘制

剖面线（图案填充）广泛用于工程制图中，用它区分工程部件或表现组成对象的材质形状，区分图形的各个组成部分。AutoCAD 提供丰富的可选图案，同时允许用户自定义图案文件。

9.4.1 Bhatch、Hatch（图案填充）命令

"Bhatch"命令首先从封闭区域的指定点开始计算面域或多段线边界，或者使用选定对象作为边界，从而定义要填充区域的边界。"Hatch"与"Bhatch"的内容基本相同，不同的是"Hatch"的交互信息在命令行，"Bhatch"则使用对话框。

图案填充命令，有以下三种常用的调用方式：

◇菜单栏：【绘图（Draw)】→【图案填充（H）】

◇工具栏："绘图（Draw)"→

◇命令：Bhatch 或 Hatch

命令启动后，系统将弹出图 9-26 的"图案填充和渐变色"对话框。

图 9-26 "图案填充"选项框

9.4.1.1 图案填充

如图 9-26 所示，该选项包括以下内容：

（1）"类型（Y）"：该选项有"预定义""用户定义""自定义"三种选项。

①"预定义"：指定预定义的 AutoCAD 填充图案。这些图案存在 acad.pat 和 acadiso.pat 文件中。可以控制任何预定义图案的角度和缩放比例。对于预定义 ISO 图案，还可以控制 ISO 笔宽。

②"用户定义"：基于图形的当前线型创建直线图案。可以控制用户定义图案中直线的角度和间距。

③"自定义"：指定以任意自定义 pat 文件定义的图案，这些自定义的 pat 文件应已添加到 AutoCAD 的搜索路径。

（2）"图案（P）"：列出可用的预定义图案。AutoCAD 将选定图案存储在 HPNAME 系统变量中，"类型"设置为"预定义"，该"图案"选项才可用。

（3）"样例"：显示选定图案的预览图像。可以单击"样例"以显示"填充图案选项板"对话框。

（4）"自定义图案（M）"：列出可用的自定义图案。AutoCAD 将选定图案存储在 HP-NAME 系统变量中。只有在"类型"中选择了"自定义"，此选项才可用。

（5）"角度（G）"：指定填充图案的角度（相对当前 Ucs 坐标系的 X 轴）、AutoCAD 将角度存储在 HPANG 系统变量中。

（6）"比例（S）"：放大或缩小预定义或自定义图案。AutoCAD 将缩放比例存储在 HP-SCALE 系统变量中。只有将"类型"设置为"预定义"或"自定义"，此选项才可用。

（7）"相对图纸空间（E）"：相对于图纸空间单位缩放填充图案。使用此选项，可容易地做到以适合于布局的比例显示填充图案。该选项仅适用于布局。

（8）"间距（C）"：指定用户定义图案中的直线间距。AutoCAD 将间距存储在 HP-SPACE 系统变量中。只有将"类型"设置为"用户定义"，此选项才可用。

（9）"ISO 笔宽（O）"：基于选定笔宽缩放 ISO 预定义图案。

9.4.1.2　渐变色

如图 9-27 所示，该选项包括以下内容：

（1）"颜色"：有单色、双色、填充颜色示例。

（2）方向：有居中、角度等内容。图样填充示例如图 9-28 所示。

9.4.2　编辑图案填充

9.4.2.1　图案编辑（Hatchedit）命令

该命令有如下常用调用方式：

◇菜单栏：【修改（M）】→【对象】→【图案填充（H）】

◇命令：Hatchedit

命令启动、选择剖面线对象后，其操作内容、格式与"Hatch"相同。

9.4.2.2　特性修改（Properties）命令

与其他几何对象一样，剖面线对象的图案类型、角度、比例、间距、关联性、孤岛检测样式等特性都可用"特性"（Properties）对话框进行编辑。

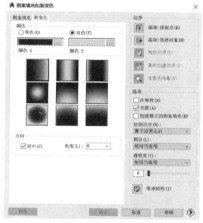

图 9-27　"渐变色"选项框

图 9-28　渐变色填充样式效果

9.5　尺 寸 标 注

尺寸标注是工程图样的重要组成部分。AutoCAD 的尺寸标注功能依照国家标准进行测量与标注。

9.5.1　尺寸标注基本要素

9.5.1.1　基本概念

AutoCAD 的尺寸标注通常由以下几种基本元素构成，如图 9-29～图 9-32 所示。

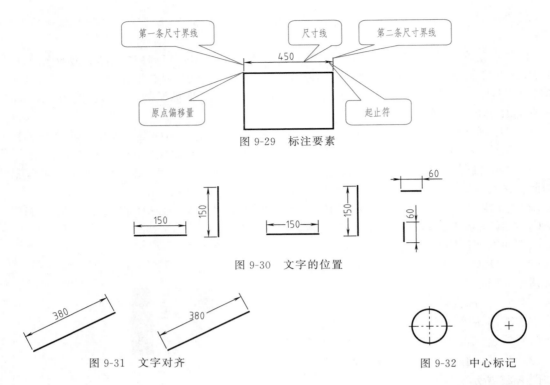

图 9-29　标注要素

图 9-30　文字的位置

图 9-31　文字对齐

图 9-32　中心标记

（1）尺寸文字：表示实际测量值。系统自动计算出测量值，并附加公差、前缀和后缀等。用户可自定义文字或编辑文字。如图 9-30、图 9-31 所示。

（2）尺寸线：表示标注的范围。尺寸线两端的起止符表示尺寸的起点和终点。尺寸线平行所注线段，两端指到尺寸界线上。如图 9-29 所示。

（3）起止符：表示测量的起始和结束位置。系统提供多种符号供选用，用户可以创建自定义起止符。如图 9-29 所示。

（4）尺寸界线：从被标注的对象延伸到尺寸线。起点自标注点偏移一个距离（原点偏移量），终点超出尺寸线一段长度（超出尺寸线）。如图 9-29 所示。

（5）中心标记：标记圆或圆弧的圆心。如图 9-32 所示。

9.5.1.2　AutoCAD 2018 尺寸标注特点

（1）尺寸标注种类　系统提供以下常用的尺寸标注方式来测量、标注几何对象。

·线性标注　·对齐标注　·坐标标注　·半径标注　·直径标注　·角度标注
·基线标注　·连续标注　·公差标注　·圆心标记

（2）AutoCAD 2018 尺寸标注的新特性　在 AutoCAD 2018 中，尺寸标注与被标注对象具有关联性，即尺寸标注随被标注对象的改变而自动调整其位置、方向和尺寸文字等。

对于大多数对象都可实现关联标注，但不支持多线（Multiline）对象。使用"Qdim"命令创建标注不具备关联性。对于非关联标注对象，用"Dimreassociate"将其转换为关联标注。

9.5.1.3　AutoCAD 2018 尺寸标注操作

如图 9-33 所示是标注命令的工具条、命令行、菜单常用启动方式。

9.5.2　标注样式设置

标注样式是保存的一组标注设置，它确定标注的外观。通过创建标注样式，可以设置所有相关的尺寸标注系统变量，并且控制任一标注的布局和外观。标注样式包括：标注的特

线性标注、对齐标注、弧长标注、坐标标注

半径标注、折弯标注、直径标注、角度标注

快速标注、基线标注、连续标注、等距标注、折断标注

公差、圆心标记、检验、折弯线性

编辑标注、标注文字、标注更新

标注样式控制、标注样式

图 9-33　标注工具栏

性、大小、比例系数和精度等。

9.5.2.1　标注样式管理

标注样式的设置是通过"标注样式管理器"对话框实现的，如图 9-34 所示。

（1）"当前标注样式"：显示当前标注样式和图形中的所有标注样式；AutoCAD 为所有标注都指定了样式。系统默认样式 Standard。

（2）"列出"：提供控制显示哪种标注样式的选项。显示所有标注样式或仅显示被当前图形中的标注引用的标注样式。

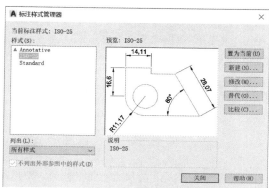

图 9-34　"标注样式管理器"对话框

（3）【置为当前】：将在"样式"下选定的标注样式设置为当前标注样式。

图 9-35　"创建新标注样式"对话框

（4）【新建】：显示"创建新标注样式"对话框，如图 9-35 所示。

① "新样式名"：命名新样式。

② "基础样式"：设置作为新样式的基础的样式。对于新样式，仅修改那些与基础特性不同的特性。

③ "用于"：创建一种仅适用于特定标注类型的样式。

④ 【继续】：显示"新建标注样式"对话框，如图 9-36 所示，可在其中定义新的标注样式特性。

（5）【修改】：显示"修改标注样式"对话框，在此可以修改标注样式。对话框选项与"新建标注样式"对话框中的选项相同。

（6）【替代】：显示"替代当前样式"对话框，在此可以设置标注样式的临时替代值。对话框选项与"新建标注样式"对话框中的选项相同。

（7）【比较】：显示"比较标注样式"对话框，该对话框比较两种标注样式的特性或列出一种样式的所有特性。

9.5.2.2　标注样式设置

如图 9-36 第一行所示，新建标注样式设置包括

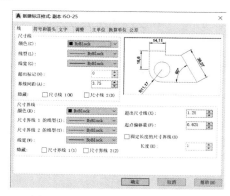

图 9-36　"新建标注样式"对话框

以下七个方面的内容：

（1）【线】：设置尺寸线、尺寸界线的格式和特性。如图 9-37（a）所示。

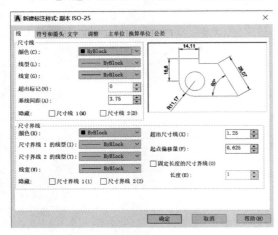

（a）"线"选项框

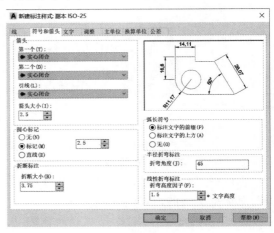

（b）"符号和箭头"选项框

图 9-37　直线、符号和箭头选项框

①"尺寸线"：设置尺寸线的特性。如尺寸线的颜色、线宽、超出标记、基线标注的尺寸线之间的间距是否隐藏等。

②"尺寸界线"：控制尺寸界线的外观。如尺寸界线的颜色、线宽、超出尺寸线、起点偏移量、是否隐藏等。

（2）【符号和箭头】：设置箭头、圆心标记的格式和特性，如图 9-37（b）所示。

①"箭头"：控制标注箭头的外观。设置第一、第二条尺寸线的箭头；设置引线箭头；引线箭头的名称存储在 DIMLDRBLK 系统变量中；设置箭头的大小，该值存储在 DIMASZ 系统变量中。

②"圆心标记"：控制直径标注和半径标注的圆心标记和中心线的外观。

（3）【文字】：设置标注文字的格式、放置和对齐方式。如图 9-38 所示。

①"文字外观"：控制标注文字的格式和大小。其中"分数高度比例"是设置相对于标注文字的分数比例。

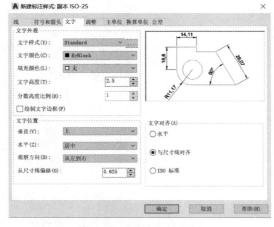

图 9-38　"文字"选项框

②"文字位置"：控制标注文字的位置。控制标注文字相对尺寸线的垂直位置和水平位置。"从尺寸线偏移"是设置当前文字间距，文字间距是指当尺寸线断开以容纳标注文字时标注文字周围的距离。

③"文字对齐"：控制标注文字放在尺寸界线外边或里边时的方向是保持水平还是与尺寸线对齐。

（4）【调整】：控制标注文字、箭头、引线和尺寸线的位置。如图 9-39 所示。

①"调整选项"：控制基于尺寸界线之间可用空间的文字和箭头的位置。当两条尺寸界线间的距离足够大时，AutoCAD 始终把文

字和箭头放在尺寸界线之间。否则，将按照"调整选项"放置文字和箭头。

②"文字位置"：设置标注文字从默认位置（由标注样式定义的位置）移动时标注文字的位置。

③"标注特征比例"：设置全局标注比例或图纸空间比例。

④"优化"：优化设置其他选项。

（5）【主单位】：设置主单位的格式和精度，并设置标注文字的前缀和后缀。如图 9-40 所示。

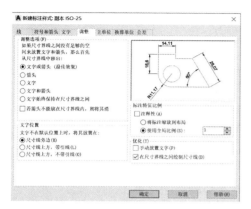

图 9-39 "调整"选项框

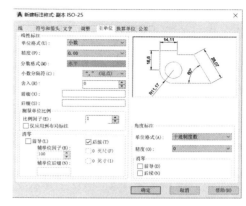

图 9-40 "主单位"选项框

①"线性标注"：设置线性标注的格式和精度。

②"比例因子"：设置线性标注测量值的比例因子。系统按照此处输入的数值放大标注测量值。例如，输入 2，系统会将一毫米的标注显示为两毫米。该值不应用到角度标注，也不应用到舍入值或者正负公差值。

③"角度标注"：设置角度标注的当前角度格式。

④"消零"：不输出前导零和后续零。

（6）【换算单位】：指定标注测量值中换算单位的显示并设置其格式和精度。如图 9-41 所示。

①"换算单位"：设置除"角度"之外的所有标注类型的当前换算单位格式。

②"消零"：控制不输出前导零和后续零以及具有零值的尺寸。

③"位置"：控制换算单位的位置。将换算单位放在主单位之后或之下。

（7）【公差】：控制标注文字中公差的显示与格式。如图 9-42 所示。

图 9-41 "换算单位"选项框

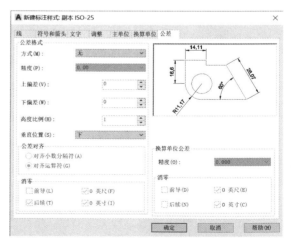

图 9-42 "公差"选项框

① "公差格式"：控制公差格式。其中"方式"是设置计算公差的方法；"精度"是设置小数位数；"上偏差"是设置最大公差或上偏差；"下偏差"是设置最小公差或下偏差；"高度比例"是设置公差文字的当前高度；"垂直位置"是控制对称公差和极限公差的文字对正方式。

② "换算单位公差"：设置换算公差单位的精度和消零规则。

9.5.3 标注命令注释

此处将介绍命令的功能及启动后的操作特征。

9.5.3.1 线性标注（Dimliner）命令

该命令用于创建线性标注。标注指定点之间或对象的水平或垂直距离，标注时由第一点和第二点确定起止位置，由第三点确定尺寸线的布置位置，并决定是水平测量还是垂直测量，命令启动后，系统在命令行提示如下：

- 指定第一条尺寸界线原点或<选择对象>：
- 指定第二条尺寸界线原点：指定尺寸线位置或［多行文字（M）/文字（T）/角度（A）/水平（H）/垂直（V）/旋转（R）］：
- 标注文字

（1）多行文字（M）：显示多行文字编辑器，可用它来编辑标注文字。

（2）文字（T）：在命令行自定义标注文字。

（3）角度（A）：指定标注文字的角度。

（4）水平（H）：创建水平线性标注。

（5）垂直（V）：创建垂直线性标注。

（6）旋转（R）：指定尺寸线的角度，创建旋转线性标注。

9.5.3.2 对齐标注（Aligned）命令

该命令用于创建对齐线性标注。标注指定点之间距离或对象长度。对齐标注是沿两个标注点方向或对象长度方向测量并标注。由第三点指定尺寸线的位置，使用该命令时，系统提示内容与线性标注基本相同。

9.5.3.3 坐标标注（Dimordinate）命令

该命令用于创建坐标点标注。标注指定点的 X 和 Y 坐标。命令启动后，系统在命令行提示如下：

- 指定点坐标：
- 指定引线端点或［X基准（X）/Y基准（Y）/多行文字（M）/文字（T）/角度（A）］：
- 标注文字

（1）X基准（X）：测量 X 坐标并确定引线和标注文字的方向。

（2）Y基准（Y）：测量 Y 坐标并确定引线和标注文字的方向。

9.5.3.4 半径标注（Dimradius）命令

创建圆和圆弧的半径标注，并在测量值前添加 R。标注时先选择对象，后指定标注线位置。命令启动时，系统在命令行提示如下：

- 选择圆弧或圆：
- 标注文字
- 指定尺寸线位置或［多行文字（M）/文字（T）/角度（A）］：

9.5.3.5 直径标注（Dimdiameter）命令

创建圆和圆弧的直径标注，并在测量值前添加 ϕ，标注时先选择对象，后指定标注线位置，使用该命令时，系统提示内容与半径标注命令相同。

9.5.3.6　角度标注（Dimangular）命令

创建角度标注。标注时指定两直线的夹角，圆弧的圆心角或圆上指定两点间的圆心角，并在测量值后加"°"，命令启动后，系统在命令行提示如下：

- 选择圆弧、圆、直线或＜指定顶点＞：
- 选择第二条直线：
- 指定标注弧线位置或［多行文字（M）/文字（T）/角度（A）］：
- 标注文字

9.5.3.7　基线标注（Dimbaseline）命令

基线标注是从上一个或选定标注的基线作连续的线性、角度或坐标标注。该命令可创建自相同基线测量的一系列相关标注。AutoCAD使用基线增量值偏移每一条新的尺寸线并避免覆盖上一条尺寸线。基线增量值在"新建标注样式""修改标注样式"和"替代当前样式"对话框的"线"选项卡上的"基线间距"指定。命令启动后，系统在命令行提示如下：

- 指定第二条尺寸界线原点或［放弃（U）/选择（S）］＜选择＞：
- 标注文字
- 指定第二条尺寸界线原点或［放弃（U）/选择（S）］＜选择＞：
- 标注文字
- 指定第二条尺寸界线原点或［放弃（U）/选择（S）］＜选择＞：
- 选择基准标注：（再继续下一个组界线标注，选择界线，按回车结束）

（1）放弃（U）：放弃在命令任务期间上一个输入的基线标注。

（2）选择（S）：提示选择一个线性标注、坐标标注或角度标注作为基线标注的基准。选择基线标注后，AutoCAD将重新显示"指定第二条尺寸界线原点"或"指定部件位置"提示。

9.5.3.8　连续标注（Dimcontinue）命令

连续标注是从上一个或选定标注的第二条尺寸界线作连续的线性、角度或坐标标注。该命令绘制一系列相关的尺寸标注，例如添加到整个尺寸系统中的短尺寸标注。连续标注也称为链式标注。使用该命令时，系统提示内容与基线标注命令相同。

9.5.3.9　快速引线（Qleader）命令

该命令快速创建引线和引线注释。该命令设置选项如图9-43～图9-45所示。

图9-43　"注释"选项框

图9-44　"引线和箭头"选项框

（1）【注释】：设置引线注释类型，指定多行文字选项，并指明是否需要重复使用注释，见图9-43。

（2）【引线和箭头】：设置引线和箭头格式。如图9-44所示。

（3）【附着】：设置引线和多行文字注释的附着位置。只有在"注释"选项卡上选定"多行

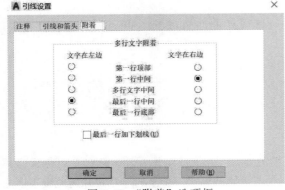
图 9-45 "附着"选项框

文字"时，此选项卡才可用。如图 9-45 所示。

9.5.3.10 公差（Dimtolerance）命令

该命令用于创建形位公差标注。在指定位置标注公差框格及符号。命令启动后，首先弹出"形位公差"对话框，供用户设置公差内容，然后由用户指定形位公差框格放置位置。该命令常与引线标注命令配合使用。

9.5.3.11 圆心标记（Dimcenter）命令

该命令用于创建圆和圆弧的圆心标记或中心线。

9.5.3.12 编辑标注（Dimedit）命令

该命令用于改变一个或多个标注对象上的标注文字和尺寸界线。

命令启动后，系统在命令行提示如下：

• 输入标注编辑类型［默认（H）/新建（N）/旋转（R）/倾斜（O）］＜默认＞：

（1）默认（H）：选中的标注文字移回到由标注样式指定的默认位置和旋转角。

（2）新建（N）：使用"多行文字编辑器"修改标注文字。

（3）旋转（R）：旋转标注文字。

（4）倾斜（O）：调整线性标注尺寸界线的倾斜角度。

9.5.3.13 标注文字（Dimtedit）命令

该命令用于移动和旋转标注文字。命令启动后，系统提示用户选择标注，并在命令行提示如下：

• 指定标注文字的新位置或［左（L）/右（R）/中心（C）/默认（H）/角度（A）］：

（1）左（L）：沿尺寸线靠左对齐标注文字。

（2）右（R）：沿尺寸线靠右对齐标注文字。左、右选项只适用于线性、直线和半径标注。

（3）中心（C）：将标注文字放在尺寸线的中间。

（4）默认（H）：将标注文字移回默认位置。

（5）角度（A）：修改标注文字的角度。

9.5.3.14 标注替代（Dimoverride）命令

该命令用于替代与标注对象相关联的尺寸标注系统变量，但不影响当前的标注样式。还可以使用该命令清除标注的替代值。命令启动后，系统在命令行提示如下：

• 输入要替代的标注变量名或［清除替代（C）］：

用户若指定要替代的标注系统变量，并设置新值后，系统进一步提示用户选择对象，用新的设置改变被选对象。

9.5.3.15 标注更新（-Dimstyle）命令

该命令使用标注系统变量的当前设置，更新选择的标注对象的标注系统变量，并刷新选择的标注对象的标注。命令启动后，系统在命令行提示如下：

［保存（S）/恢复（R）/状态（ST）/变量（V）/应用（A）/?］＜恢复＞：-apply

（1）保存（S）：将标注系统变量的当前设置保存到标注样式。用输入的名称将标注系统变量的当前设置保存到新标注样式。

（2）恢复（R）：将尺寸标注系统变量设置恢复为选定标注样式的设置。

（3）状态（ST）：显示所有标注系统变量的当前值。列出变量，命令结束。

（4）变量（V）：列出某个标注样式或选定标注的标注系统变量设置，但不修改当前设置。

（5）应用（A）：将当前尺寸标注系统变量应用到选定标注对象，永久替代应用于这些对象的任何现有标注样式。

9.5.3.16 标注再关联（Dimreassociate）命令

该命令可将无关联标注与几何对象相关联，或者修改关联标注中的现有关联。命令启动后，系统提示用户选择标注对象。

用户选择标注对象时，系统依次亮显每个选定的标注，并显示适于选定标注的关联点的提示。每个关联点提示都显示一个标记。如果当前标注的定义点与对象没有关联，标记将显示为 X，但是如果定义点为其关联，标记将显示为包含在框内的 X。

9.5.3.17 更新标注（Dimregen）命令

使用该命令可将当前图形中所有关联标注的位置更新。

以下三种情况，需要使用 Dimregen 手动更新关联标注。

（1）激活模型空间，在布局中用鼠标进行平移或缩放后，将更新创于图纸空间的关联标注。

（2）打开已经用 AutoCAD 早期版本修改后的图形，如果已经对标注对象进行修改，请更新关联标注。

（3）打开包含在当前图形中标注的外部参照图形，如果已经对关联的外部参照几何图形进行修改，请更新关联标注。

9.5.3.18 快速标注（Qdim）命令

使用快速标注可以直接选择标注对象进行标注。

☆ 注意：与其他几何对象一样，标注对象的"线""符号和箭头""文字""调整""主单位""换算单位""公差"等特性都可用"特性"（Properties）对话框进行编辑。

9.6 AutoCAD 三维建模简介

随着 CAD 技术的发展，特别是计算机三维建模技术成熟，产品的设计已从二维空间过渡到三维空间。实践中，先建三维模型而后生成工程图样，三维造型设计已被广泛应用。

9.6.1 三维对象概述

AutoCAD 支持三种类型的三维建模：线框模型、曲面模型和实体模型。每种模型都有各自的用途和创建方法及编辑技术。

9.6.1.1 线框模型

线框模型描绘三维对象的框架。线框模型中没有面，只有描绘对象边界的点、直线和曲线。用 AutoCAD 可在三维空间的任何位置放置二维（平面）对象来创建线框模型。AutoCAD 也提供一些三维线框对象，例如三维多段线和样条曲线，如图 9-46（a）所示。由于构成线框模型的每个对象都必须单独绘制和定位，因此，这种建模方式最为耗时。

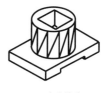

(a) 线框模型　　(b) 曲面模型　　(c) 实体模型

图 9-46　AutoCAD 支持的三种模型

9.6.1.2 曲面模型

曲面模型比线框模型更为复杂，它不仅定义三维对象的边而且定义面。AutoCAD 曲面模型使用多边形网格定义镶嵌面。如图 9-46（b）所示。但 AutoCAD 用镶嵌面表达三维曲面，产生的是不连续三维曲面；曲面间相互不能粘接；曲面不能转化成实体。

9.6.1.3 实体模型

利用 AutoCAD 实体模型，可以通过创建下列基本三维形状来创建三维对象：长方体、圆锥体、圆柱体、球体、楔体和圆环实体。然后对这些形状进行合并，找出它们差集或交集（重叠）部分，结合起来生成更为复杂的实体，如图 9-46（c）所示。也可以将二维对象沿路径延伸或绕轴旋转来创建实体。在工程分析领域，实体的信息最完整，歧义最少，应用最为广泛。

9.6.2 实体建模及编辑

9.6.2.1 基本形体

AutoCAD 提供六种基本形体的建模功能及基本形体定义的参数特征；如图 9-47 所示为相应的工具条图标。基本形体命令调用方法如下：

◇工具栏："建模"→ ▯◯▯△◝◉

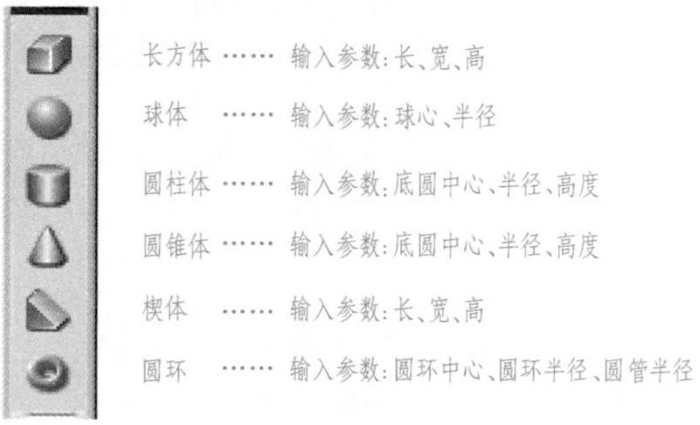

长方体 …… 输入参数：长、宽、高

球体 …… 输入参数：球心、半径

圆柱体 …… 输入参数：底圆中心、半径、高度

圆锥体 …… 输入参数：底圆中心、半径、高度

楔体 …… 输入参数：长、宽、高

圆环 …… 输入参数：圆环中心、圆环半径、圆管半径

图 9-47 基本形体

◇菜单栏：【绘图（D）】→【建模（M）】→【长方体（B）】、【球体（S）】、【圆柱体（C）】、【圆锥体（O）】、【楔体（W）】、【圆环（T）】

◇命令：Box、Sphere、Cylinder、Cone、Wedge、Torus

9.6.2.2 拉伸、旋转形体

（1）面域（Region）命令

面域是从闭合的形或环创建的二维区域。闭合多段线、直线和曲线都是有效的选择对象。曲线包括圆弧、圆、椭圆和样条曲线。如果选定的多段线通过"Pedit"命令中的"样条曲线"或"拟合"选项进行了平滑处理，得到的面域将包含平滑多段线的直线或圆弧。此多段线并不转换为样条曲线对象。面域可理解为零高度的实体。命令调用方法如下：

◇菜单栏：【绘图（D）】→【面域（N）】

◇工具栏："绘图（Draw）"→ ▣

◇命令：Region

（2）拉伸（Extrude）命令

沿路径拉伸二维封闭的多段线或面域，形成实体。其过程如图 9-48 所示。命令调用方法如下：

◇菜单栏：【绘图（D）】→【建模（M）】→【拉伸（X）】

◇工具栏："建模"→ ▱

◇命令：Extrude

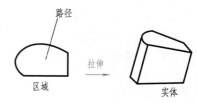

图 9-48 拉伸实体

（3）旋转（Revolve）命令

绕轴旋转二维封闭的多段线或面域，形成实体。其过程如图 9-49 所示。命令调用方法如下：

◇菜单栏：【绘图（D）】→【建模（M）】→【旋转（R）】

◇工具栏："建模"→ ▱

◇命令：Revolve

9.6.2.3 形体组合

可以使用现有实体的并集、差集和交集创建组合实体。

（1）并集（Union）命令

使用"Union"命令，可以合并两个或多个实体（或面域），构成一个组合对象。其过程如图9-50所示。命令调用方法如下：

◇菜单栏：【修改（M）】→【实体编辑（N）】→【并集（U）】

◇工具栏："建模"→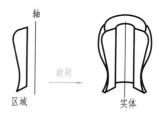

◇命令：Union

图9-49　旋转实体

（2）差集（Subtract）命令

使用"Subtract"命令，可删除两组实体间的公共部分。从选择集的每个子集内减去选定的对象：为每个子集创建一个新的组合面域或实体。其过程如图9-51所示。命令调用方法如下：

图9-50　形体并集

图9-51　形体差集

◇菜单栏：【修改（M）】→【实体编辑（N）】→【差集（S）】

◇工具栏："建模"→

◇命令：Subtract

（3）交集（Intersect）命令

使用"Intersect"命令，删除两个或多个实体非重叠部分，用公共部分创建组合实体。其过程如图9-52所示。

命令调用方法如下：

图9-52　形体交集

◇菜单栏：【修改（M）】→【实体编辑（N）】→【交集（I）】

◇工具栏："建模"→

◇命令：Intersect

9.6.2.4　工程图样布置与生成

（1）视图布置（Solview）命令

该命令是使用正投影法，在创建浮动视口中，指定三维实体对象的多面视图和截面视图图形的布局方式。命令调用方法如下：

◇菜单栏：【绘图（D）】→【建模（M）】→【设置（U）】→【视图（V）】

◇工具栏："实体（solids）"→

◇命令：Solview

"Solview"在引导用户创建基本视图、辅助视图以及剖面图的过程中计算投影。视图相关的信息随创建的视口一起保存。命令启动后，系统提示如下：

输入选项［Ucs（U）/正交（O）/辅助（A）/截面（S）］：（选项或按【Enter】键）

① Ucs（U）：创建相对于用户坐标系的投影视图。如果图形中不存在视口，"Ucs"选项是创建初始视口的好方法，别的视图也可以由它创建。其他的所有"Solview"选项都需

要现有的视口。可以选择使用当前 Ucs 或以前保存的坐标系作为投影面。创建的视口投影平行于 Ucs 的 XY 平面，该平面中 X 轴指向右，而 Y 轴垂直向上。

② 正交（O）：创建与现有视图正交的视图。

③ 辅助（A）：在现有视图中创建辅助视图。辅助视图投影到和已有视图正交并倾斜于相邻视图的平面。

④ 截面（S）：创建实体图形的剖视图。

（2）视图生成（Soldraw）命令

该命令用在由"Solview"命令创建的视口中，使用"Solview"产生的视图信息，生成轮廓图和剖面图图形视图。创建视口中表示实体轮廓和边的可见线、隐藏线和剖面线，然后投影到垂直视图方向的平面上，并将图线分别归类于视图名—VIS、视图名—HID、视图名—HAT 三个图层。

（3）计算实体轮廓（Solprof）命令

该命令用于创建三维实体的轮廓图像。轮廓图只显示当前视图下实体的曲面轮廓线和边。命令执行过程中，系统先后提示用户："是否在单独的图层中显示隐藏的轮廓线？"；"是否将轮廓线投影到平面？"；"是否删除相切的边？"。如果用户回答"是"，系统将产生视图名-VIS、视图名-HID、视图名-HAT 三个图层，用户通过对此三个图层的管理操作，实现视图中可见线、不可见线、剖面线的显示控制。

能 力 训 练

一、填空题

1. 点的输入方法有：_____、_____、_____、_____。

2. 绝对直角坐标的输入为：_____，绝对极坐标的输入为：_____，相对坐标的输入为：_____。

3. 绘制点有两种方式，一种是：_____，另一种是：_____。

4. 图形编辑功能的调用有三种常用方式，它们是：_____、_____和_____。

5. 图案填充命令的调用方式有三种，它们分别是：_____、_____和_____。

6. AutoCAD 支持三种模型，它们分别是：_____、_____和_____。

二、简答题

1. 相对坐标有何特点？怎样使用？举例说明。

2. 什么是图块？有何作用？怎样制作图块、插入图块和保存图块？

3. 常用的特殊字符有哪些？怎样注写？

4. 尺寸标注样式需要设置哪些内容？怎样设置其参数？

5. 用形体组合创建组合实体，常用哪些方法？怎样操作？

模块三

专 业 知 识

学习单元十 建筑施工图

教学提示

　　本学习单元主要介绍了建筑施工图的内容（包括建筑总平面图、建筑平面图、建筑立面图、建筑剖面图、建筑详图）及其识读和绘制方法。

教学要求

　　要求学生掌握建筑施工图的阅读方法并且能够正确地利用计算机绘制建筑施工图的方法和技巧。

10.1 概　　述

10.1.1　房屋的基本组成及作用

　　建筑物按照其功能的不同可分为：工业建筑、民用建筑与农业建筑。无论哪一种建筑物，在其工程建设中都要首先进行规划、设计，并且将结果绘制成符合"标准"的建筑施工图，作为施工的重要依据。建筑施工图的绘制是设计人员利用正投影原理将一幢新建建筑物的位置、内外部形状、大小、布置、构造、施工要求等方面绘制出来并进行尺寸标注与文字说明的过程。为了正确阅读和绘制建筑施工图，首先应熟悉建筑物的基本组成及其作用。

　　一幢房屋是由基础、墙或柱、楼面与地面、楼梯、门窗、屋面六部分组成。

10.1.1.1　基础

　　基础是一幢建筑物最下部的组成部分，它承受整个建筑物的全部荷载，并且将它们传递给基础下面的土层，即地基。这里需要注意的是地基与基础的区别。

10.1.1.2　墙或柱

　　墙是建筑物重要的竖向承重构件。建筑物的墙按其所在的位置可分为外墙与内墙。外墙是指位于建筑物四周的墙体，它承受荷载的同时起着围护、防风、防雨、防雪以及保温、隔热、隔声的作用；内墙是指位于建筑物内部的墙体，它们主要起着分隔建筑物内部空间与承受荷载的作用。建筑物的墙体按其是否承重又可分为承重墙与非承重墙。另外，沿着建筑物长轴方向布置的墙体称为纵墙，沿着建筑物短轴方向布置的墙体称为横墙。

　　建筑物中的柱主要用来承担荷载（主要为竖向荷载，有时也承担弯矩），为了满足构造需要也常常设置构造柱。

10.1.1.3　楼面与地面

　　楼面与地面是建筑物中水平方向的主要承重构件，同时它们将建筑物内部空间分成若干层。楼面是指二层及以上各层的水平分隔与承重构件，地面是指第一层使用的水平部分，它承受底层荷载。

10.1.1.4　楼梯

　　楼梯是建筑物中连接相邻两层的垂直交通设施，作为上下楼层与紧急疏散之用。

10.1.1.5 门窗

门是建筑物主要的室内外交通和疏散工具，也具有通风、分隔房间的作用。窗具有通风、采光、隔声的作用。在建筑物外部的门和窗还具有围护与防止外部侵蚀的作用。

10.1.1.6 屋面

屋面是建筑物顶部的围护和承重构件，它也起着防止外部侵蚀、隔热等作用。

图 10-1 表示了建筑物的各个组成部分。

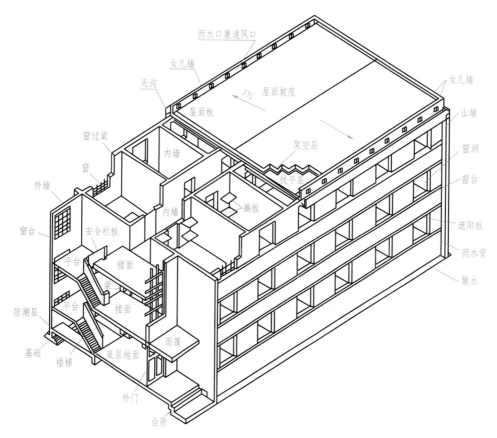

图 10-1　建筑物的各个组成部分

10.1.2 施工图分类

施工图是指导施工的重要依据。一套完整的房屋建筑施工图根据其表达内容的不同，一般可分为如下几部分：

10.1.2.1 施工首页图（简称首页图）

包括：图纸目录、设计总说明、门窗表等。

10.1.2.2 建筑施工图（简称建施）

主要是用来表示建筑物的规划位置，外部造型、尺寸大小，内部各房间布置情况，以及内外装修、构造、施工要求等。建筑施工图的内容主要包括：总平面图、平面图、立面图、剖面图以及构造详图等。

10.1.2.3 结构施工图（简称结施）

主要表示建筑物中各个结构构件（承重构件）的布置情况，构件的类型、型式、尺寸及具体构造做法等。在传统制图法中主要包括：结构设计说明、基础施工图、结构平面图、构件详图；钢筋混凝土平面整体表示法中主要是通过结构构件的平面结构图（配筋图）与通用标准图集相结合来表示的。

10.1.2.4 设备施工图（简称设施）

一个建筑物一般都要包括给水排水设备、采暖通风设备、电气照明设备、通信设备等。在设备施工图部分常包括给排水施工图、采暖通风施工图、电气照明施工图以及通信设备施工图等。

10.1.2.5 装饰施工图

一套完整的建筑装饰施工图有装饰平面图、装饰立面图、装饰详图、家具图等。

10.1.3 建筑施工图的作用及图示方法

建筑施工图主要是用来表示建筑物的规划位置、外部造型、尺寸大小、内部各房间布置情况，以及内外装修、构造、施工要求等，是指导施工的重要依据。

建筑施工图的绘制是按照正投影的理论，选用适当的比例，用不同的线型、线宽绘制不同的内容，并结合多种图例、符号表达，最终作出尺寸标注与文字注写的过程。需要注意的是图样应符合正投影的规律，尺寸标注要详细、准确，以便于指导施工。

在绘制建筑物时，通常根据表达内容的需要、所绘对象的尺寸或图纸大小等综合因素选定一个绘图比例。常用的绘图比例可参考表 10-1。

表 10-1 常用绘图比例

图名	常用绘图比例	图名	常用绘图比例
总平面图	1：500,1：1000,1：2000	次要平面图	1：300,1：400
平面图、立面图、剖面图	1：50,1：100,1：200	详图	1：1,1：2,1：5,1：10,1：20,1：25,1：50

为了便于施工图的阅读，在绘制时应选用不同的线型、线宽绘制不同的内容，以突出重点，使整个图纸看起来层次分明，主次得当。线型与线宽的选用见表1-3。

10.1.4 施工图中常用的图例、符号

为了方便、准确地表达某些常用的图形内容，绘图时要使用各种图例、符号。见表 10-2、表 10-3。

表 10-2 常用的建筑图例、符号（一）

名称	图例	名称	图例	名称	图例	名称	图例
单扇门	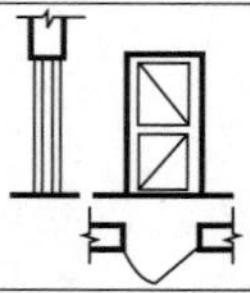	推拉门	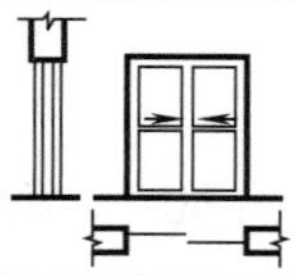	固定窗	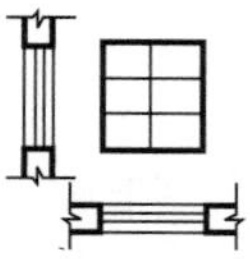	推拉窗	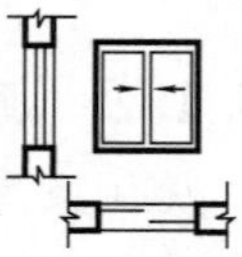
通风道	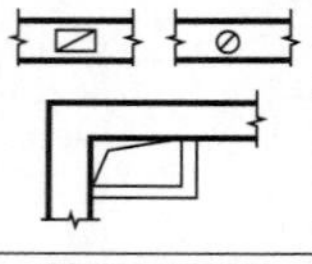	烟道	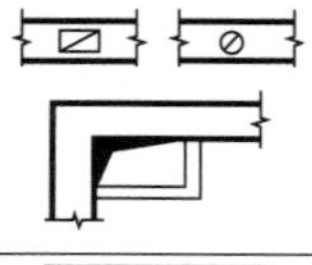	坑槽	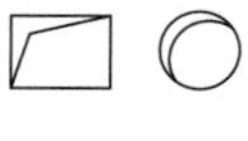	孔洞	
楼梯平面图	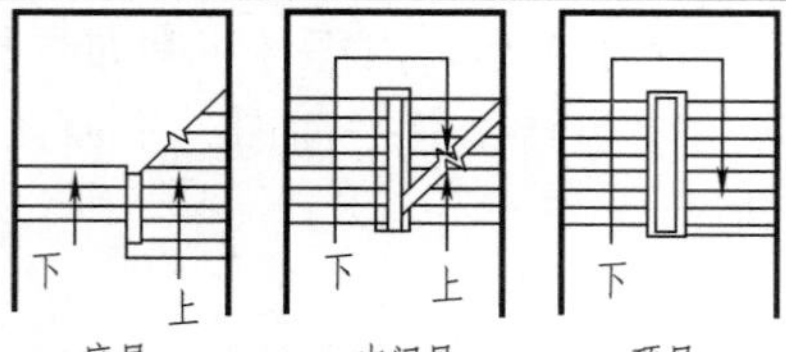 底层 中间层 顶层			坐便器	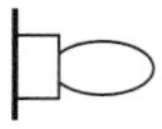	水池	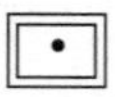
				墙预留洞	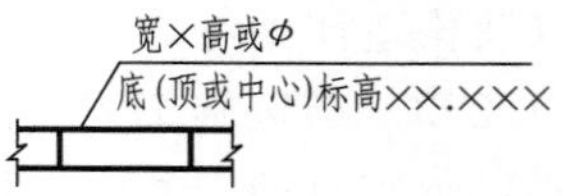 宽×高或φ 底(顶或中心)标高××.×××		

表 10-3　常用的建筑图例、符号（二）

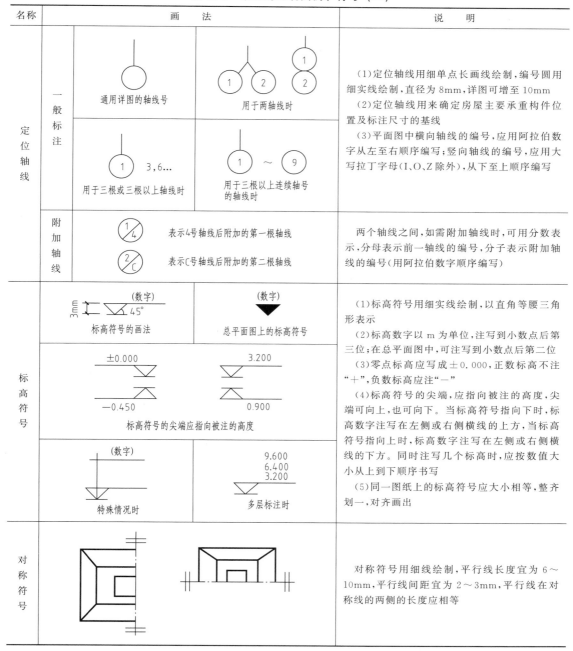

名称		画　　法	说　　明
定位轴线	一般标注	通用详图的轴线号 / 用于两轴线时	(1)定位轴线用细单点长画线绘制，编号圆用细实线绘制，直径为8mm，详图可增至10mm (2)定位轴线用来确定房屋主要承重构件位置及标注尺寸的基线 (3)平面图中横向轴线的编号，应用阿拉伯数字从左至右顺序编写；竖向轴线的编号，应用大写拉丁字母（I、O、Z除外），从下至上顺序编写
		用于三根或三根以上轴线时 / 用于三根以上连续轴号的轴线时	
	附加轴线	表示4号轴线后附加的第一根轴线 / 表示C号轴线后附加的第二根轴线	两个轴线之间，如需附加轴线时，可用分数表示，分母表示前一轴线的编号，分子表示附加轴线的编号（用阿拉伯数字顺序编写）
标高符号		标高符号的画法 / 总平面图上的标高符号	(1)标高符号用细实线绘制，以直角等腰三角形表示 (2)标高数字以m为单位，注写到小数点后第三位；在总平面图中，可注写到小数点后第二位 (3)零点标高应写成±0.000，正数标高不注"＋"，负数标高应注"－" (4)标高符号的尖端，应指向被注的高度，尖端可向上，也可向下。当标高符号指向下时，标高数字注写在左侧或右侧横线的上方，当标高符号指向上时，标高数字注写在左侧或右侧横线的下方。同时注写几个标高时，应按数值大小从上到下顺序书写 (5)同一图纸上的标高符号应大小相等，整齐划一，对齐画出
		标高符号的尖端应指向被注的高度	
		特殊情况时 / 多层标注时	
对称符号			对称符号用细线绘制，平行线长度宜为6～10mm，平行线间距宜为2～3mm，平行线在对称线的两侧的长度应相等

10.2　建筑总平面图

　　建筑总平面图用来表示拟建房屋所在建筑基地的总体布局情况。建筑总平面图是拟建建筑物定位、施工放线、土木施工以及绘制水、暖、电等管线总平面图和施工总平面图的依据。

10.2.1 图示内容及方法

总图制图，线条的选用应根据图纸功能，按表 10-4 规定的线型选用 [摘自《房屋建筑制图统一标准》（GB/T 50001—2017）]。

表 10-4　总图图线表

名称		线　型	线宽	用　途
实线	粗		b	(1)新建建筑物±0.000 高度的可见轮廓线 (2)新建的铁路、管线
	中		$0.5b$	(1)新建构筑物、道路、桥涵、边坡、围墙、露天堆场、运输设施、挡土墙的可见轮廓线 (2)场地、区域分界线、用地红线、建筑红线、尺寸起止符号、河道蓝线 (3)新建建筑物±0.000 高度以上的可见轮廓线
	细		$0.25b$	(1)新建道路路肩、人行道、排水沟、树丛、草地、花坛的可见轮廓线 (2)原有(包括保留和拟拆除的)建筑物、构筑物、铁路、道路、桥涵、围墙的可见轮廓线 (3)坐标网线、图例线、尺寸线、尺寸界线、引出线、索引符号等
虚线	粗		b	新建建筑物、构筑物的不可见轮廓线
	中		$0.5b$	(1)计划扩建建筑物、构筑物、预留地、铁路、道路、桥涵、围墙、运输设施、管线的轮廓线 (2)洪水淹没线
	细		$0.25b$	原有建筑物、构筑物、铁路、道路、桥涵、围墙的不可见轮廓线
单点长画线	粗		b	露天矿开采边界线
	中		$0.5b$	土方填挖区的零点线
	细		$0.25b$	分水线、中心线、对称线、定位轴线
粗双点长画线			b	地下开采区塌落界线
折断线			$0.5b$	断开界线
波浪线			$0.5b$	

注：应根据图样中所表示的不同重点，确定不同的粗细线型。例如，绘制总平面图时，新建建筑物采用粗实线，其他部分采用中线和细线；绘制管线综合图或铁路图时，管线、铁路采用粗实线。

总平面图按照水平投影方法绘制，具体内容包括：一定区域范围内拟建、原有和拆除的建筑物、构筑物的位置、朝向及其周围的环境（道路交通、绿化、地形、地貌、标高等）。在建筑工程图中，表示某一位置的高度需要利用标高。标高分为绝对标高与相对标高两种：绝对标高是指以一个规定的位置（我国青岛市外黄海海平面）作为零位置而测定的高度尺寸；相对标高是指以建筑物自身底层室内地面位置作为零位置（±0.000）而测出的该建筑物各个位置的高度尺寸。在总平面图中，有时为了表示规划区域的地势变化需要绘制等高线，等高线的高程就是绝对标高（具体表示法见表 10-5）；为了表示拟建建筑物所在位置的高度会标出底层室内地面的绝对标高。相对标高主要应用于平面图、立面图、剖面图及详图中，具体表示法见表 10-3。总平面图由于绘制的区域范围较大，所以常选用较小的比例，如 1：500、1：1000、1：2000、1：5000 等。

10.2.2 阅读图例

由于选用了较小的绘图比例，故在总平面图上建筑物以及周围的道路、桥梁、绿化等都用图例表示，见表 10-5〔摘自《总图制图标准》（GB/T 50103—2010）〕。

表 10-5　总平面图图例（部分）

序号	名　称	图　例	备　注
1	新建建筑物	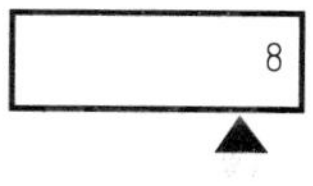 8 ▲	（1）需要时，可用 ▲ 表示出入口，可在图形内右上角用点数或数字表示层数 （2）建筑物外形（一般以±0.00 高度处的外墙定位轴线或外墙面线为准）用粗实线表示。需要时，地面以上建筑用中粗实线表示，地面以下建筑用细虚线表示
2	原有建筑物	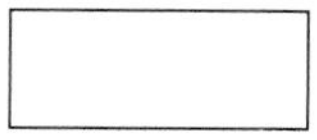	用细实线表示
3	计划扩建的预留地或建筑物		用中粗虚线表示
4	拆除的建筑物	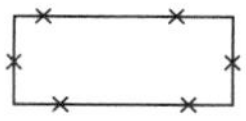	用细实线表示
5	建筑物下面的通道		
6	铺砌场地	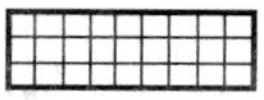	
7	围墙及大门	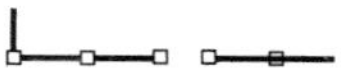	上图为实体性质的围墙，下图为通透性质的围墙，若仅表示围墙时不画大门
8	挡土墙	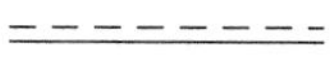	被挡土在"突出"的一侧
9	坐标	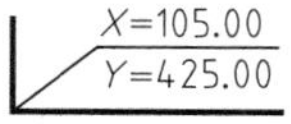 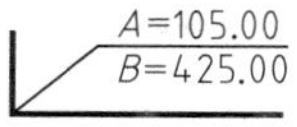 X=105.00 Y=425.00 / A=105.00 B=425.00	上图表示测量坐标 下图表示建筑坐标
10	方格网交叉点标高	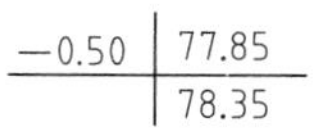 −0.50 ∣ 77.85 / 78.35	"78.35"为原地面标高 "77.85"为设计标高 "−0.50"为施工高度 "−"表示挖方（"＋"表示填方）
11	填挖边坡		（1）边坡较长时，可在一端或两端局部表示 （2）下边线为虚线时表示填方
12	护坡	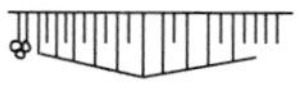	

序号	名 称	图 例	备 注
13	室内标高	151.000(±0.000)	
14	室外标高	•143.00 ▼143.00	室外标高也可采用等高线表示
15	新建的道路	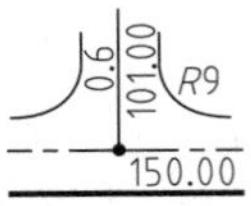 0.6 101.00 R9 150.00	"R9"表示道路转弯半径为9m,"150.00"为路面中心控制点标高,"0.6"表示0.6%的纵向坡度,"101.00"表示变坡点间距离
16	原有道路	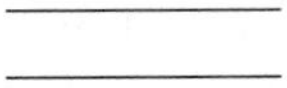	
17	计划扩建的道路		
18	拆除的道路	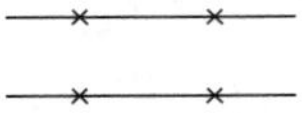	
19	桥梁	 	(1)上图为公路桥,下图为铁路桥 (2)用于旱桥时应注明
20	落叶针叶树		
21	常绿阔叶灌木		
22	草坪	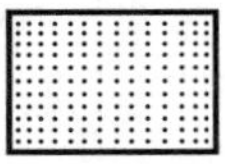	
23	指北针	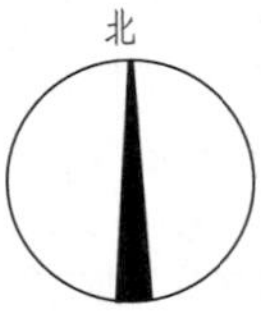 北	(1)用于建筑总平面图及底层平面图,表明建筑物的朝向 (2)圆圈直径宜为24mm,用细实线绘制,指针尾部宽度约为直径的1/8,指针头部注写"北"或"N"
24	风向频率玫瑰图 (简称"风玫瑰图")	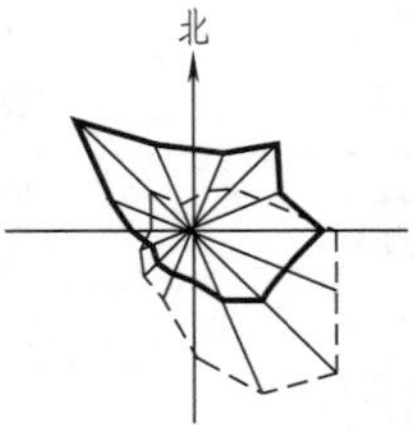 北	(1)根据某地区多年平均统计的各个方向吹风次数的百分数值,按照一定比例绘制。风吹方向是指从外吹向地区中心 (2)实线表示常年风向频率,虚线表示夏季(7、8、9月份)风向频率 (3)风玫瑰图也可以指示正北方向

10.2.3 总平面图读图举例

总平面图如图 10-2 (a) 所示。为便于观察，请看局部图，如图 10-2 (b) 所示。

总平面图的读图步骤如下：

（1）看图名、比例、图例及相关说明。

本图为总平面图，比例为 1：500，图中所用到的图例请参照表 10-5。

（2）了解新建建筑物位置、朝向及规划区域的地形地貌以及周围区域的环境。

由图例知：新建建筑物为 3 号住宅楼与 4 号住宅楼。以 4 号楼为例，其位于花园南街东南侧，朝向为东西朝向（这里采用东西朝向主要是为了充分利用规划区域土地，3 号楼为南北朝向），其建筑总长度为 32.9m，总宽度为 18.2m。同时，可以读出它与周围建筑物的位置关系（距离、方位关系等）。该建筑物共 6 层。本工程底层室内地面相当于绝对标高 817.10m。通过本图还可以读出新建建筑物所在小区的整体规划情况，如道路、绿化环境、原有建筑、附近功能设施等。

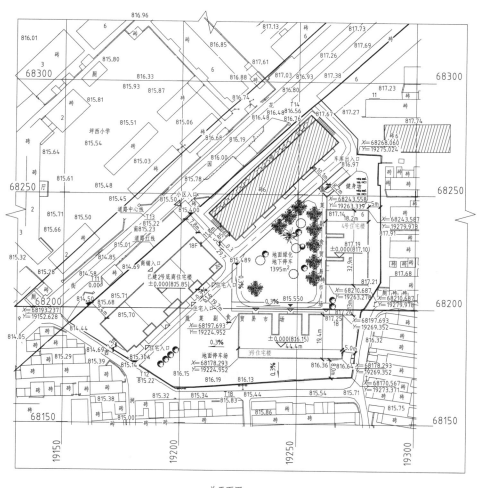

总平面图 1:500

(a)

图 10-2

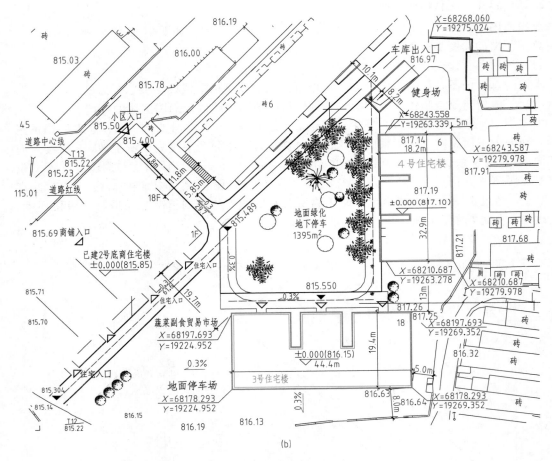

图 10-2 总平面图

为了保证施工放线准确，总平面图还常用坐标表示建筑物、道路等的位置。本图绘制了 50m×50m 的方格坐标，可根据坐标值了解新建建筑物的具体位置。

有时为表达规划区域的地形、地貌，还需要绘制等高线；为表达规划区域内常年的主导风向，还需要绘制风向频率玫瑰图（又叫风玫瑰图）。

（3）查看图中细节。

10.3 建筑平面图

10.3.1 图示内容及方法

建筑平面图是用于表达建筑物的平面形状，各房间的布置、功能，内外交通联系，以及墙、柱、门窗等构配件的位置、尺寸、材料和做法等内容的图样。建筑平面图是建筑物定位放线、砌墙、设备安装及概预算等的重要依据。

建筑平面图是用一个假想的水平剖切平面经门、窗洞口之间将整个房屋剖开，移去剖切平面以上的部分，对剩下的部分形成水平正投影而得到的图样，如图 10-3 所示。建筑平面图常用 1∶50、1∶100、1∶200 的比例绘制。

建筑平面图主要包括以下内容：

（1）图名、比例。如：底层平面图1∶100。

（2）纵向、横向定位轴线及其编号。

（3）各房间的布置、功能（名称）、形状、尺寸，墙、柱的断面形状、位置及尺寸、编号等。

（4）门、窗的布置形式及其编号。

（5）楼梯形式、尺寸，梯段的走向和级数。

（6）其他构件以及各种装饰等的位置、形状和尺寸，卫生间、厨房等的固定设施的布置等。

（7）各种标注。包括文字注写，尺寸标注（包括外包尺寸、轴线的间距尺寸、门窗洞口及某些细部尺寸）、标高（这里指相对标高）以及坡度、下坡方向、详图索引符号等。其中，线性尺寸单位用mm，标高单位用 m（保留到小数点后 3

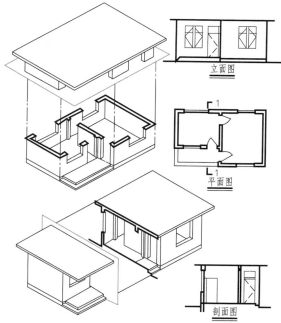

图 10-3　平、立、剖面图的形成示意图

位数），坡度为坡角的正切值大小（常用百分数表示），用箭头所指方向表示坡度向下的方向。标高的具体表示法见表 10-3。

建筑平面图一般包括底层平面图、标准层平面图、顶层平面图、屋顶平面图。

（1）底层平面图　反映建筑物底层的平面布置情况，剖面图的剖切符号及其编号以及表示剖面图的剖切位置、剖切方向，同时用指北针表示建筑物朝向等。

（2）标准层平面图　当建筑物中间各层的平面布局、构造完全一致时，可绘制一个平面图表示它们，称之为标准层平面图。

（3）顶层平面图　反映房屋顶层的平面布置情况。由于顶层楼梯间不再有上行梯段，所以楼梯间部分的表示与标准层、底层都不相同。楼梯扶手、两段下行梯段和中间休息平台都应完整画出。

（4）屋顶平面图　反映屋顶的形状，屋顶上的构配件、女儿墙、屋面的排水方向及坡度、天沟的位置、屋脊线、雨水管的位置等。

10.3.2　阅读图例

这里列举了某工程的建筑首层平面图（即底层平面图）、标准层平面图、顶层平面图与屋顶平面图，如图 10-4～图 10-7 所示。在阅读时需要将几张平面图结合起来。

下面以图 10-5 标准层平面图为例来说明建筑平面图的图示内容与绘图方法。

10.3.2.1　先读图名、比例

由图名知本图是表示标准层（二～五层）的平面布置情况，绘图比例为 1∶100。

10.3.2.2　了解建筑物平面形状

本建筑物平面形状大致为长方形，①/⑤轴线（5 号轴线后的第一条附加轴线）与①/⑫轴线（12 号轴线后的第一条附加轴线）处有两处凹字形的造型。整个建筑物长度沿南北方向，东西朝向。

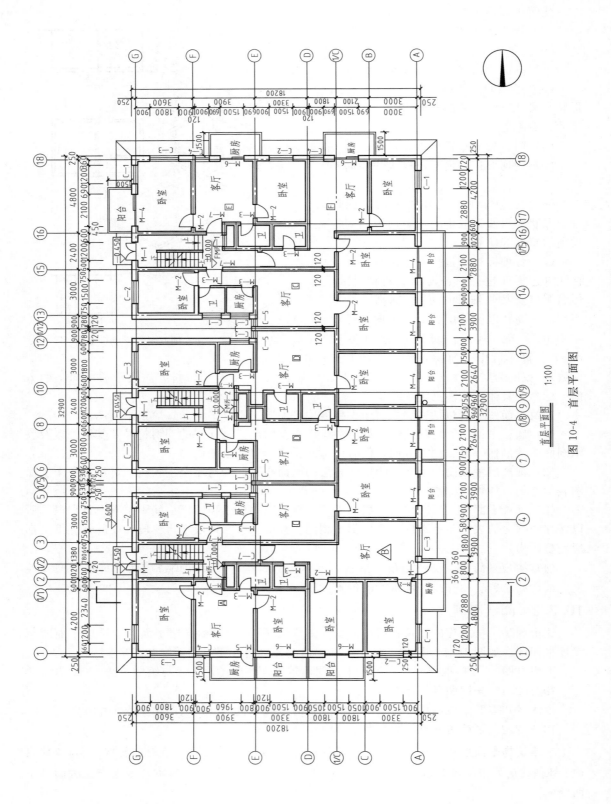

图 10-4 首层平面图

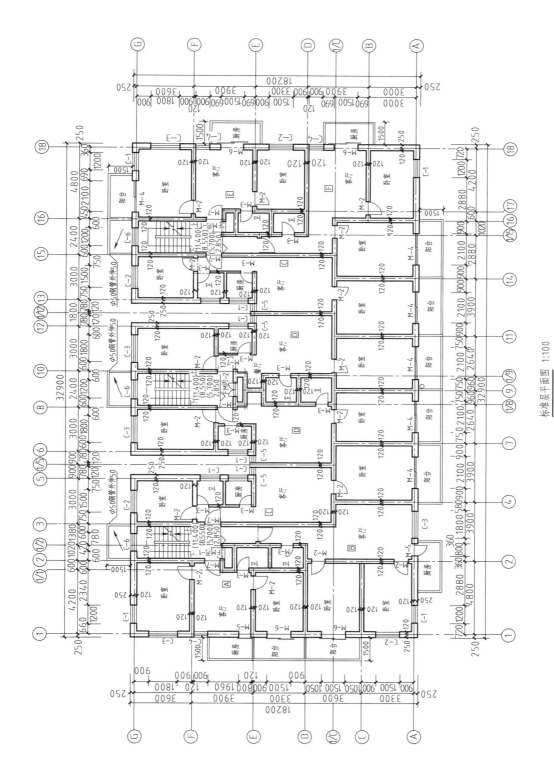

标准层平面图 1:100

图 10-5　标准层平面图

学习单元十　建筑施工图　189

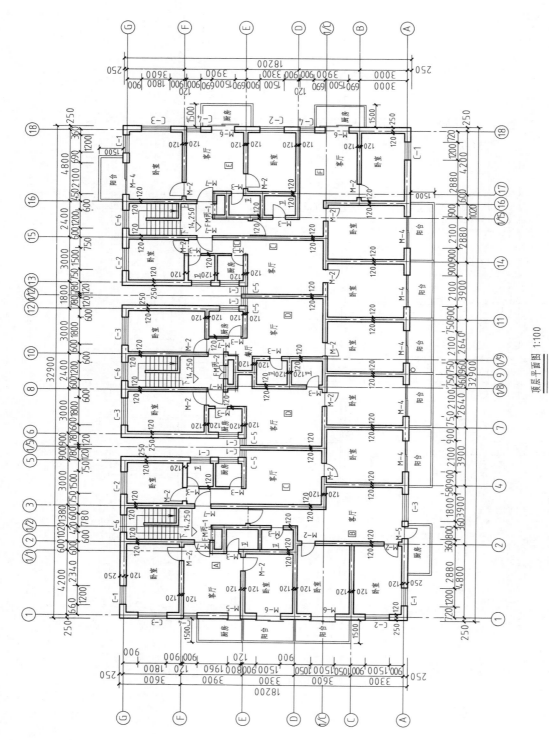

顶层平面图 1:100

图 10-6 顶层平面图

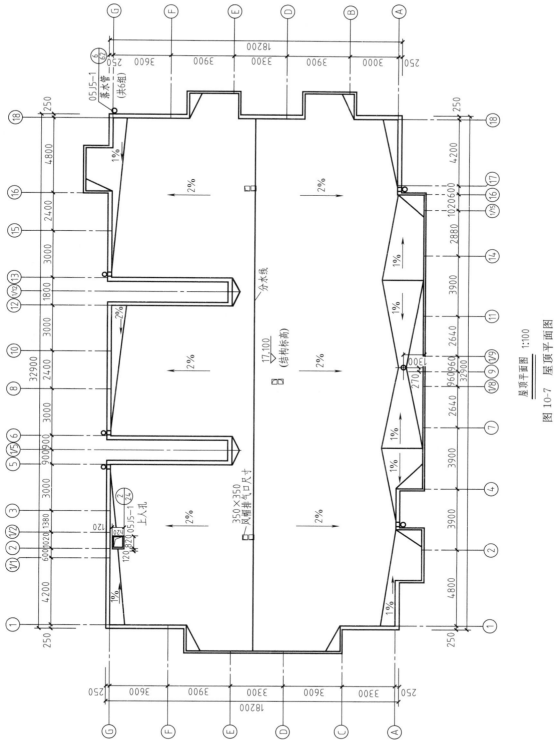

屋顶平面图 1:100

图 10-7 屋顶平面图

10.3.2.3　了解楼层平面布局

根据注写的房间名称了解各房间的功能、布局、相互关系等。由图 10-5 知，该建筑物有三个单元，共标出了 A、B、C、D、E、F 六种户型。六种户型均为两室一厅一卫一厨。结合建筑首层平面图、标准层平面图、顶层平面图可知：A、B、E、F 户型各有 6 户，C、D 户型各有 12 户。

10.3.2.4　根据轴线，确定房间位置、尺寸等

定位轴线是墙、柱和屋架等构件的轴线，通常取墙、柱中心线或者根据需要与中心线偏离一定距离的位置作为定位轴线。如图 10-5 所示外墙轴线为偏心轴线（墙厚 370mm，一侧宽度 250mm，另一侧宽度为 120mm）；内墙轴线大部分为中心轴线（墙厚 240mm，轴线两侧宽度均为 120mm）。根据轴线可以了解各承重构件（墙、柱）的位置与房间尺寸。例如：①、②轴线与Ⓐ、Ⓒ轴线对应的墙体之间是 B 户型的卧室之一，轴线间距分别为 4800mm、3300mm（即 4.8m 与 3.3m）。其他各个房间的读法与此相同。

10.3.2.5　楼梯间阅读

根据轴线标注同样可以了解楼梯间的位置、尺寸等，还可以看出楼梯的形式（双跑）、踏面宽度等。45°方向折断线表示梯段被假想水平剖切面切断的位置，箭头方向表示梯段的上下方向。需要注意的是：底层、标准层与顶层的楼梯间部分表示是不同的，主要区别在于梯段上下方向，还往往会有级数的差别等。

10.3.2.6　门、窗阅读

根据制图标准中的图例，可以看出楼层中门窗的型式；根据最内一道尺寸标注，可以读出门窗的具体位置；此外还标出了门窗的编号。例如：A 户型中Ⓓ、Ⓔ轴线之间的卧室的门编号为 M-2，型式为单扇平开门；该卧室与阳台之间的门编号为 M-6，型式为推拉门，门洞宽度为 1500mm。窗户用 C 表示，如 C-1 宽度为 1200mm，型式为固定窗。

10.3.2.7　阅读各种标注

（1）线性尺寸　包括外包尺寸、轴线的间距尺寸、门窗洞口及某些细部尺寸。

最外面一道尺寸为外包尺寸，表示建筑物外轮廓总尺寸，即两端外墙外边线之间的尺寸。本例中建筑物总长度为 32900mm，总宽度 18200mm。第二道尺寸为轴线间的距离，表示房间的开间与进深。第三道尺寸为细部尺寸，表示各细部的位置及大小，前面阅读门窗位置与尺寸时即是根据第三道尺寸。

根据尺寸可以计算房屋的建筑面积、房间的净面积、居住面积等指标，如：本建筑物中 A 户型的每户建筑面积为 69.74m^2。

（2）标高　这里使用相对标高。由标准层平面图中的楼面标高可以读出首层至四层的层高均为 2.85m。

（3）文字标注　除了各房间的名称、门窗代号外，还应注意一些其他文字引注及说明。例如：本图中单元门雨篷上面有引线标注为"ϕ50 钢管外伸 50"表示，雨篷上设有直径为 50mm 的钢管（排水），向外伸出 50mm。

10.3.2.8　其他细节

如：雨篷上的箭头表示在雨篷上表面设有坡度，箭头所指方向为坡度向下的方向。有时还会在箭头旁边标上坡度值大小。图上还标记了雨水管的位置等。

此外，首层平面图上还标有指北针、剖切符号、散水等。有时，还会在平面图上标记详图索引符号。

10.3.3　AutoCAD 绘制平面图

在工程实践中，人们主要利用计算机软件来绘制工程图纸。下面以具体绘图实例来介绍

利用 AutoCAD 软件绘制建筑平面图的方法。

【例 10-1】 绘制图 10-21 某工程的建筑平面图（局部）。

解 绘图步骤

（1）创建文件并设置绘图环境

1）新建一个空白的工程文件。

利用下拉菜单【文件】→【新建】，或者利用快捷键【Ctrl】+【N】，也可直接点击"新建"命令图标，如图 10-8 所示。

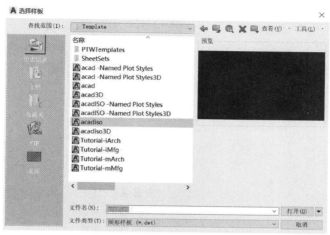

图 10-8 新建文件对话框

2）设置绘图环境

① 设置绘图区域（即图形界限） 在利用 AutoCAD 绘制建筑工程图时，常按照实际尺寸绘制（即 1：1 的比例）。这样，可以给绘图、编辑、标注等过程带来很多便捷。这里，绘图区域的设置就需要考虑所绘建筑物的实际尺寸，可以直接按照所绘内容来设置，也可以在标准图幅的基础上放大一定的倍数。

利用下拉菜单【格式】→【图形界限】，或者在命令行输入"Limits"。现在，欲建立一个 15m×25m 的绘图区域（即 15000mm×25000mm），命令行提示如下：

- 命令：_limits
- 重新设置模型空间界限：
- 指定左下角点或 [开（ON）/关（OFF）] <0.0000，0.0000>：（按回车键）
- 指定右上角点<420.0000，297.0000>：15000，25000（输入 15000，25000 后按回车确定）

在输入点的坐标时，需要注意字体（包括逗号）应选用英文字体格式。

设置好绘图区域后可以执行"缩放到全部"（即全部缩放，"Zoom"命令下的 A 选项）操作。然后，调整栅格间距并开启栅格。这时，栅格所覆盖的区域就是设置好的绘图区域。

② 设置绘图单位 利用下拉菜单【格式】→【单位】进行设置，如图 10-9 所示。

③ 设置文字样式 利用下拉菜单【格式】→【文字样式】进行设置，如图 10-10 所示。

可以新建一个"建筑字体"，一般选择"仿宋_GB 2312"。

④ 设置标注样式 利用下拉菜单【格式】→【标注样式】进行设置，如图 10-11 所示。

可以新建一个"建筑标注样式"，在标签页中可以对尺寸线、尺寸界线、尺寸起止符号、字体等项目进行设置。并且需要在"调整"标签页中设置"使用全局比例"，以满足实际尺寸绘图的需要。

图 10-9　设置绘图单位

图 10-10　设置文字样式

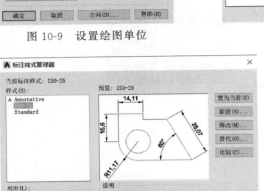

图 10-11　设置标注样式

⑤ 设置图层　利用下拉菜单【格式】→【图层】进行设置，或者左键单击"图层特性管理器"命令图标，如图 10-12 所示。

可以根据工程图样内容，合理设置图层，为不同类型的图形对象及图形内容设置不同的图层。注意：线型与线宽的设置，要符合工程图绘制标准的要求；在绘制不同内容的时候要注意随时切换图层。

⑥ 保存　至此，已经创建了一个空白的工程文件，并已设置好绘图环境。应该在绘图之前，先将其保存（赋名、选择文件格式并指定保存位置），作为空白的绘图模板，以备使用。

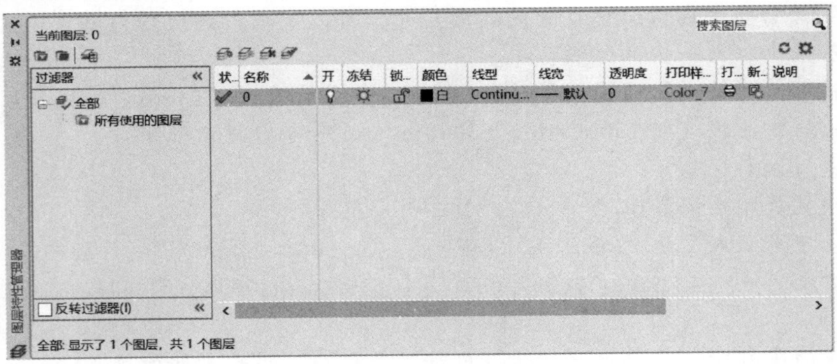

图 10-12　图层设置对话框（AutoCAD 2018）

（2）绘制定位轴线

打开之前创建好的绘图模板，首先将其另存为 .dwg 格式图形文件（可取名为"××工程标准层平面图"）就可以开始工程图的绘制了。

切换到"轴线"图层，进行定位轴线的绘制。

利用 F8，开启"正交"模式。利用"直线"命令，分别绘制纵向与横向轴线各一条。然后利用"偏移"（Offset）命令，根据已知的轴线间距，偏移生成其他轴线。如，先绘制出 A 轴线，再根据 A、B 轴线的间距 3300，偏移生成 B 轴线。其操作过程的命令提示如下：

- 命令：_offset
- 当前设置：删除源＝否　图层＝源　OFFSETGAPTYPE＝0
- 指定偏移距离或［通过（T）/删除（E）/图层（L）］＜通过＞：3300（输入A、B轴线的间距3300）
- 选择要偏移的对象，或［退出（E）/放弃（U）］＜退出＞：（选择A轴线）
- 指定要偏移的那一侧上的点，或［退出（E）/多个（M）/放弃（U）］＜退出＞：（点击所要偏移的一侧，后继续生成其他轴线，最后按回车结束）

轴线的生成还可以利用"复制"（Copy）命令，当轴线间距一致时还可以利用"阵列"（Array）命令。

定出轴线位置后，可以利用"修剪"（Trim）等编辑命令对轴线进行修改，如图10-13所示。

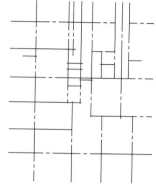

（3）绘制墙体、门窗、楼梯等构件

1）绘制墙线　墙线的绘制，可以利用"多线"命令（Mline）。本例中的墙体有两种：一种是宽度为240的墙体，一种是宽度为370的墙体。240的墙体绘制可以直接利用默认多线样式"Standard"，370的墙体绘制则需要创建多线样式，以满足轴线两侧不同宽度的需要。

图10-13　定位轴线的绘制结果

① 绘制240墙线操作过程的命令提示如下：

- 命令：_mline
- 当前设置：对正＝上，比例＝20.00，样式＝STANDARD
- 指定起点或［对正（J）/比例（S）/样式（ST）］：J（输入"J"，按回车）
- 输入对正类型［上（T）/无（Z）/下（B）］＜上＞：Z（输入"Z"，按回车）
- 当前设置：对正＝无，比例＝20.00，样式＝STANDARD
- 指定起点或［对正（J）/比例（S）/样式（ST）］：S（输入"S"，按回车）
- 输入多线比例＜20.00＞：240（根据墙厚240，输入240，按回车）
- 当前设置：对正＝无，比例＝240.00，样式＝STANDARD
- 指定起点或［对正（J）/比例（S）/样式（ST）］：＜对象捕捉开＞（打开对象捕捉，即可直接捕捉轴线，开始绘制）
- 指定下一点：（捕捉轴线上的点，结束按回车）

② 绘制370墙线　利用下拉菜单【格式】→【多线样式】，创建多线样式，设置如图10-14所示。

(a)　　　　　　　　　　　　　(b)

图10-14　多线样式的设置（AutoCAD 2018）

绘制 370 墙线操作过程的命令提示如下：

- 命令：_mline
- 当前设置：对正＝无，比例＝240.00，样式＝STANDARD
- 指定起点或［对正（J）/比例（S）/样式（ST）］：ST
- 输入多线样式名或［?］：370 墙（指定多线样式为"370 墙"）
- 当前设置：对正＝无，比例＝240.00，样式＝370 墙
- 指定起点或［对正（J）/比例（S）/样式（ST）］：J（输入"J"，按回车）
- 输入对正类型［上（T）/无（Z）/下（B）］＜无＞：（回车）
- 当前设置：对正＝无，比例＝240.00，样式＝370 墙
- 指定起点或［对正（J）/比例（S）/样式（ST）］：S（输入"S"，按回车）
- 输入多线比例＜240.00＞：1（输入比例"1"，按回车）
- 当前设置：对正＝无，比例＝1.00，样式＝370 墙
- 指定起点或［对正（J）/比例（S）/样式（ST）］：（捕捉轴线，开始绘制）
- 指定下一点：
- 指定下一点或［放弃（U）］：（最后按回车结束）

2）修改墙线　利用下拉菜单【修改】→【对象】→【多线】，修改多线交界处的样式，如图 10-15 所示。

3）修剪门、窗洞口　利用下拉菜单【修改】→【分解】，将修改好的多线全部"炸开"。（注：AutoCAD 2006 版以后，可以直接修剪，无须再炸开。）

利用"修剪"（Trim）命令对分解后的墙线进行修剪，即可形成门窗洞口。注意：在修剪之前，应先利用"偏移"或"复制"命令绘制出门窗的修剪位置线。

修剪好门窗洞口的墙线如图 10-16 所示。

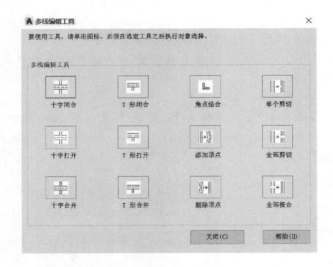

图 10-15　多线编辑工具窗口（AutoCAD 2018）

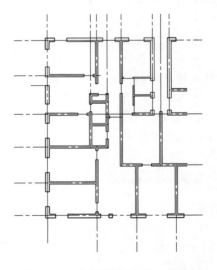

图 10-16　绘制的墙体与门窗洞口

图 10-17　门、窗图例

4）绘制门、窗图例　利用"直线""偏移""复制""圆弧"等命令可以很简单地将所需门、窗图例绘制出来，如图 10-17 所示。可以将画好的门、窗图例制作成图块以便插

入，也可以利用"旋转""复制"等命令，为所有的门窗洞口直接加入图例，如图10-18所示。注意：在插入图例时应配合"对象捕捉"与"对象追踪"模式，以便准确定位。

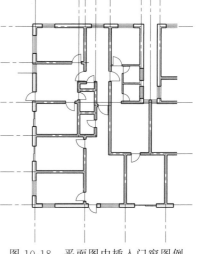

5）绘制楼梯间　楼梯间部分的绘制，可利用"直线""偏移""阵列""复制""矩形""多段线"等命令完成。

① 首先，可以为楼梯专门建立一个图层。

② 绘制楼梯扶手：可以利用"矩形"命令在楼梯井位置绘制一个矩形，再利用"偏移"命令，即可生成楼梯扶手。

③ 绘制梯段的水平投影：梯段的水平投影其实只是一些平行线而已。可以利用直线命令绘制边界处的一条，再利用阵列命令排列生成其他线，即可构成一组平行线；也可以利用复制或偏移命令生成，操作过程的命令提示如下：

图10-18　平面图中插入门窗图例

• 命令：_line 指定第一点：

• 指定下一点或［放弃（U）］：1015（先利用"直线"命令，"方向加距离"模式绘制一条1015mm长的直线）

• 指定下一点或［放弃（U）］：（回车）

• 命令：_array（利用对话框，设置阵列参数，如图10-19所示）

• 选择对象：指定对角点：找到9个（选择直线对象）

利用"复制"命令即可生成另外一段梯段。

④ 绘制折断线：直接利用"直线"命令即可，如图10-20所示。

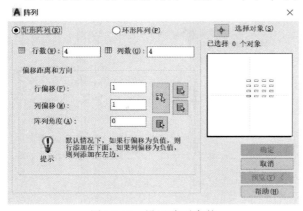

图10-19　设置阵列参数

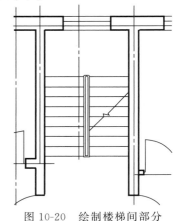

图10-20　绘制楼梯间部分

⑤ 绘制梯段方向线：可以利用"多段线"（Pline）命令，绘制梯段方向线，并通过"宽度"选项的设置绘制端部的箭头。

6）补绘其他细节。

（4）标注

1）尺寸标注　利用之前创建好的"建筑标注样式"进行尺寸标注。由于绘制过程是按照实际尺寸完成，所以标注生成的尺寸直接为真实尺寸。绘制时，可以结合"对象捕捉"模式，并充分利用"连续标注"或"快速标注"等模式完成。

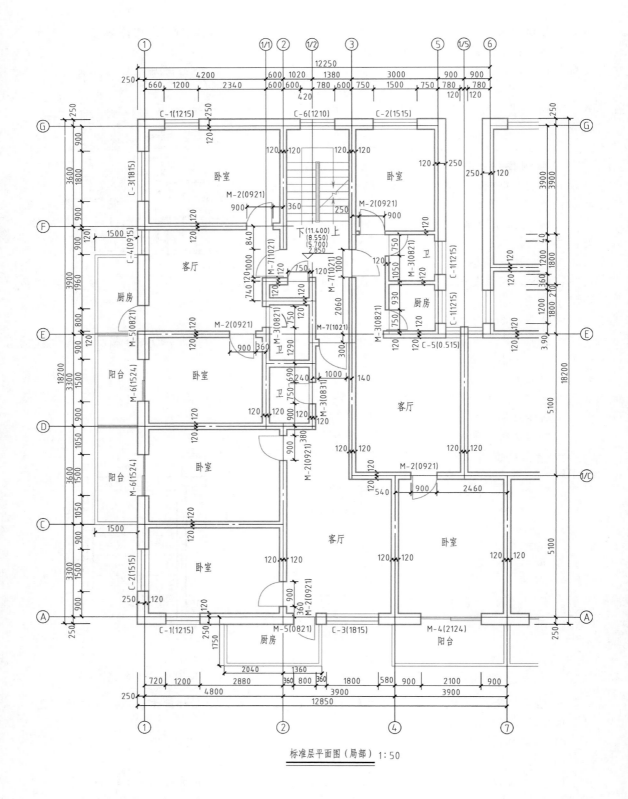

标准层平面图（局部）1:50

图 10-21 绘制好的建筑平面图（局部）

2）文字标注　使用创建好的"建筑字体"，对每个房间注写名称并书写图名、比例等内容。

3）轴线编号　利用属性块的方法标注轴号。

4）绘制标高等　利用"直线"命令与"多行文字"（Mtext）或"单行文字"（Text）命令即可完成。

最后绘制结果如图 10-21 所示。

（5）打印出图

在布局中插入图框，设置比例后再打印。

说明：在工程图的绘制过程中，具体方法与每一个步骤的顺序并不是一定的。不同的人会有不同的绘图习惯，不必要求统一。以上所述过程只作为参考。在实际的工作实践中，往往还会利用其他的 CAD 二次开发软件绘图模块，这些软件设计了绘制建筑工程图专用的命令，利用它们可以更为简便地完成建筑工程图。

10.4　建筑立面图

10.4.1　图示内容及方法

建筑立面图主要是反映建筑物的外部造型、门窗形式和位置、外墙面的装修情况以及外立面上的其他构造等。建筑立面图是利用正投影法对建筑物各个方向的外墙面进行投影得到的正投影图，简称为立面图。

建筑立面图的命名常有三种方式：以建筑物端部定位轴线的编号来命名（如①～⑩立面图，这是在某一投影方向下以由左至右的顺序利用建筑物两端定位轴线的编号来命名的）；以建筑物各外墙面的朝向来命名（如南立面图、西立面图等）；以建筑物外墙面特征来命名（如正立面图、侧立面图、背立面图）。对于有定位轴线的建筑物，宜根据该建筑物两端的轴线编号对立面图进行命名，这样能够比较方便地与其他建筑施工图对应阅读。

建筑立面图的图示内容包括以下方面：

（1）图名、比例及立面两端的定位轴线。在立面图中一般只需画出外立面两端的定位轴线及其编号。绘图比例通常与平面图相同。

（2）屋顶外形和外墙面的造型及外轮廓。

（3）门窗的型式、位置与开启方向，用图例按实际情况绘制。

（4）外墙面上的其他构配件、装饰物的形状、位置、用料和做法，如雨篷、檐口、窗台、底层入口处的台阶等。

（5）各种标注，主要包括标高（这里指相对标高）及竖直方向的一些线性尺寸（如室内外地面、台阶、门窗洞的上下口、檐口、雨篷等位置的高度及竖直方向尺寸等），文字说明（如外墙面的装修情况说明等）。

（6）详图索引符号。在立面图中不可见轮廓一律不画，房屋的整体外包轮廓用粗实线绘制，室外地坪用 $1.4b$ 的加粗实线绘制，立面上凸出墙面的次要轮廓线用中粗实线表示，门、窗及墙面分格线，引出线，标注尺寸线、尺寸界线等用细实线绘制。

10.4.2　阅读图例

这里共列举了某工程（与前面平面图为同一建筑物）的四张立面图，如图 10-22～图 10-25 所示。下面以图 10-25 西立面图为例进行阅读。

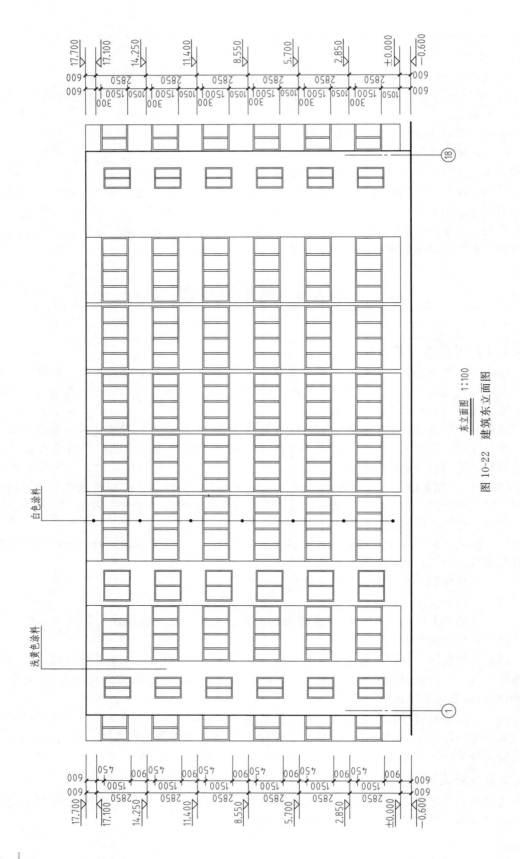

东立面图 1:100

图10-22 建筑东立面图

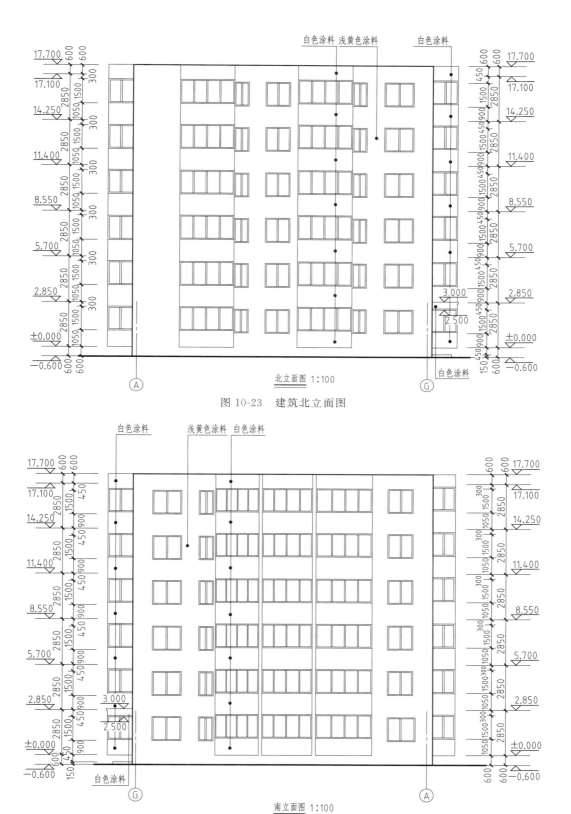

白色涂料　浅黄色涂料　　白色涂料

北立面图 1:100

图 10-23　建筑北立面图

白色涂料　　浅黄色涂料　白色涂料

白色涂料

南立面图 1:100

图 10-24　建筑南立面图

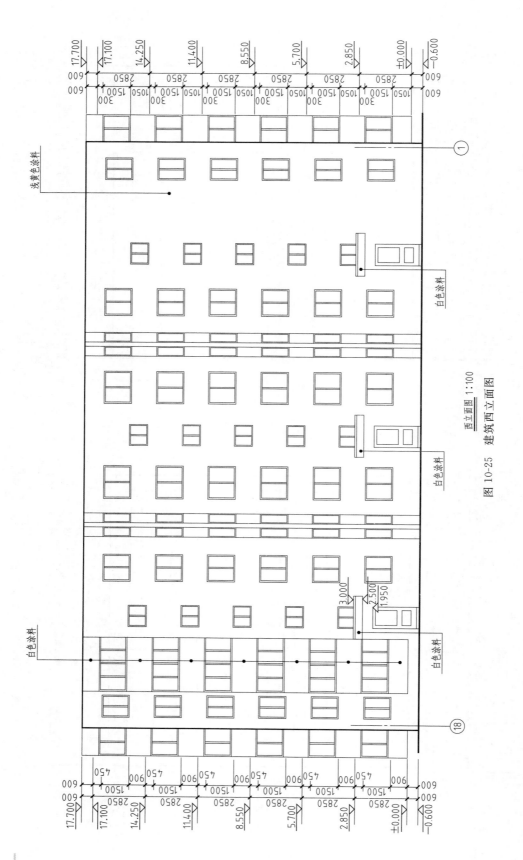

西立面图 1:100

图 10-25　建筑西立面图

10.4.2.1　阅读图名、比例

通过图名知这是表示建筑物朝向西面的外立面图。由端部的轴线可知，西立面图又可命名为⑱～①立面图。在阅读时，根据轴线可以很方便地与建筑平面图结合起来阅读。绘图比例与平面图相同，仍为 1∶100。

10.4.2.2　看建筑物外貌、层次等

从西立面图以及配合其他立面图可以了解建筑物的外貌形式。本建筑物地上有六层，共有三个单元。从立面图看出有三个单元门，门上设有雨篷。在与平面图相结合的阅读中可以相应地找到⑥轴线对应的外墙上的阳台、窗户等，还可以找到与平面图中两个凹字型造型相对应的部分（⑤、⑥轴线之间墙体与⑫、⑬轴线之间墙体）。

10.4.2.3　阅读标高与高度方向尺寸标注

根据标高尺寸可以读出每层的层高均为 2.85m，总高度为 18.3m（17.7m＋0.6m），女儿墙顶位置标高为 17.7m，室内外高差为 0.6m。根据标高与高度方向的线性尺寸可以读出外立面上的窗台、门窗顶、阳台、屋顶、雨篷等的高度方向的位置与高度尺寸。例如：将平面图与西立面图结合阅读可找到楼梯间的窗户 C-6 在立面上的位置，并可知其高度尺寸为900mm（门窗的尺寸还可参见后面墙身详图中所绘的门窗表）。其中，第三至第四层楼梯间窗户窗台位置标高为 8.550m，其他标高读法与此同。

10.4.2.4　阅读外立面装饰情况

一般以引线文字注写的方式，表示外立面上的装修材料及做法要求等。由本例知：外立面使用浅黄色涂料，阳台及雨篷外表面用白色涂料。其他三个立面图的读法与西立面图读法相同。

10.4.3　AutoCAD 绘制立面图

【例 10-2】　绘制图 10-23 某工程北立面图。

解　绘图步骤

（1）设置绘图环境

立面图绘图环境的设置方法与平面图相同。可以重复平面图绘制过程的第一步，也可以直接调用平面图绘制过程中已创建好的空白绘图模板并另存为 .dwg 格式文件（可取名为"××工程北立面图"）。在使用过程中可以根据内容需要进行修改，如绘图区域的调整，图层的增减等。本图图层可以按照"轴线""轮廓线""窗""线性尺寸""标高""文字""辅助线"来设置（只作参考，有些图层不是必需，可作简化）。

（2）绘制定位轴线、室外地坪与轮廓线

1）绘制定位轴线　方法同平面图轴线的绘制。在立面图中，只需要绘制端部的两条轴线。其他轴线可以根据需要，利用"偏移""复制"等命令并结合平面图中的尺寸绘制出来，作为辅助线使用（可以为其设置专门的图层）。

2）绘制室外地坪线　切换到"轮廓线"图层（或另行创建图层），利用"多段线"（Pline）命令并调用其"宽度"模式，设置为加粗线宽（1.4b）后绘制室外地坪线。

3）绘制轮廓线　在"轮廓线"图层，利用"直线"命令绘制外轮廓。

4）绘制次要轮廓线　利用"直线"命令以中粗线宽绘制次要轮廓线。

☆注意：次要轮廓线的绘制需结合平面图中的尺寸完成。如图 10-26 所示。

（3）绘制窗

切换到"窗"图层，利用"矩形""偏移"等命令绘制窗的图例。本例有四种样式、尺寸不完全相同的窗。

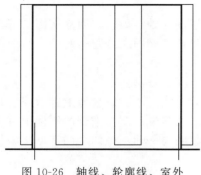

图 10-26　轴线、轮廓线、室外地坪线的绘制

1）绘制窗框　利用"矩形"命令绘制窗框。

2）绘制内部分格线　利用"分解"命令，将窗框内侧矩形分解。利用"偏移"命令，生成分格线，如图10-27所示。

3）"装配"窗户　可以利用"复制"或"阵列"完成。如利用"阵列"命令，需根据水平尺寸、标高等正确设置矩形阵列的行数、列数、行间距、列间距等参数，如图10-28所示。

（4）标注

1）标注线性尺寸。

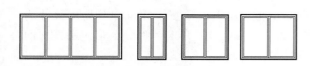

图 10-27　北立面图窗户的图例

图 10-28　完成窗户的"装配"

二维码 10.1

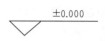

图 10-29　标高符号

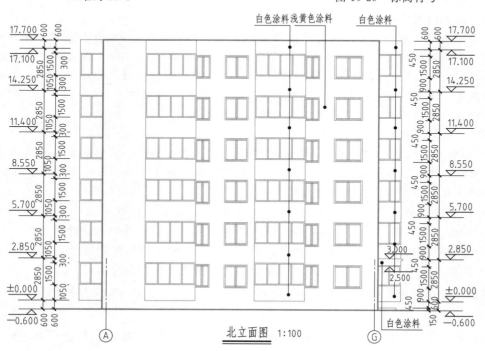

图 10-30　立面图绘制结果

2）标注标高尺寸

① 绘制标高符号　利用"直线"（Line）命令，结合"极轴追踪模式"完成。

② 注写尺寸　利用"文字"（Text）命令，如图 10-29 所示。

★ 注意：也可以利用"创建块"（Block）或"写图块"（Wblock）及"定义属性"（Attdef）、"插入块"（Insert）等命令将标高符号制作成图块，并将标高数值定义为该图块的属性后插入使用。

在插入标高符号时，可以利用"对象捕捉"及"对象追踪"模式，保证标高符号与所表示位置平齐，同时标高符号之间竖向对齐。

3）注写文字　利用"文字"（Text）命令注写图名、比例、外立面装修说明等。如图 10-30 所示。

（5）打印出图

在布局中插入图框，设置比例后再打印。

10.5　建筑剖面图

10.5.1　图示内容及方法

建筑剖面图是假想用垂直于外墙轴线的铅垂剖切面将房屋剖开，移去一部分并对剩下的部分形成正投影而得到的图样。建筑剖面图主要是用来表达建筑物内部的结构或构造，包括屋面形状、屋顶坡度、檐口形式、楼梯的形式、各层的分层情况、各构件的位置关系与连接情况；用标高与线性尺寸表示层高、门、窗洞口与窗台的高度等。

为了在剖面图中集中反映建筑物内部的主要构造特征，剖面图的剖切位置一般选择在能够反映房屋全貌、主要构造特征以及有代表性的部位。剖切符号通常在首层平面图中画出。

10.5.1.1　建筑剖面图的主要内容

（1）图名、比例、定位轴线　剖面图的命名要与首层平面图中相应的剖切符号相一致。绘图比例一般与平面图、立面图相一致。

（2）剖切到的构件及其构造　剖切到的室内外地面、楼面层、屋顶、内外墙及其墙身内的构造（包括门窗、墙内的过梁、圈梁、防潮层等）。

剖切到的各种梁、楼梯梯段及楼梯平台、阳台、雨篷等的位置和形状。

一般使用粗实线绘制剖切到的构件的轮廓线。当绘图比例大于 1∶50 时，应在被剖切到的构件断面绘出其材料图例；当绘图比例小于 1∶50 时，用简化的材料图例表示，如钢筋混凝土构件用涂黑的方式表示其断面。

（3）未剖切到的可见构件。

（4）标注　包括竖直方向的线性尺寸和标高，必要的文字注释。

外墙的竖向尺寸：门窗洞口及洞口间墙体等细部的高度尺寸、层高尺寸、室外地面以上的总高尺寸、局部尺寸。

标高：室外地坪，以及楼地面、阳台、平台台阶的完成面、窗洞等关键位置的标高（这里指相对标高）。

（5）详图索引符号。

10.5.1.2　读图注意事项

（1）首先根据剖面图的图名在首层平面图上找到与之相应的剖切符号，了解该剖面图是以怎样的剖切方式剖切并投影而形成的。

（2）建筑剖面图标注了剖到部分的必要尺寸，即竖直方向剖到部位的尺寸和标高。

外墙的竖向尺寸一般有三道：

① 最内一道为细部尺寸，标注门、窗洞及洞间墙的高度尺寸。

② 第二道为层高尺寸以及室内外地面高差尺寸、檐口至女儿墙压顶面的尺寸等。

③ 最外一道尺寸为室外地坪至建筑物墙顶的总高尺寸。

（3）建筑标高与结构标高。

建筑标高是指包括粉刷层在内的完成面的标高。一般标注在构件的上顶面，如地面、楼面的标高。

结构标高是指不包括粉刷层在内的结构底面的标高，一般标注在构件的下底面，如各梁的底面标高。门、窗洞口的上顶面和下底面均标注结构标高。

10.5.2 阅读图例

下面以图 10-31 的剖面图为例进行阅读。

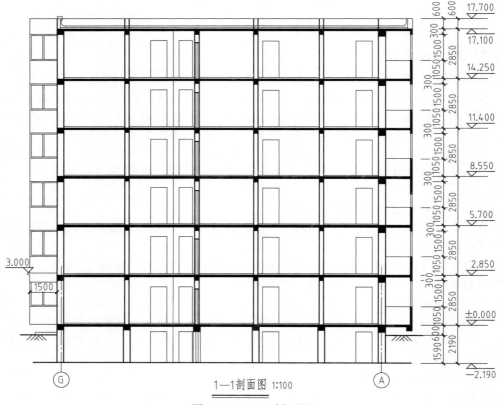

图 10-31　1—1 剖面图

10.5.2.1　读图名、比例

根据图名"1—1 剖面图"，首先在首层平面图中找到与之对应的剖切符号。由剖切符号可以看出剖切面是在 1、2 号轴线之间，沿横向轴线方向剖切，投影方向由左向右。绘图比例为 1：100。

10.5.2.2　读各层内部构造

由图知，该建筑物地上六层，地下一层，地下层层高为 2.19m，地上各层层高均为

2.85m。被剖切面剖切开的楼板及下面的梁断面用涂黑的方式表示，可以很明显看出楼板下面梁的位置。被剖切到的墙体轮廓线用粗实线表示。屋顶上面设有女儿墙，高度为600mm。从剖面图中可以看出墙、板、梁之间的位置关系。

被剖切到的门窗要用相应的图例表示。在阅读时，为了明确具体某一个门窗的意义，需要参照平面图。

10.5.2.3 标高与高度方向尺寸标注

根据标高可知：各层楼面与屋面位置的相对标高。如：地下层的地面标高为-2.190m，首层室内地面标高为±0.000，二层楼面标高为2.850m。根据高度方向尺寸标注可知一些细部的高度方向尺寸，如：Ⓐ轴线墙体外侧的阳台窗户的高度为1500mm，窗过梁的梁高为300mm。

10.5.2.4 详图索引符号

本图中没有绘出。

10.5.2.5 其他

本图上还画出了未被剖切到的阳台（Ⓖ轴线墙体外侧）。

10.5.3 AutoCAD 绘制剖面图

【例 10-3】 绘制图 10-31 某工程 1—1 剖面图。

解 绘图步骤如下：

（1）设置绘图环境

剖面图绘图环境的设置方法与平面图相同。可以直接调用平面图绘制过程中已创建好的空白绘图模板并另存为.dwg 格式文件（可取名为"××工程 1—1 剖面图"）。在使用过程中可以根据内容需要进行修改。本图图层可以按照"轴线""辅助线""轮廓线""窗""线性尺寸""标高""文字"来设置（只作参考）。

（2）绘制定位轴线、室外地坪线、楼面位置线

定位轴线与楼面位置线都是用来定位的，可以将它们都绘制在"轴线"图层，或者分别绘制在"轴线"与"辅助线"图层。利用"直线"命令与"偏移"命令或"复制"命令即可很方便地将它们绘制出来，如图 10-32 所示。

（3）绘制墙体、楼板等构件

如图 10-33 所示。

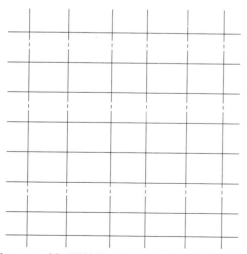

图 10-32 剖面图轴线、地坪线、楼面位置线的绘制

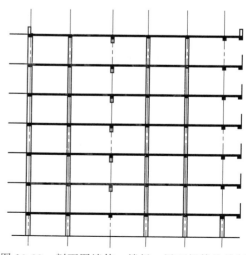

图 10-33 剖面图墙体、楼板、屋面板等的绘制

1）绘制墙体　方法同平面图墙体绘制部分。

2）绘制楼板、屋面板　可以利用"多线""直线"等命令完成楼板与屋面板的轮廓线，再利用"图案填充"命令填充成黑色（选择"Solid"图案）；也可以利用"多段线"命令，将其宽度设置为楼板的厚度，直接绘制完成。

3）绘制女儿墙、阳台等　可以利用"直线""图案填充"（Bhatch）命令完成。

（4）绘制门、窗并补充细节

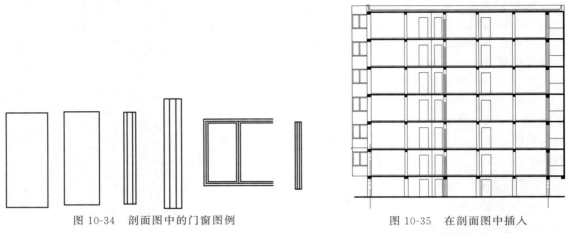

图 10-34　剖面图中的门窗图例

图 10-35　在剖面图中插入门窗图例并补充细节

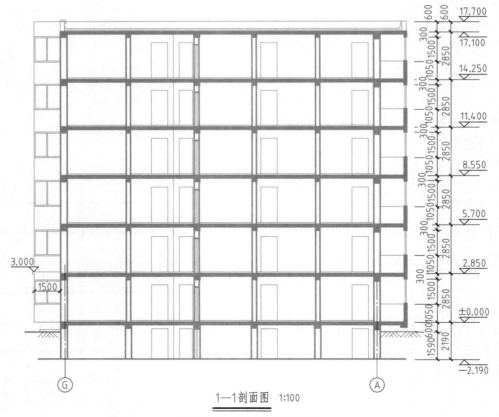

1—1剖面图　1:100

图 10-36　剖面图绘制结果

利用"直线"或"矩形""偏移"命令完成，并可以制作成图块使用。将制作好的图例插入到其准确位置。

☆注意：本图中涉及门窗的剖面图及立面图图例，应按照制图标准中图例的要求绘制，如图 10-34 所示。

补充踢脚线、屋面面层线、阳台投影线等细节。最后，修剪端部轴线，并将多余的轴线与楼面线删除或者隐藏。如图 10-35 所示。

（5）标注

方法同立面图标注，如图 10-36 所示。

（6）打印出图

10.6　建筑详图

用正投影的方法，以较大的绘图比例（1∶1、1∶2、1∶5、1∶10、1∶20、1∶25、1∶50），将房屋的细部详细地绘制出来的图样，称为建筑详图。根据施工要求，常常需要绘制详图将建筑平、立、剖面图中的某些建筑构配件（如门、窗、楼梯、阳台、各种装饰等）或某些建筑剖面节点（如檐口、窗台、明沟或散水以及楼地面层、屋顶层等）的详细构造（包括样式、做法、材料、详细尺寸等）用较大比例绘制出来。

详图与平、立、剖面图的索引关系是通过详图符号与详图索引符号来建立的。

详图符号的圆应以直径为 14mm 粗实线绘制。当详图与被索引的图样在同一张图纸时，应在详图符号内用阿拉伯数字注明详图的编号；当详图与被索引的图样不在同一张图纸内，应用细实线在详图符号内画一水平直径，在直径上方注明详图编号，在直径下方注明被索引图纸的编号，如图 10-37 所示。

图 10-37　详图符号

详图索引符号是由直径为 10mm 的圆和水平直径组成，圆及水平直径均应以细实线绘制，如图 10-38 所示。

图 10-38　详图索引符号

索引出的详图，如与被索引的图样同在一张图纸内，应在索引符号的上半圆中用阿拉伯数字注明该详图的编号，并在下半圆中间画一段水平细实线；索引出的详图，如与被索引的图样不在同一张图纸内，应在索引符号的上半圆中用阿拉伯数字注明该详图的编号，在索引符号的下半圆中用阿拉伯数字注明该详图所在图纸的编号，数字较多时，可加文字标注；索引出的详图，如采用标准图，应在索引符号水平直径的延长线上加注该标准图册的编号。

索引符号如用于索引剖视详图，应在被剖切的部位绘制剖切位置线，并以引出线引出索引符号，引出线所在的一侧应为投射方向，如图 10-39 所示。

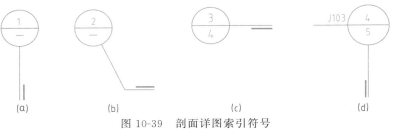

图 10-39　剖面详图索引符号

10.6.1　外墙身详图

外墙身详图就是建筑物的外墙身剖面详图，实际上是建筑剖面图的局部放大图。外墙身详图主要用来表达外墙上的各个组成部分（如墙角、窗台、过梁等）与外墙，与室内外地坪、楼面、屋面等的连接情况以及檐口、门窗顶、窗台、勒脚、散水的尺寸、材料做法要求等。

墙身剖面详图的读法与剖面图相同，只是表达更加详细。现以图 10-40 某建筑墙身大样图为例进行阅读。本图采用了省略画法，省略部分边界用折断线断开。

10.6.1.1　图名、比例

这里包含两个墙身大样图与基础剖面构造详图以及门窗表。墙身大样图绘图比例为 1：20。

10.6.1.2　墙体轴线、墙厚、墙体与轴线的关系

读法与剖面图部分相同。轴线外侧墙体宽度为 250mm，内侧墙体宽度为 120mm。

10.6.1.3　各构件的断面形状、尺寸、材料及相互连接方式

本图用细实线绘制了构件外表面面层线（粉刷线），剖到的结构面轮廓线用粗实线，并且在构件的断面上绘制了材料图例。例如：可以看出屋面板、楼板及其下面的梁使用钢筋混凝土材料。还可以看出楼板、屋面板与墙体的连接，门、窗的位置等。

10.6.1.4　各部分做法

包括屋面防水做法，基础防水做法及其他细节做法等，一方面需参见索引出的详图，另一方面需参见设计说明或图中的文字说明。本例中文字说明较简略。

10.6.1.5　标高（这里指相对标高）与高度方向尺寸标注

读法与剖面图相同。

10.6.1.6　详图索引符号

例如：在墙身大样 1 中，预制水磨石窗台板索引出一个详图，需要参见编号为 05J7-1 的标准图集上第 65 页的第三个详图。滴水线、泛水等部分构造也索引到了相应的标准图集上。

10.6.1.7　其他

本图上还画出了基础墙、女儿墙（及其压顶）、散水、基础（筏板）、垫层的断面尺寸、材料、防水做法等。

10.6.2　楼梯详图

楼梯是由梯段、休息平台、栏杆与扶手等组成。梯段上面做有踏步，踏步的水平面称踏面，踏步的垂直面称踢面。

钢筋混凝土楼梯，其制作形式有现浇或预制；结构形式有板式或梁板式；布置类型有单跑（上、下两层之间只有一个梯段）、双跑（上下两层之间有两个梯段）及多跑楼梯。

楼梯详图主要表达楼梯的类型、结构形式、构造、尺寸和装修做法等。楼梯详图一般由楼梯平面图、楼梯剖面图和楼梯踏步、栏杆、扶手节点详图组成。

如有楼梯剖面详图，在楼梯首层平面图上要画出相对应的剖切符号以便阅读。

建筑详图的主要内容如下：

（1）详图的名称、比例。

（2）详图符号及其编号以及需另画详图的索引符号。

（3）建筑构配件的形状以及详细的构造、层次，详细的尺寸。

楼梯平面图中的尺寸一般有楼梯间的开间尺寸、进深尺寸、平台深度尺寸、梯段与梯井宽度尺寸、梯段的踏面数×踏面宽＝梯段长度的三者合并尺寸，以及楼梯栏杆扶手的位置尺寸。

（4）详细注明各部位和各层次的用料、做法、颜色以及施工要求等。

（5）必要的定位轴线及其编号。

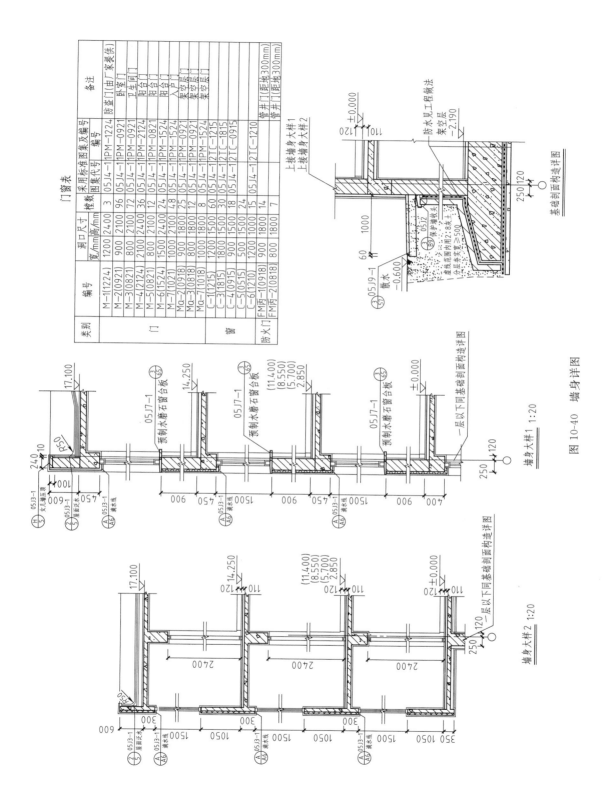

门窗表

类别	编号	洞口尺寸 宽/mm 高/mm		樘数	采用标准图集图号 图集代号	编号	备注
门	M-1(1224)	1200	2400	3	05J4-1|1PM-1224		防盗门(由厂家提供)
	M-2(0921)	900	2100	96	05J4-1|1PM-0921		卧室门
	M-3(0821)	800	2100	72	05J4-1|1PM-0921		卫生间门
	M-4(2124)	2100	2400	36	05J4-1|1PM-2124		阳台门
	M-5(0821)	800	2100	12	05J4-1|1PM-0821		阳台门
	M-6(1524)	1500	2400	24	05J4-1|1PM-1524		入户门
	M-7(1021)	1000	1800	48	05J4-1|1PM-1524		架空层门
	Mq-2(0918)	900	1800	12	05J4-1|1PM-0921		架空层门
	Mq-3(0818)	800	1800	8	05J4-1|1PM-1524		架空层门
窗	C-1(1215)	1200	1500	60	05J4-1|2TC-1215		
	C-3(1815)	1800	1500	30	05J4-1|2TC-1815		
	C-4(0915)	900	1500	18	05J4-1|2TC-0915		
	C-5(0515)	500	1500	24			
	C-6(1210)	1200	1000	15	05J4-1|2TC-1210		
防火门	FM丙-1(0918)	900	1800	14			管井门(距地300mm)
	FM丙-2(0818)	800	1800	7			管井门(距地300mm)

墙身大样1 1:20

墙身大样2 1:20

图 10-40 墙身详图

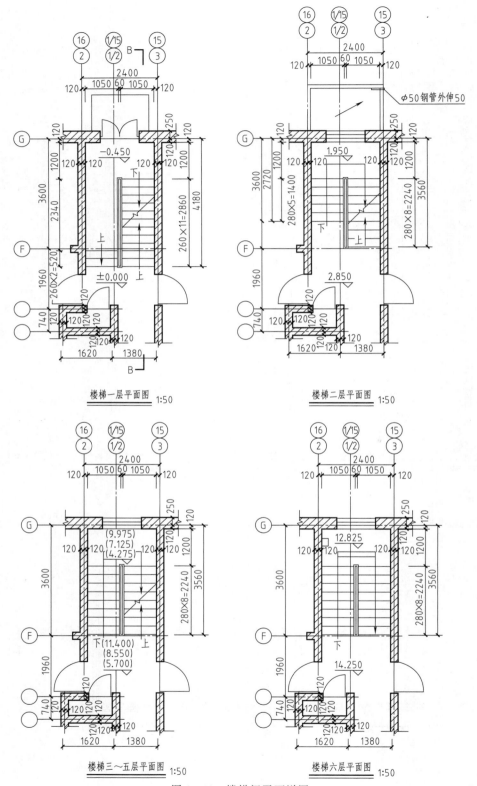

图 10-41 楼梯间平面详图

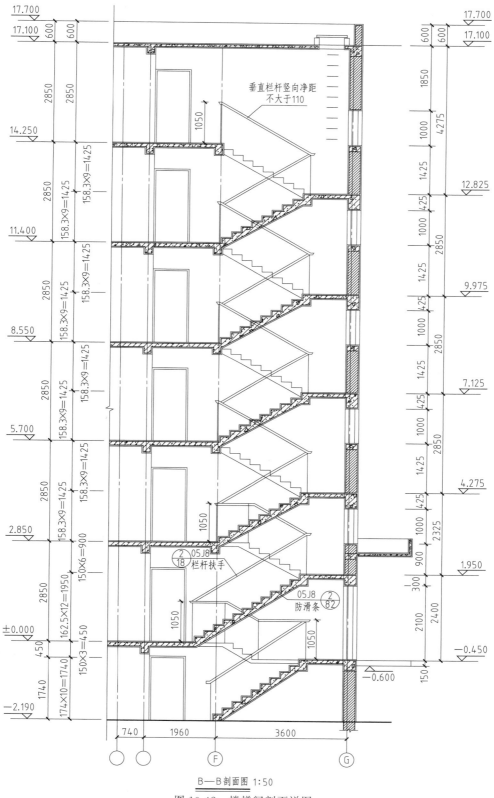

垂直栏杆竖向净距
不大于110

2 05J8
18 栏杆扶手

05J8 2
防滑条 82

B—B剖面图 1:50

图 10-42　楼梯间剖面详图

学习单元十　建筑施工图 | **213**

（6）必要的标高（这里指相对标高）。

下面阅读本工程的楼梯详图（包括楼梯平面详图与剖面详图），如图 10-41、图 10-42 所示。

这里的楼梯平面详图与剖面详图其实只是建筑物平面图与剖面图的局部放大图，表达的内容更加详细。楼梯详图的读图方法与建筑物平面图及剖面图的读法相同。

在阅读楼梯平面详图时首先应根据其图名、轴线在建筑平面图中对照阅读，确定详图中所表达的是哪一部分的楼梯间。

在阅读剖面图时应注意梯段部分的表达，地下一层、一层至二层、上面各层之间的梯段是不同的，主要是踏步级数的不同，在阅读时应特别注意。被剖切到的梯段需要用粗实线绘制其轮廓线，用细实线绘制其面层线，同时还应在断面内绘制材料图例。通过剖面图可以了解楼板、梁、梯段、休息平台板、墙体之间的位置关系及连接。单元门在剖面图的右下方Ⓖ轴线的外墙上，门的上方设有雨篷，雨篷的断面还绘制了钢筋混凝土的材料图例。从单元门向右方走进建筑物，向上走三级上到首层室内地面；而向下走一段梯段即可走到地下一层的

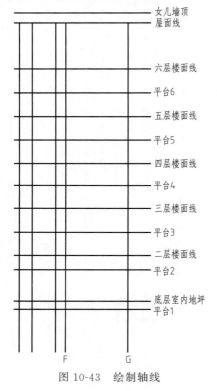

图 10-43　绘制轴线

地面（标高为−2.190m）。标高与高度方向尺寸标注读法与剖面图相同。楼梯间窗户高度 1.000m，窗过梁的梁高 425mm。其他细节如栏杆、栏杆扶手、梯段踏面防滑条的构造与做法内容等需要查看索引到标准图集上对应的详图。

10.6.3　AutoCAD 绘制楼梯详图

楼梯平面详图的绘制方法与建筑平面图的绘制方法相同，只是在内容上增加了一些细部尺寸、墙体断面图案填充等。可以直接将平面图中的楼梯间部分复制出来进行修改。需要注意的是：不同楼层平面图中上、下方向的不同表示以及用折断线表示墙体的"断开"处。

【例 10-4】　绘制图 10-42 某工程楼梯剖面详图。

解　绘图步骤如下：

（1）设置绘图环境

方法与平、立、剖面图部分相同。

（2）绘制定位轴线、室外地坪线、楼面位置线、梯段位置线等

方法与剖面图部分相同，如图 10-43 所示。由于线较多，可以做简单标记，以免搞混。

在绘制梯段之前，需要先确定梯段的位置。可以根据楼梯平面图中的尺寸，增加绘制辅助线。根据平面图中的尺寸，将 G 轴线向左偏移 1200mm 得到辅助线 1（"辅 1"）；G 轴线向左偏移 3560mm 得到辅助线 2（"辅 2"）；G 轴线向左偏移 4180mm 得到辅助线 3（"辅 3"），如图 10-44 所示。

根据辅助线 1、辅助线 2、辅助线 3 的位置，绘制楼梯位置线，如图 10-45 所示。

★注意：首层梯段与上面梯段有所不同。

（3）绘制墙体、楼板、梯段等构件

1）绘制墙体　方法同平面图墙体绘制部分。

2）绘制楼板、屋面板　可以利用"多线""直线"等命令完成楼板与屋面板的轮廓线，再利用"偏移"命令生成结构层轮廓线，最后用"图案填充"命令填充材料图例。

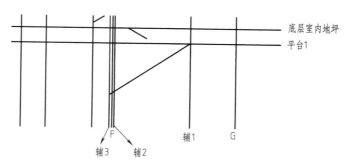

图 10-44　绘制辅助线

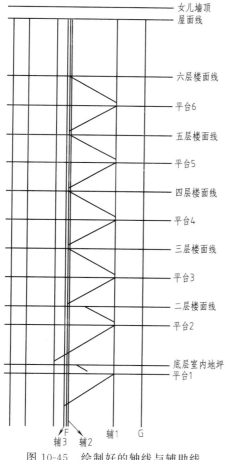

图 10-45　绘制好的轴线与辅助线

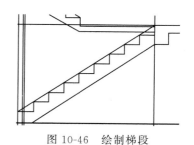

图 10-46　绘制梯段

3）绘制梯段　利用"直线"命令，根据绘制好的楼梯位置线，绘制楼梯的踢面线、踏面线，并补充楼梯底面层线等，如图 10-46 所示。

4）绘制女儿墙、阳台等。

（4）绘制门、窗并补充细节

（5）标注

如图 10-47 所示。

（6）打印出图

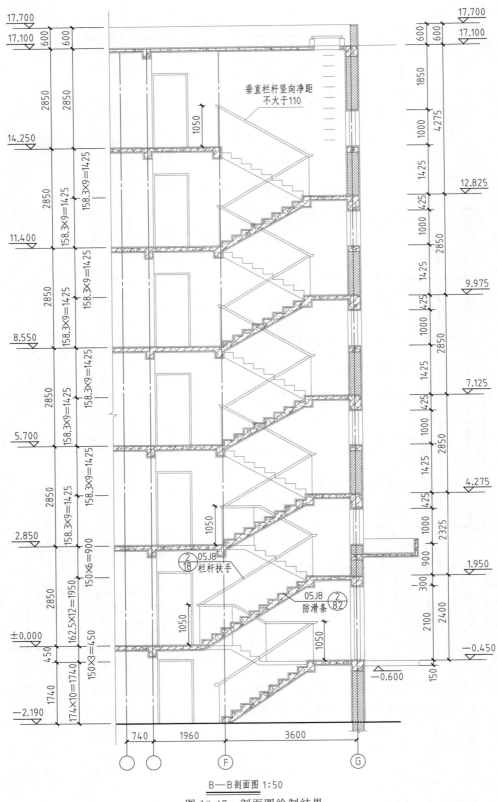

垂直栏杆竖向净距
不大于110

2
18 05J8
栏杆扶手

05J8 2
防滑条 82

B—B剖面图 1:50

图 10-47 剖面图绘制结果

一、填空题

1. 建筑平面图的形成通常是用一个假想的_____剖切面经_____位置之间，将房屋切开，移去剖切面以上的部分，将剩余部分用正投影法投影到 H 面上而得到的正投影图。

2. 字母 I、_____和_____不作为轴线编号使用。

3. 线性尺寸单位用_____，标高单位用_____（保留到小数点后 3 位数）。

4. 利用 AutoCAD 绘制工程图时，需要设置绘图区域，可以有两种操作方法：一是在命令行输入_____并按回车，另一种是在_____下拉菜单下单击"图形界限"。

5. 利用 AutoCAD 绘制工程图时，使用_____比例绘图最为方便。

二、简答题

1. 简述绝对标高与相对标高的区别，它们分别在哪些图中使用？

2. 简述建筑总平面图与建筑平面图的区别。

3. 阅读图 10-4～图 10-6，说出该建筑物各层的层高。每一层共有几户？整个建筑物共有几户？每套房共有哪些房间组成？

4. 阅读图 10-7，说出其中的 2% 与 1% 分别代表什么含义。

5. 在利用 AutoCAD 绘制工程图时分图层绘制有哪些好处？

6. 阅读本章所举的建筑平面图与立面图，将立面图上的各个门窗、阳台、雨篷与平面图中相应的表示对号入座。

7. 阅读图 10-31，说出该建筑物总共有多少层、各层层高是多少？

8. 阅读图 10-31，将该图中的各个门窗、阳台与平面图中相应的表示对号入座。

9. 阅读图 10-42，简述为什么没有将楼梯的所有梯段都画上材料图例符号。

学习单元十一　结构施工图

11.1　概　　述

　　房屋的建筑施工图表达了房屋的外形、平面布置、建筑构造和内外装修等内容，而房屋各结构构件（如基础、梁、板、柱等）的布置、形状、大小、材料、构造及相互关系等内容则需要由结构施工图（简称"结施"）来表达。建筑物中的结构构件如图 11-1 所示。

　　结构施工图将用来作为施工放线、开挖基坑、支模板、绑扎钢筋、设置预埋件、浇注混凝土，安装梁、板、柱等构件以及编制预算和施工组织设计等的重要依据。结构施工图一般包括结构设计说明、结构平面布置图和结构构件详图。设计说明一般以文字叙述为主，主要说明设计依据，包括：选用结构材料的类型、规格、强度等级，地基相关情况，风雪荷载、抗震情况，施工要求，选用的标准图集等。结构平面图是用来表示房屋承重结构的平面布置图。结构构件详图是表示单个结构构件的形状、尺寸、材料、构造等内容的图样。

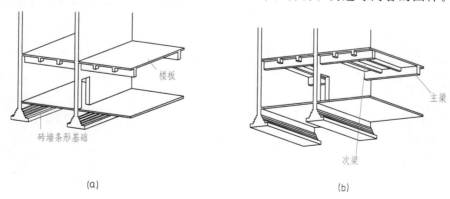

图 11-1　建筑物中的结构构件示意图

　　建筑结构专业制图，应按表 11-1 选用线型与线宽。在同一张图纸中，相同比例的各图样，应选用相同的线宽组。

　　结构图的绘图比例应按表 11-2 选取。

在结构图中需要将结构构件用指定的代号标出并编号，所用代号见表11-3。

表 11-1　建筑结构施工图图线表

名　称		线　　型	线宽	一　般　用　途
实线	粗		b	螺栓、主钢筋线、结构平面图中的单线结构构件线、钢木支撑及系杆线、图名下横线、剖切线
	中		$0.5b$	结构平面图及详图中剖到或可见的墙身轮廓线、基础轮廓线、钢、木结构轮廓线、箍筋线、板钢筋线
	细		$0.25b$	可见的钢筋混凝土构件的轮廓线、尺寸线、标注引出线，标高符号，索引符号
虚线	粗		b	不可见的钢筋、螺栓线，结构平面图中的不可见的单线结构构件线及钢、木支撑线
	中		$0.5b$	结构平面图中的不可见构件、墙身轮廓线及钢、木构件轮廓线
	细		$0.25b$	基础平面图中的管沟轮廓线、不可见的钢筋混凝土构件轮廓线
单点长画线	粗		b	柱间支撑、垂直支撑、设备基础轴线图中的中心线
	细		$0.25b$	定位轴线、对称线、中心线
双点长画线	粗		b	预应力钢筋线
	细		$0.25b$	原有结构轮廓线
折断线			$0.25b$	断开界线
波浪线			$0.25b$	断开界线

表 11-2　结构图常用比例

图　　名	常　用　比　例	可　用　比　例
结构平面图、基础平面图	1∶50、1∶100、1∶150、1∶200	1∶60
圈梁平面图、总图、中管沟、地下设施等	1∶200、1∶500	1∶300
详图	1∶10、1∶20、1∶50	1∶5、1∶25、1∶30

表 11-3　常用的构件代号

序号	名　　称	代号	序号	名　　称	代号	序号	名　　称	代号
1	板	B	11	墙板	QB	21	连系梁	LL
2	屋面板	WB	12	天沟板	TGB	22	基础梁	JL
3	空心板	KB	13	梁	L	23	楼梯梁	TL
4	槽形板	CB	14	屋面梁	WL	24	框架梁	KL
5	折板	ZB	15	吊车梁	DL	25	框支梁	KZL
6	密肋板	MB	16	单轨吊车梁	DDL	26	屋面框架梁	WKL
7	楼梯板	TB	17	轨道连接	DGL	27	檩条	LT
8	盖板或沟盖板	GB	18	车挡	CD	28	屋架	WJ
9	挡雨板或檐口板	YB	19	圈梁	QL	29	托架	TJ
10	吊车安全走道板	DB	20	过梁	GL	30	天窗架	CJ

序号	名 称	代号	序号	名 称	代号	序号	名 称	代号
31	框架	KJ	39	桩	ZH	47	阳台	YT
32	刚架	GJ	40	挡土墙	DQ	48	梁垫	LD
33	支架	ZJ	41	地沟	DG	49	预埋件	M-
34	柱	Z	42	柱间支撑	ZC	50	天窗端壁	TD
35	框架柱	KZ	43	垂直支撑	CC	51	钢筋网	W
36	构造柱	GZ	44	水平支撑	SC	52	钢筋骨架	G
37	承台	CT	45	梯	T	53	基础	J
38	设备基础	SJ	46	雨篷	YP	54	暗柱	AZ

注：1. 预制钢筋混凝土构件、现浇钢筋混凝土构件、钢构件和木构件，一般可直接采用本表中的构件代号。在绘图中，当需要区别上述构件的材料种类时，可在构件代号前加注材料代号，并在图纸中加以说明。

2. 预应力钢筋混凝土构件的代号，应在构件代号前加注"Y-"，如 Y-DL 表示预应力钢筋混凝土吊车梁。

11.2 钢筋混凝土结构的基本知识

11.2.1 钢筋混凝土构件

钢筋混凝土构件是由钢筋和混凝土两种材料组成。混凝土是由水泥、砂子、石子和水按一定比例浇捣而成。混凝土抗压强度的大小反映了混凝土的抗压性能。混凝土的抗压强度分为 C15、C20、C25、C30、C35、C40、C45、C50、C55、C60、C65、C70、C75、C80 共 14 个等级，数字越大，表示混凝土抗压强度越高，即混凝土所能承受的压应力也就越大。虽然混凝土的受压性能好，但混凝土的抗拉性能却很差，容易因受拉而断裂，而此时混凝土的抗压性能却还远远没有发挥出来。为了解决混凝土这种力学性能的弱点，充分发挥混凝土的受压能力，在实际使用的时候，常在构件的受拉区配置一定数量的钢筋，使两种材料共同工作，就形成了钢筋混凝土构件。

钢筋不但具有良好的抗拉强度，而且与混凝土有良好的粘接力，其热膨胀系数与混凝土相近，因而，两者的结合可以使构件具有良好的力学性能，可以有效地提高构件的抗拉强度。

11.2.2 钢筋的分类和作用

钢筋的等级与代号见表 11-4。

表 11-4 钢筋的等级与代号

钢 筋 种 类	符号	公称直径/mm	抗屈服强度/(N/mm²)
HPB300 热轧光面钢筋	Φ	6～14	300
HRB335 热轧带肋钢筋(20MnSi)	Φ	6～14	335
HRB400 热轧带肋钢筋(20MnSiV、20MnSiNb)	Φ	6～50	400
RRB400 余热处理钢筋(K20MnSi)	Φ^R	6～50	400

由表 11-4 知，钢筋按照其外形可分为光圆钢筋与变形钢筋，变形钢筋是指钢筋的外表

面做有螺纹、人字形纹等。

钢筋混凝土构件中的钢筋按照其作用分类如下：

（1）受力筋　主要承受拉应力的钢筋，有时也承受压应力与收缩温度应力。在梁、板、柱等各种钢筋混凝土构件中都应配置。在梁中于支座附近弯起的受力筋，称为弯起钢筋。

（2）钢箍　也称箍筋，一般配置于梁和柱内，用以固定受力筋的位置，并承受一部分斜拉力。

（3）架立筋　一般配置在梁的上部，用以固定箍筋位置并与受力筋、钢箍一起形成钢筋骨架。

（4）分布筋　一般用于板内，用以固定受力筋的位置，将荷载均匀地传递给受力筋，与受力筋一起构成钢筋网。

（5）构造筋　因构件在构造上的要求或施工安装需要配置的钢筋，如腰筋、预埋锚固钢筋等。

混凝土构件中的配筋情况如图 11-2 所示。

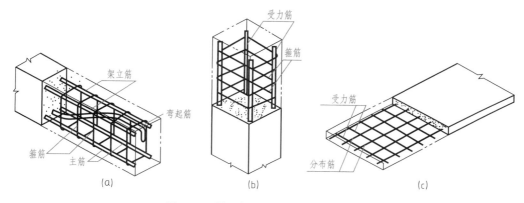

图 11-2　梁、板、柱中的配筋示意图

为了加强钢筋与混凝土之间的粘接力，避免钢筋与混凝土之间发生错动，如受力钢筋为光圆钢筋，其端部需要做弯钩。钢筋端部的弯钩有斜弯钩、半圆弯钩与直弯钩三种，如图 11-3 所示。

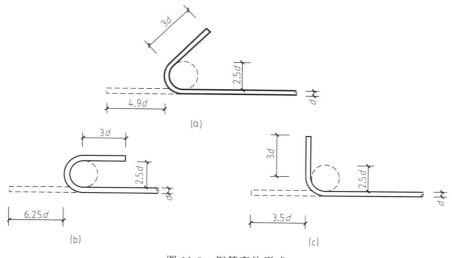

图 11-3　钢筋弯钩形式

11.2.3 钢筋的表示法

在结构图中,通常用粗实线表示钢筋的立面投影,用黑圆点表示钢筋的横断面。钢筋常见的表示方法见表11-5与表11-6。梁的配筋图表示法如图11-4所示。

表 11-5　钢筋的一般表示方法

序号	名　称	图　例	说　明
1	钢筋横断面	●	
2	无弯钩的钢筋端部		下图表示长、短钢筋投影重叠时,短钢筋的端部用45°斜划线表示
3	带半圆形弯钩的钢筋端部		
4	带直钩的钢筋端部		
5	带丝扣的钢筋端部		
6	无弯钩的钢筋搭接		
7	带半圆弯钩的钢筋搭接		
8	带直钩的钢筋搭接		
9	花篮螺丝钢筋接头	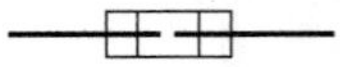	
10	机械连接的钢筋接头	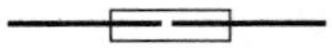	用文字说明机械连接的方式(或冷挤压或锥螺纹等)

表 11-6　钢筋的表示方法

序号	说　明	图　例
1	在结构平面图中配置双层钢筋时,底层钢筋的弯钩应向上或向左,顶层钢筋的弯钩则向下或向右	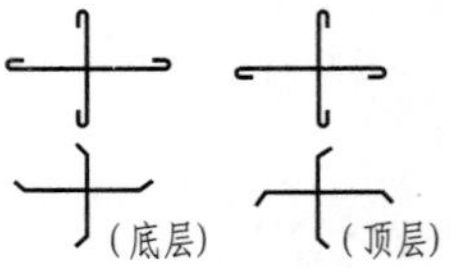 (底层)　(顶层)
2	钢筋混凝土墙体配双层钢筋时,在配筋立面图中,远面钢筋的弯钩应向上或向左,而近面钢筋的弯钩向下或向右(JM近面;YM远面)	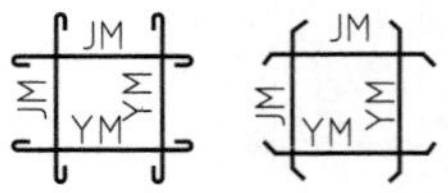
3	若在断面图中不能表达清楚的钢筋布置,应在断面图外墙加钢筋大样图(如:钢筋混凝土墙、楼梯等)	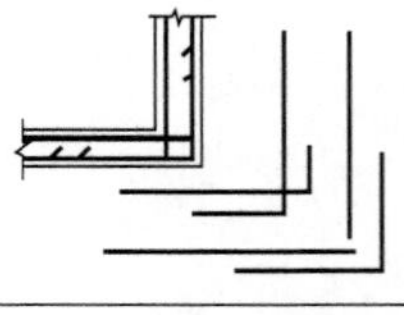
4	图中所表示的箍筋、环筋等若布置复杂时,可加画钢筋大样及说明	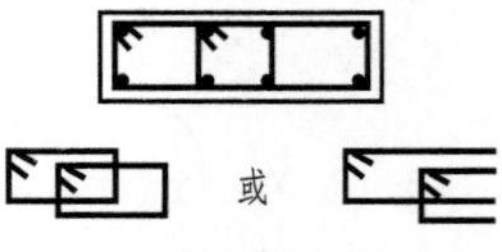 或
5	每组相同的钢筋、箍筋或环筋,可用一根粗实线表示,同时用一两端带斜短划线的横穿细线,表示其余钢筋及起止范围	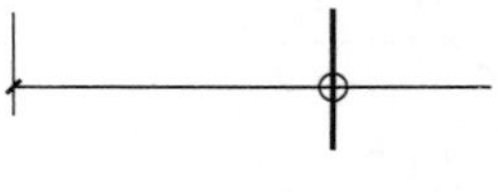

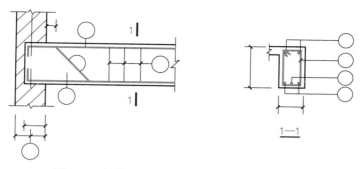

图 11-4　钢筋在梁的立面图与断面图中的表示法

在结构图中还需要对钢筋的等级、直径、数量、间距等信息进行标注，见表 11-7。

表 11-7　钢筋的标注方法

①标注钢筋的根数、直径和等级	②标注钢筋的等级、直径和相邻钢筋中心距
5 Φ 20	Φ 10@200
5：表示钢筋的根数为 5； Φ：表示钢筋等级为 HPB300 级； 20：表示钢筋直径数值 20mm	Φ：表示钢筋等级为 HRB335 级； 10：表示钢筋直径 10mm； @：相等中心距符号； 200：相邻钢筋的中心距 200mm

11.3　结构平面图

　　结构平面图是表示建筑物的各个结构构件（如梁、板、柱等）平面布置的图样，主要表示各结构构件的位置、数量、型号及相互关系。结构平面图是施工时布置各层承重构件的依据。结构平面图可分为基础平面图、楼层结构平面图、屋面结构平面图。

　　楼层结构平面图是假想用一个水平剖切面沿某一层楼面位置将建筑物水平剖开，对下面部分所做的水平投影图。

　　楼梯间的结构布置常选用较大比例单独画出，所以楼层平面图中的楼梯间部分常用细实线画出其对角线，并注以文字，说明详图另画。

11.3.1　钢筋混凝土结构施工图的平面整体表示法

　　建筑结构施工图的平面整体表示法是目前工程实践当中广泛使用的结构图制图方法。平面整体表示法的表达形式是把结构构件的布置、尺寸和配筋等信息，按照其制图规则，整体直接地表示在各结构构件的结构平面布置图上，实际施工时将其与标准构造详图相结合。这种制图方法相较于传统的结构图制图法具有制图简便、准确、全面，易于修改，读图、记忆和查找方便等优点。

11.3.1.1　梁的平面整体表示法

　　通常使用平面注写法与截面注写法。

　　（1）平面注写法　平面注写可在梁平面图中，分别在不同编号的梁中选择一个，直接注写编号、断面尺寸、跨数、配筋具体数值和相对高差（无高差可以不注写）等内容。

　　平面注写包括集中标注与原位标注，集中标注表达梁的通用数值，原位标注表达梁的特殊数值。施工时，原位标注数值优先。

注写方式：直接在梁的平面布置图上，将不同编号的梁各选一根，在上面标注梁的代号、断面尺寸、配筋数值。整个梁的通用数值采用引线集中标注的方法，其注写格式如下：

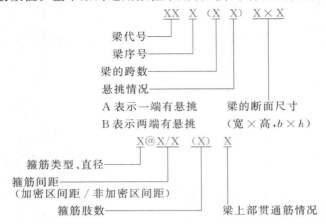

特殊数值采用在图上原位注写的方式，如梁的纵向钢筋布置在跨中位置与端部位置是不同的，需要在原位标注不同数值。原位标注中：当上部或下部纵筋多于一排时，用斜线"/"将各排纵筋自上而下分开；当同排纵筋有两种直径时，用加号"＋"将两种直径的纵筋相连，角筋写在前面。

如图 11-5 所示为某平面图中的一根梁，最上方以引出线作了集中标注，信息包括：梁的编号 KL2，跨数 2，一端有悬挑，断面尺寸 300mm×650mm，箍筋等级 HPB300 级，直径 8mm，加密区间距 100mm，非加密区间距 200mm，箍筋肢数 2，梁上部纵筋（架立筋）为 2 根 HRB400 级钢筋，构造筋为 4 根直径为 10mm 的 HPB300 级钢筋。在梁的支座附近

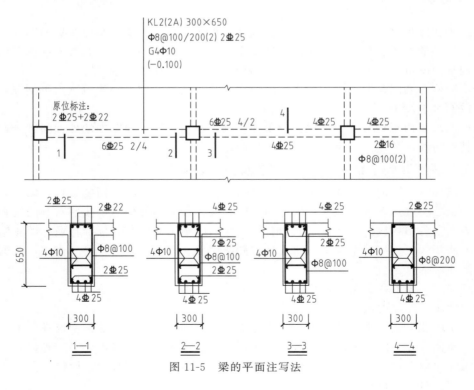

图 11-5　梁的平面注写法

与跨中位置作了原位标注，以表示不同于通用数值的信息。例如：最左端支座处的标注 2 Φ 25＋2 Φ 22 表示该位置梁的上部纵筋布置情况，且布置在一排，2 Φ 25 布置在角部；左跨跨中位置的标注 6 Φ 25 2/4 表示该位置梁的下部纵筋布置情况，上排 2 根，下排 4 根。图 11-5 中下面的四个断面图用以对照理解平法标注表示的含义，不属于原平法图中的内容。梁顶面标高较楼面标高低 0.100m。

（2）截面注写法　截面注写可在平面布置图中，分别在不同编号的梁中选择一个，用剖面符号引出截面图形并在其上注写断面尺寸、配筋具体数值等。

截面注写将截面符号直接绘制在平面梁配筋图上，再配以断面配筋图。这种方法可以很直观地表示钢筋在梁断面中的布置情况，如图 11-6 所示。

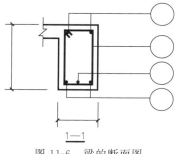

图 11-6　梁的断面图

11.3.1.2　柱的平面整体表示法

柱平法施工图系在柱平面布置图上采用列表注写方式或截面注写方式表达。柱平面布置图可采用适当比例单独绘制，也可与剪力墙平面布置图合并绘制。柱平法施工图中应注明各结构层的楼面标高、结构层高及相应的结构层号，尚应注明上部结构嵌固部位位置。

（1）列表注写法　列表注写法是指在柱的平面布置图上，分别在不同编号的柱中选择一个截面直接标注其几何参数代号，然后在柱表中注写柱号、柱段起止标高、几何尺寸与配筋的具体数值，并配以各种柱截面形状及箍筋类型图。

柱表中注写内容如下：

① 柱编号：由类型代号和序号组成。见表 11-8。

表 11-8　柱编号

柱类型	代号	序号	柱类型	代号	序号
框架柱	KZ	××	梁上柱	LZ	××
框支柱	KZZ	××	剪力墙上柱	QZ	××
芯柱	XZ	××			

注：编号时，当柱的总高、分段截面尺寸和配筋均对应相同，仅截面与轴线的关系不同时，仍可将其编为同一柱号，但应在图中注明截面与轴线的关系。

② 各段柱的起止位置标高：自柱根部向上以截面尺寸与配筋情况的改变处为界分段注写。

③ 几何尺寸：不仅要标明柱截面尺寸，而且还要说明柱截面相对于轴线的偏心距离。

④ 柱内的纵向钢筋。

⑤ 箍筋类型编号和箍筋肢数。

⑥ 柱内箍筋：在箍筋类型栏内注写箍筋类型号及肢数。注写柱箍筋包括钢筋级别、直径以及间距。当为抗震设计时，用斜线"/"区分柱端箍筋加密区与柱身非加密区长度范围内箍筋的不同间距。当框架节点核芯区内箍筋与柱端箍筋设置不同时，应在括号内注明核芯区箍筋直径及间距。

（2）截面注写法　为详细说明箍筋类型以及复合箍筋的具体形式，需要绘制柱的截面类型图，并标注截面尺寸与类型编号。柱的截面注写法，是指分别在同一编号的柱中选择一个截面，直接在该截面上注写截面尺寸和配筋的具体数值。

柱的平面整体表示法如图 11-7、图 11-8 所示（摘自 16G101-1 平法图集）。

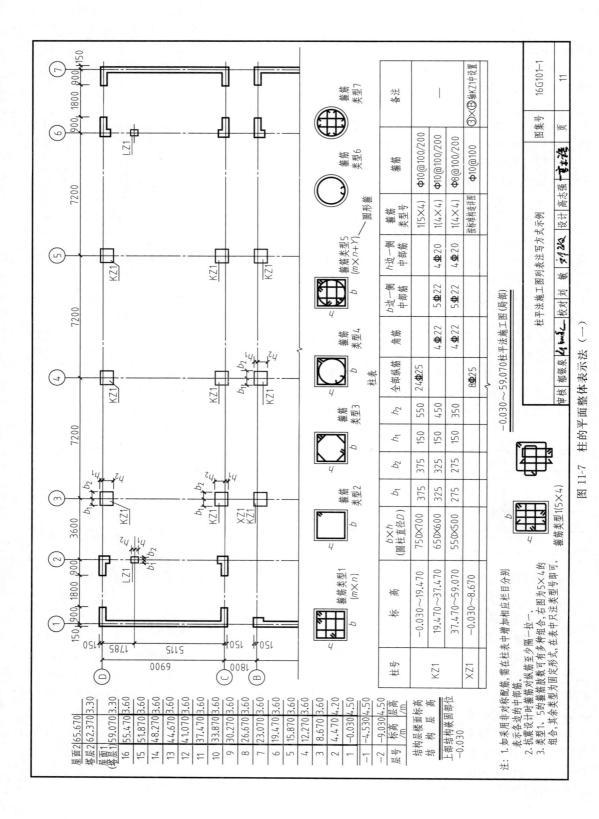

图 11-7 柱的平面整体表示法 （一）

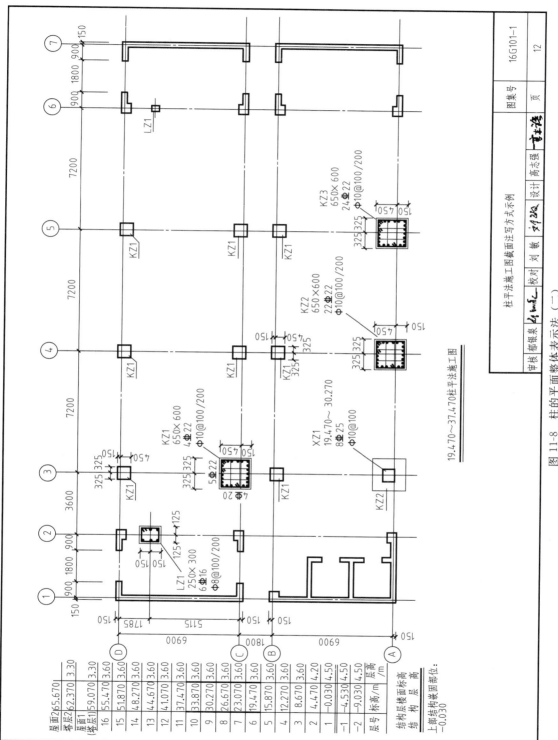

图 11-8　柱的平面整体表示法（二）

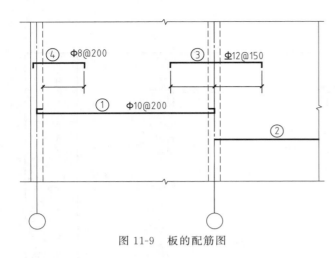

图 11-9 板的配筋图

11.3.1.3 板的平面整体表示法

钢筋在平面图的布置可按图 11-9 所示方法表示，当标注位置不够时可用引出线标注。当构件布置较简单时，可将结构平面布置图与板的配筋平面图合并。图 11-9 中板的配筋表示方法为传统结构平面图表示方法。

楼板相关构造的平法施工图设计，系在板平法施工图上采用直接引注的方式表示。板的平面注写包括板块集中标注和板支座原位标注。所有板块应逐一编号，相同编号的板块可以择其一作集中标注，其他仅注写置于圆圈内的编号，以及当板面编号不同时的标高高差。

板的集中标注内容包括：板块编号、板厚、贯通纵筋以及当板面标高不同时的标高高差。贯通纵筋按上部和下部分别标注，以 B 代表下部，以 T 代表上部，B&T 代表下部与上部，X 方向贯通纵筋以 X 打头，Y 方向贯通纵筋以 Y 打头，两向贯通纵筋配置相同时以 X&Y 打头。当贯通筋采用两种规格以"隔一布一"方式设置时，表达为 φ xx/yy@×××，表示直径为 xx 的钢筋和直径为 yy 的钢筋二者之间间距为×××，而两种直径的钢筋各自的间距则为×××的 2 倍。板面标高高差是指板面相对于结构层楼面标高的高差，注写在括号内。

板支座原位标注的内容包括：板支座上部非贯通纵筋和悬挑板上部受力钢筋。

★ 注意：关于结构平面坐标方向的规定为①当轴网正交时，从左至右为 X 向，从下至上为 Y 向；②当轴网转折时，局部坐标方向顺轴网转折方向做相应转折；③当轴网向心布置时，切向为 X 向，径向为 Y 向。

板的平面整体表示方法如图 11-10 所示（摘自 16G101-1 平法图集）。

图 11-10 中编号 5 的楼板 LB5 的相关信息可在Ⓐ、Ⓒ轴线与③、④轴线之间读出。由图中该板的集中标注信息可知：该板厚度 150mm，下部贯通纵筋为 X 方向（这里为纵轴方向）布置直径 10mm 的 HRB400 级钢筋，间距 135mm；Y 方向（这里为横轴方向）布置直径 10mm 的 HRB400 级钢筋，间距 110mm。该板四个边的支座处均作了原位标注，表示了相应位置上部的非贯通纵筋。

实际施工时，还需参阅标准图集中的各构造详图。

11.3.2 结构平面图读图实例

下面请阅读某工程的楼层结构平面图及其详图，如图 11-11~图 11-14 所示。这里以标准层楼板配筋图图 11-12 为例进行讲解。图中轴线编号与间距、图名、比例等表示法与建筑施工图相同。读图知：图 11-12 为标准层楼板配筋图，绘图比例为 1∶100。该平面图中表示了标准层中楼板、梁、柱的平面布置情况以及梁、板的配筋。在阅读时，应结合其索引出的详图。本图表示该楼层结构平面布置以 9 号轴线为对称轴，左右对称（除了两端外墙的阳台不同之外）。

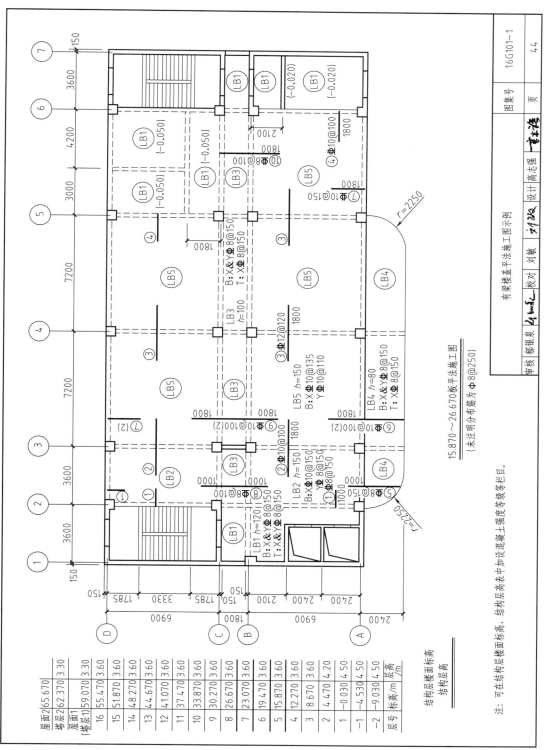

图 11-10 板的平面整体表示法

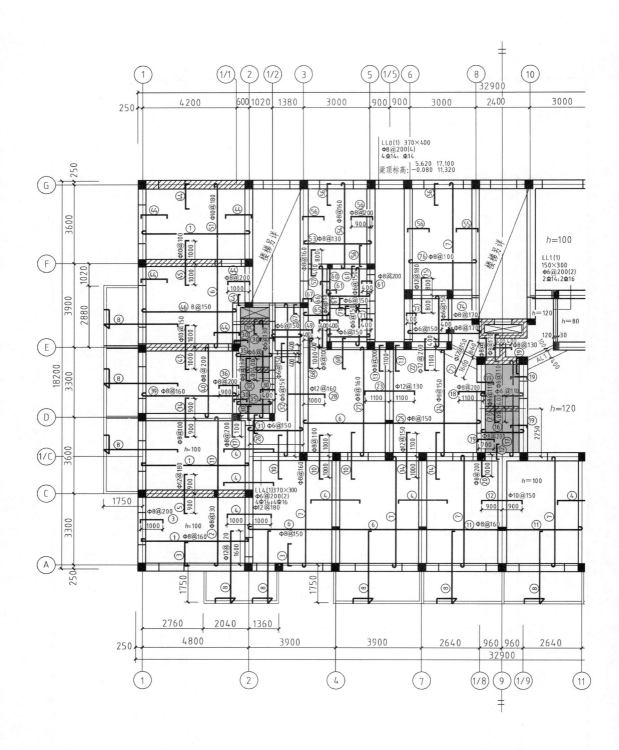

图 11-11 首层

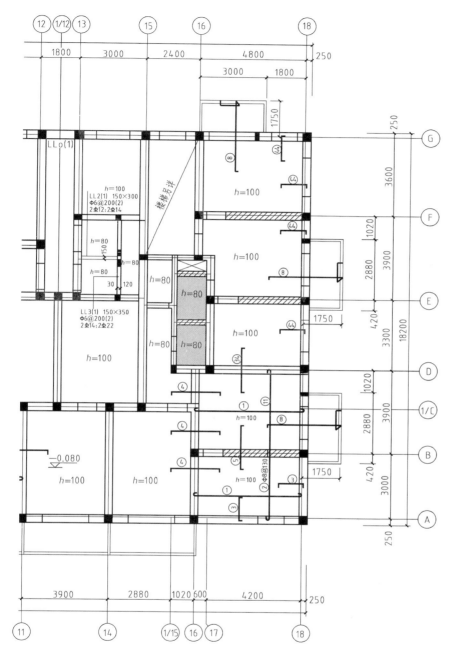

首层楼板配筋图
———————————— 1:100

注:
1. 图中涂斜线部分为墙体加筋,沿墙高设通长筋2Φ8@200。加强范围为一~三层。
2. 图中有 ⊠ 示意处楼板为后浇板,待管道安装完毕后用C25补偿收缩混凝土浇筑,
   板厚80mm,双层双向Φ6@150。
3. 图中未注明的钢筋均为Φ8@200。

楼板配筋图

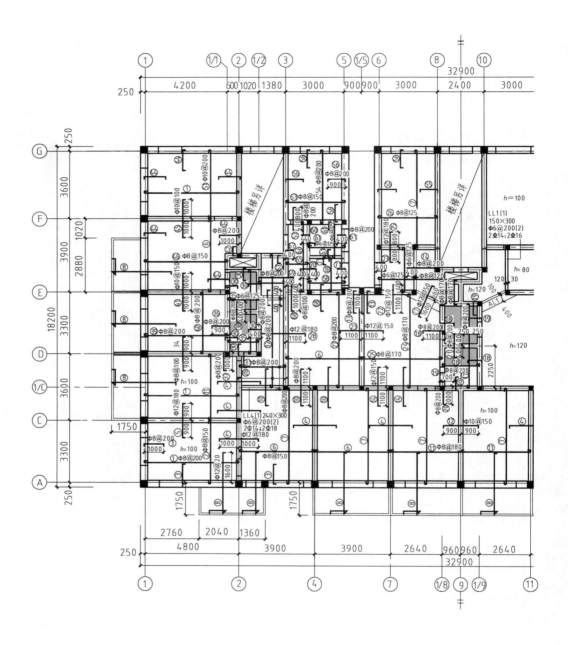

图 11-12　标准层

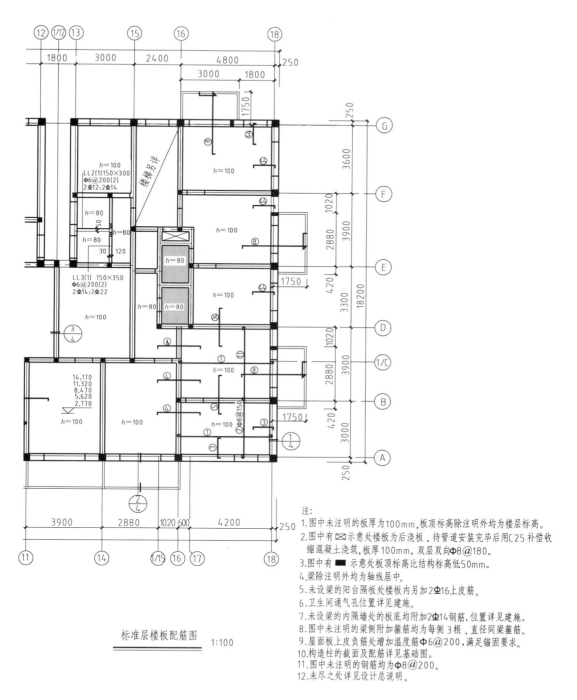

标准层楼板配筋图   1:100

楼板配筋图

注:
1. 图中未注明的板厚为100mm,板顶标高除注明外均为楼层标高。
2. 图中有⊠示意处楼板为后浇板,待管道安装完毕后用C25补偿收缩混凝土浇筑,板厚100mm,双层双向Φ8@180。
3. 图中有■示意处板顶标高比结构标高低50mm。
4. 梁除注明外均为轴线居中。
5. 未设梁的阳台隔板处楼板内另加2Φ16上皮筋。
6. 卫生间通气孔位置详见建施。
7. 未设梁的内隔墙处的板底均附加2Φ14钢筋,位置详见建施。
8. 图中未注明的梁侧附加箍筋均为每侧3根,直径同梁箍筋。
9. 屋面板上皮负筋处增加温度筋Φ6@200,满足锚固要求。
10. 构造柱的截面及配筋详见基础图。
11. 图中未注明的钢筋均为Φ8@200。
12. 未尽之处详见设计总说明。

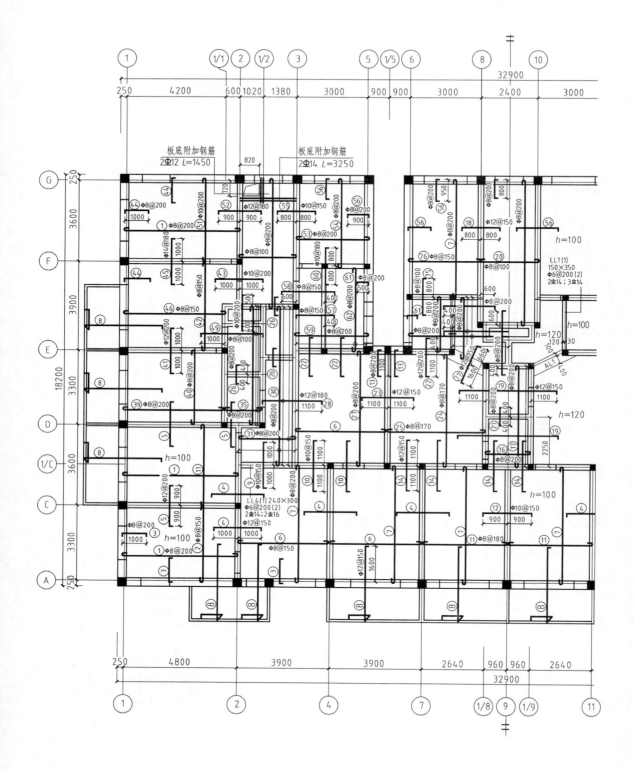

图 11-13　屋面

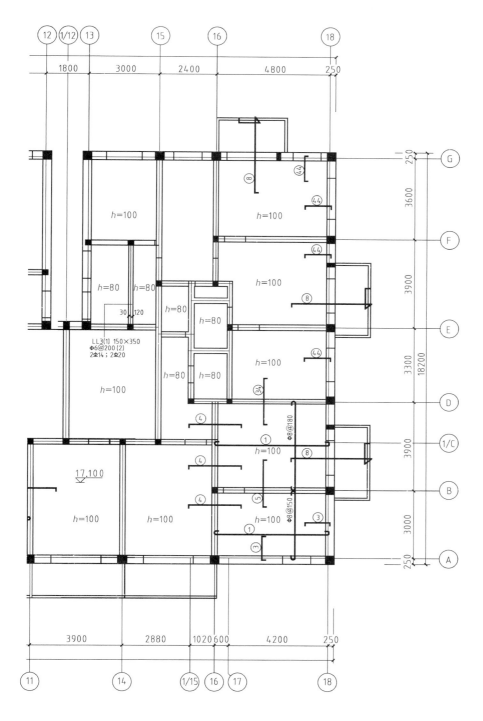

屋面板配筋图 1:100

板配筋图

根据梁的平面注写格式,可知 LL1 表示编号为 1 的连梁,跨数为 1,断面尺寸为 150mm×300mm。梁中的箍筋等级为 HPB300,直径 6mm,双肢箍。梁中的纵向钢筋共四根,分别为两根 HRB335 级直径 14mm 的钢筋与两根 HRB335 级直径 16mm 的钢筋。其余梁的配筋可按照同样的方法。圈梁(QL)的阅读需参见详图。

现浇板的配筋情况可根据平面图中的钢筋标注读出。以①、②轴线之间,Ⓕ、Ⓖ轴线之间的板为例。由平面图可知板下部配有垂直方向的钢筋,形成钢筋网,编号分别为 51 和 1。标号为 51 的钢筋,等级为 HPB300,直径为 10mm,间距为 180mm,弯钩向上,沿横向轴线方向布置;标号为 1 的钢筋,等级为 HPB300,直径为 8mm,间距为 200mm,弯钩向上,沿纵向轴线方向布置。梁的四周边缘的上部配有编号 44 与 45 的钢筋,弯钩向下,配筋读法与板下部钢筋相同。另外,图中还标出了某些钢筋主体部分(不计弯钩)的长度。其他板中的配筋读法与前面所述相同。

结合断面详图 11-14,可以了解到圈梁与暗梁的设置位置、断面尺寸与配筋情况。例如,由详图知:编号为 1 的圈梁(QL1)设置在墙中楼板与墙的连接处。该圈梁的断面尺寸为 370×180(mm×mm),纵向钢筋为 6 根直径 12mm 的 HPB300 级钢筋,箍筋为直径 6mm 的 HPB300 级钢筋以 200mm 的间距均匀排列。

另附标准层平面图中索引到的详图,如图 11-14 所示。

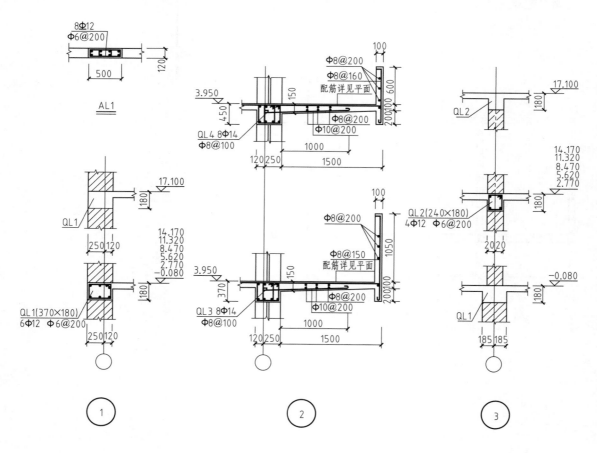

图 11-14　圈梁、暗梁断面详图

11.4 基 础 图

基础是建筑物最下部的组成部分，它承受建筑物的全部荷载，并直接与下面的地基接触把荷载传递给地基。地基是基础下面的土层，承受由基础传来的荷载，它不属于建筑物的组成部分。常见的基础形式有柱下独立基础、条形基础、片筏基础（也叫筏板基础）、箱形基础、桩基础等，其构造如图 11-15 所示。

基础图是用来表示建筑物室内地面以下基础部分的平面布置及详细构造的图样。基础图通常包括基础平面图和基础详图。

基础平面图是假想用一个水平剖切面沿建筑物防潮层处，将整个建筑物剖开，移去剖切面上面的部分以及基坑泥土，对剩下部分向下作水平投影得到的图样。基础平面图中只画基础墙、基础底面轮廓线。基础的其他可见轮廓线可省略。在基础平面图中，用中实线表示剖切到的基础墙身线，用细实线表示基础底面轮廓线。粗实线（单线）表示可见的基础梁；不可见的基础梁用粗虚线（单线）表示。

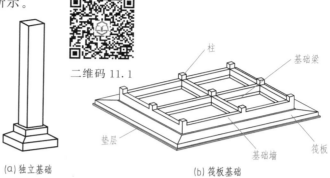

图 11-15 独立基础与筏板基础示意图

基础详图通常用断面图表示。基础详图主要表明基础各组成部分的断面形状、大小、材料及埋深等。基础详图中一般包括基础的垫层、基础、基础墙（包括放大脚）、基础梁、防潮层等所用的材料、尺寸及配筋情况。基础详图中，轮廓线全部用细实线表示，钢筋用粗实线表示。

下面阅读一个基础结构图的实例，如图 11-16、图 11-17 所示。

这是某工程的基础平面图与基础详图。本工程采用片筏基础形式，其构造的立体图参见图 11-15（b）。

平面图中表示了基础墙、基础梁、构造柱、筏板等构件的平面布置情况以及筏板的配筋情况。其中构件用构件代号进行了注写（如 JL 表示基础梁，GZ 表示构造柱）；粗实线表示筏板的配筋。

基础详图中主要是筏板与基础墙、构造柱、基础梁的断面配筋图以及文字说明。

在读图时，应注意将平面图（图 11-16）与断面图（图 11-17）内容相结合。轴线编号与间距、图名、比例等表示方法与建筑施工图相同。由图知，本基础结构以 9 号轴线为对称轴，左右对称。基础墙下设有基础梁，基础墙的交接处有构造柱，下部是钢筋混凝土筏板，最下面是混凝土垫层。本图中表示了四种编号的基础梁。由 1—1 断面图并配合 JL3、JL4 的断面配筋图可知：JL1 断面尺寸为 400mm×600mm，箍筋为 HPB300 级钢筋，直径为 8mm，肢数为 4，以 200mm 的间距均匀排列；纵筋为直径 16mm 的 HRB335 级钢筋，共 8 根，上部与下部各排4 根。JL2、JL3、JL4 的配筋图读法与 JL1 配筋图读法相同。由 1—1 断面图与平面图相结合阅读可知筏板的断面尺寸与配筋情况。筏板中上部与下部分别设有垂直方向的上下两层钢筋。例如：编号为 4 的钢筋设置在筏板上部上层下排，沿横向轴线方向排列，等级为 HRB335 级，直径 12mm，间距 180mm，端部弯钩朝下，弯钩长度为 144mm（12d）。编号为 2 的钢筋设置在筏板上部上层上排，沿纵向轴线排列，与 4 号钢筋方向垂直，等级为 HRB335 级，直径 12mm，

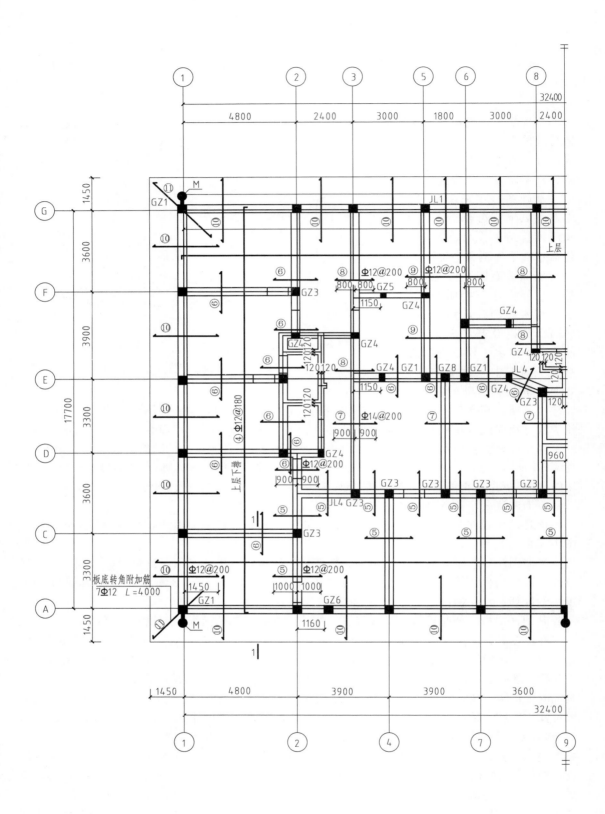

图 11-16 基础

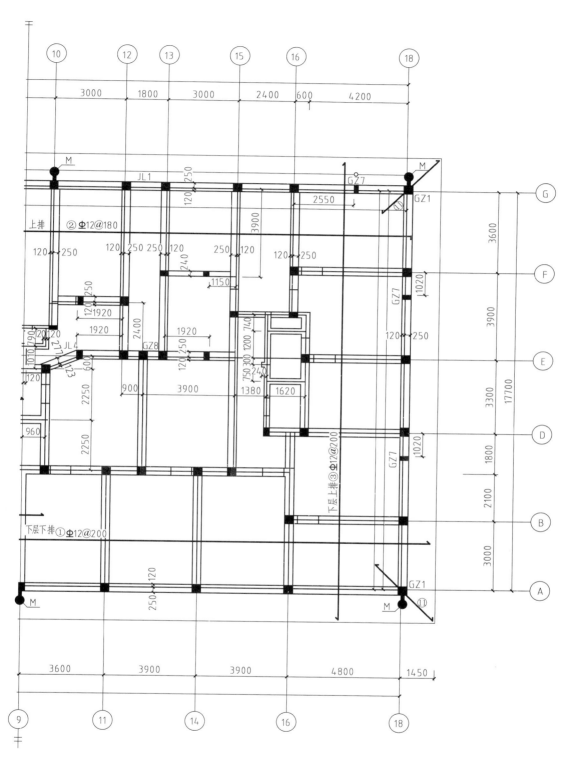

基础平面图 1:100

平面图

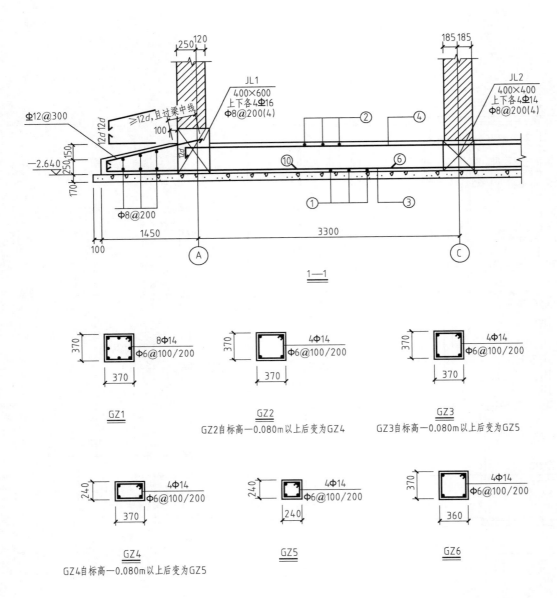

图 11-17　基础

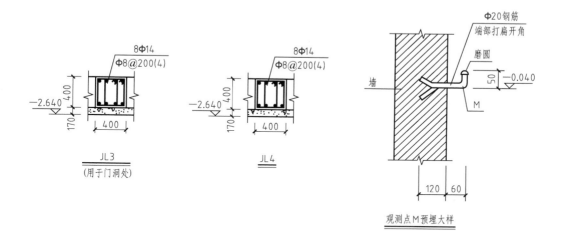

JL3
(用于门洞处)

JL4

观测点M预埋大样

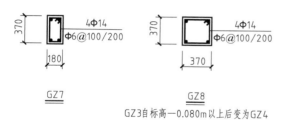

GZ7

GZ8

GZ3自标高−0.080m以上后变为GZ4

注:
1.筏板厚均为400mm。
2.外墙外偏轴线250mm,内偏轴线120mm,未注明的墙均为370mm轴线居中。
3.外墙及单元分隔墙均为JL1,其余为JL2(用于内墙)。
4.未注明的GZ均为GZ2。
5.其余详见结构设计总说明。

结构详图 (断面图)

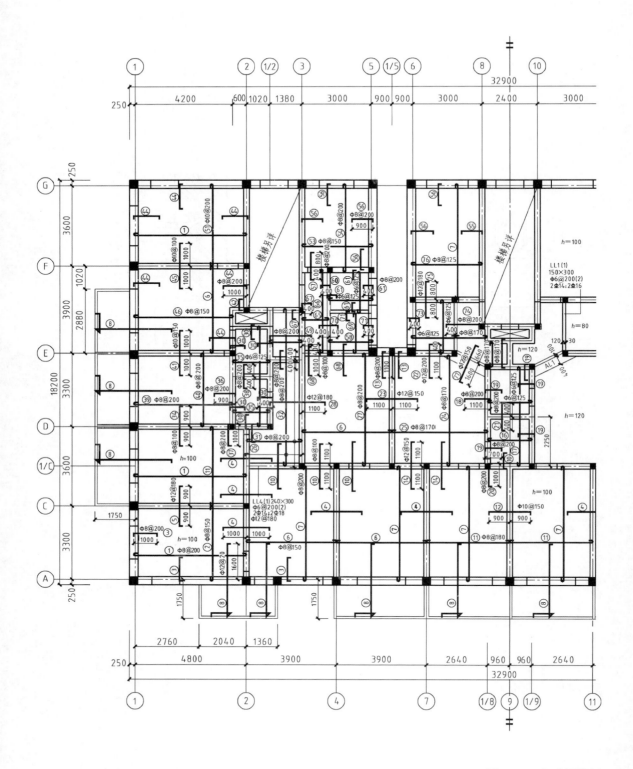

图 11-18　标准层楼板

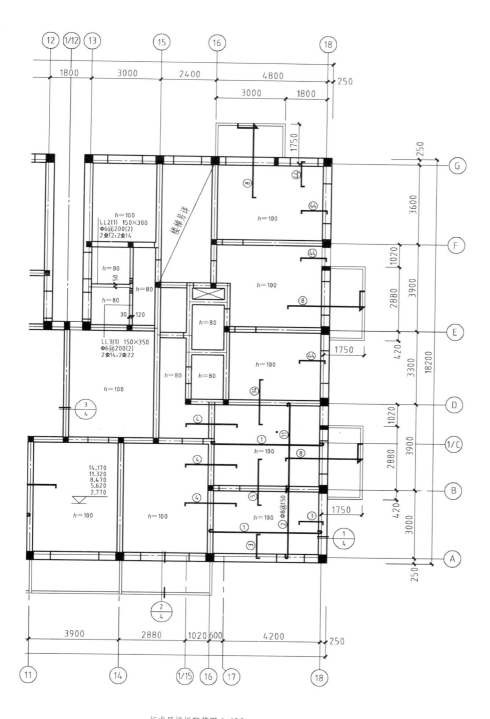

标准层楼板配筋图 1:100

配筋图绘制结果

间距 180mm。构造柱共有 8 种编号，读法相同。例如：从平面图中得知编号为 6 的构造柱 GZ6 在平面中的设置位置；从断面图中可知其断面尺寸为 360mm×370mm，受力筋为 4 根等级为 HPB300 的直径为 14mm 的钢筋，箍筋等级为 HPB300 级，加密区间距为 100mm，非加密区间距为 200mm。

11.5 用 AutoCAD 绘制结构施工图

【例 11-1】 绘制图 11-12 本工程标准层楼板配筋图。

解 绘图步骤

(1) 设置绘图环境

(2) 绘制定位轴线

(3) 绘制各结构构件（梁、板、柱等）的平面布置情况

(4) 现浇板要绘制出钢筋布置图及其编号、规格、直径、间距等

绘制钢筋符号时可以利用"多段线"命令（Pline），通过其中的"宽度"选项设置多段线的线宽（粗线线宽 b）后，直接绘制完成。

(5) 标注

标注的内容包括线性尺寸、轴线编号、构件编号、文字说明等，方法与建筑施工图部分相同。

(6) 打印出图，结果见图 11-18

能力训练

一、填空题

1. 结构施工图将用来作为_____、_____、支模板、绑扎钢筋、设置预埋件、浇注混凝土，安装梁、板、柱等构件以及编制预算和施工组织设计等的重要依据。

2. 结构施工图一般包括结构设计说明、_____和_____。

3. 绘制结构平面图常用的绘图比例是_____和_____。

4. 圈梁的构件代号为_____；基础的构件代号为_____。

5. 混凝土的_____性能好，但混凝土的_____性能却很差，容易因_____而断裂。

二、简答题

1. 简述在钢筋混凝土构件中混凝土与钢筋这两种材料是如何共同工作的（为什么要加入钢筋）。

2. 简述钢筋混凝土构件中箍筋的作用。

3. 简述钢筋标注 "Φ8@150" 的意义。

4. 简述建筑平面图与结构平面图的区别。

5. 阅读图 11-11，说出①、②轴线中Ⓐ、Ⓒ轴线之间部分的楼板配筋情况。

6. 常见的基础型式有哪几种？

7. 阅读图 11-16 与图 11-17，说出 "GZ8" 代表什么意思？描述其位置、尺寸及配筋情况。

8. 在利用 AutoCAD 绘制结构图中的钢筋时有哪些方法？

学习单元十二　装饰施工图

教学提示

　　本学习单元主要介绍了装饰施工图的内容及装饰平面图、装饰立面图、装饰详图、家具图的识读和绘制方法。

教学要求

　　要求学生会识读装饰施工图，掌握用计算机绘制装饰施工图的方法和技巧。

12.1　概　　述

　　建筑装饰是以创造优美的室内外环境为宗旨，以美化建筑及其空间为目的的行为。建筑装饰设计是在建筑师给定的建筑空间形态中进行的再创造。是对建筑所提供的内部空间进行处理，对建筑所界定的内部空间进行二次处理，并以现有的空间尺度为基础重新进行划定。因此，学习建筑装饰施工图，也是学习建筑制图的重要内容。

12.1.1　建筑装饰施工图的形成和作用

　　建筑装饰施工图是设计人员按照投影原理，用线条、数字、文字、符号及图例在图纸上画出的图样，用来表达建筑物内部空间的基本规划、功能设计和艺术装饰，被称为"是表述设计构思的建筑语言"。它是工程技术人员对建筑物内部空间的处理，平面的布置，材料的选用，家具的设计，灯具、电器的合理安排及编制工程预算和工程验收的重要依据。

12.1.2　建筑装饰施工图的特点

　　建筑设计是建筑装饰设计的基础，建筑装饰设计是建筑设计的继续深化和发展。建筑装饰设计和建筑设计是一个有机的整体，所以，建筑装饰施工图与建筑施工图的图示方法、尺寸标注、图例、符号等有着共同之处。

　　建筑装饰施工图中常用的图例如表 12-1～表 12-5 所示。

12.1.3　建筑装饰施工图的分类

　　一套完整的建筑装饰施工图包含以下内容：

　　（1）装饰平面图

　　① 原始平面图；

　　② 平面布置图；

　　③ 地面材料示意图；

　　④ 顶棚平面图。

（2）装饰立面图
（3）装饰详图
（4）家具图

表 12-1　家具、陈设及绿化图例

序号	名称	图例（平面图）	图例（立面图）	说明（尺寸：长×宽×高/mm）
1	双人床 单人床			2000×1500×450 2000×1800×450 2000×2000×450 2000×900×450
2	地毯			圆形、矩形、异形
3	床头柜 书柜等			床头柜:(400~600)×(360~420)×650; 书柜:(1200~1500)×(450~500)×墙高(单个)
4	吊柜			总长(依房而定)×350×600
5	衣柜			(800~1200)×(550~600)×墙高 总长依房而定
6	沙发			单个沙发(坐高) (600~1000)×900×400
7	西餐桌			长×宽:1500×1000 长×宽:1800×1000 高度:700~780
8	中餐桌			直径:600、900、1100、1300、1500、1800 高度:700~780
9	卧式钢琴			钢琴:1900×1900×1900 琴凳:750×350×500
10	立式钢琴			钢琴:1500×600×1250 琴凳:750×350×500
11	椅子			长:380~520 宽:350~580 坐高 400
12	煤气炉			长:700~800 宽:350~400
13	窗帘			根据需要定尺寸
14	植物			依照实际形状,按照比例绘制
15	内视符号			表示投影方向 圆的直径 8~12

表 12-2　卫生洁具图例

序号	名称	图例（平面图）	图例（立面图）	说明 （尺寸：长×宽×高/mm）
1	异形浴盆			依照实际形状，按照比例绘制
2	浴盆			长：1680（1220～2000） 宽：720（660～850） 高：450（380～550）
3	浴房			长：大于 900 宽：大于 900 高：大于 1850
4	淋浴喷头			依照实际形状，按照比例绘制
5	坐式大便器			750×350 依照实际尺寸，按照比例绘制
6	蹲式大便器			500×400 依照实际尺寸，按照比例绘制
7	立式小便器			依照实际形状，按照比例绘制
8	挂式小便器			依照实际形状，按照比例绘制
9	小便槽			依照实际形状，按照比例绘制
10	洗面盆			550×410 依照实际尺寸，按照比例绘制
11	洗涤槽			长：400～800 宽：400～450 高：150～250
12	污水池			依照实际形状，按照比例绘制
13	地漏		系统	直径：80～120
14	其他设备			依照实际形状，按照比例绘制

表 12-3 电器灯具图例

序号	名称	图例(平面图)	图例(立面图)	说明 (尺寸:长×宽×高/mm)
1	电冰箱	REF		长:500~600 宽:500~600 高:1200~1800 按实际尺寸绘制
2	洗衣机			500×500×850 按实际尺寸绘制
3	空调	A C		柜机 长:500~600 宽:250~400 高:1600~1850 按实际尺寸绘制
4	电视	TV		900×600×680 按实际尺寸绘制
5	电风扇			按实际尺寸绘制
6	电话			按实际尺寸绘制
7	浴霸			嵌顶暗装
8	排气扇			嵌顶暗装
9	荧光灯			底部高于 2.5m
10	艺术 吊灯			底部高于 2.5m
11	装饰灯			嵌顶
12	吸顶灯			嵌顶
13	筒灯			嵌顶暗装
14	壁灯			下边距地 1.7m

序号	名称	图例(平面图)	图例(立面图)	说明 (尺寸:长×宽×高/mm)
15	射灯			暗装
16	双联 射灯			嵌顶暗装
17	三联 射灯			嵌顶暗装
18	落地灯			
19	轨道灯			嵌顶
20	台灯			

表 12-4 开关、插座图例

序号	名 称	图 例	说 明
1	开关	(单联) (双联) (三联) (四联)	下边距离地面 1.3m 暗装
2	插座		下边距离地面 0.3m 暗装
3	音响出线盒	M	下边距离地面 0.3m 暗装
4	空调插座	KT	下边距离地面 0.3m 暗装
5	网络插座	C	下边距离地面 0.3m 暗装
6	电视插座	TV	下边距离地面 0.3m 暗装
7	电话插座		下边距离地面 0.3m 暗装
8	配电箱	AP	下边距离地面 1.7m 暗装

表 12-5 装饰材料图例

序号	图 例	名 称	序号	图 例	名 称
1		木材	4		毛石、文化石、鹅卵石
2		石材(注明厚度)	5		玻化砖、 陶瓷锦砖(齐缝贴)
3		普通砖 (实心砖、空心砖、砌块)	6		防滑地砖

序号	图例	名称	序号	图例	名称
7	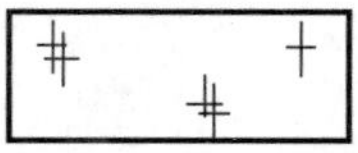	镜面(立面)	12	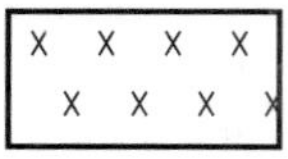	石膏板(注明厚度)
8	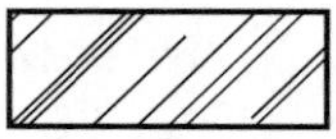	玻璃(立面)	13	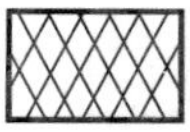	块状或板状的多孔材料(注明材料)
9		饰面砖	14	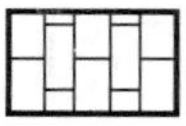	玻化砖、饰面砖、陶瓷锦砖(错缝贴)
10	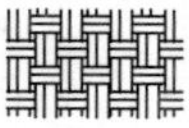	拼花木地板(正方格形)	15	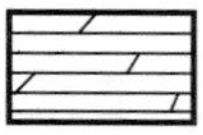	实木地板
11		拼花木地板(人字形)	16		粉刷(注明材料)

12.2 装饰平面图

　　装饰平面图是设计师向人们展示设计方案的重要图纸。它包括原始平面图、平面布置图、地面材料示意图和顶棚平面图。其常用比例为 1：50、1：100。

　　在平面图中剖切到的墙体、柱子等用粗实线表示，未被剖切到的但能看到的物体用细实线表示，未被剖切到的墙体立面的洞、龛等用细虚线表明其位置。在原始平面图、平面布置图、地面材料示意图中房门的开启线用细实线表示。在顶棚平面图中只画门洞的位置，不用画房门的开启线。

12.2.1 原始平面图

12.2.1.1 原始平面图图示方法（见图 12-1）

12.2.1.2 原始平面图图示内容

（1）了解建筑平面布局、空间尺寸及建筑结构。

（2）了解房间的使用功能及地面标高。

（3）通过定位轴线及编号，了解各房间的平面尺寸，门、窗的位置，大小及开启方式。

（4）了解各房间的通风采光环境及房屋不尽如人意的地方，为房屋装修时对其不够合理的平面布置进行适当的调整有一个指导思想。

（5）考察水暖管线、烟道、通风道等位置，为日后的设计改动提供依据。

12.2.2 平面布置图

12.2.2.1 平面布置图图示方法（见图 12-2）

12.2.2.2 平面布置图图示内容

（1）功能区域的划分及变化；

（2）房间的使用功能及平面尺寸、地面标高；

（3）门、窗的位置，形式、大小及开启方式；

（4）室内家具、陈设、家用电器、绿化等的平面布置及图例符号；

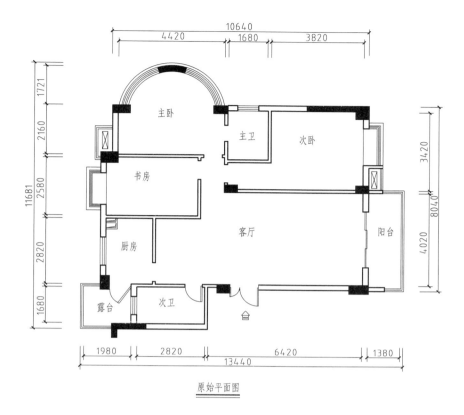

图 12-1　某住宅原始平面图

（5）图名、索引符号及必要的说明。

12.2.3　地面材料示意图

12.2.3.1　地面材料示意图图示方法（见图 12-3）

12.2.3.2　地面材料示意图图示内容

（1）反映房间地面材料的选用及尺寸；

（2）反映房间地面的铺砌形式、形状范围；

（3）反映各房间之间地面的衔接方式；

（4）反映房间地面的装饰风格、色彩、图案等；

（5）反映房间的地面标高及变化。

12.2.4　顶棚平面图

12.2.4.1　顶棚平面图图示方法（采用镜像投影法绘制）（见图 12-4）

12.2.4.2　顶棚平面图图示内容

（1）表明顶棚的装饰平面造型形式和尺寸大小；

（2）表明房间顶棚所用的装饰材料及标高；

（3）表明灯具的种类、规格、安装位置及布置方式；

（4）表明中央空调通风口、烟感器、自动喷淋器及与顶棚有关的设备的平面布置形式及安装位置；

（5）对需要另画剖面详图的顶棚平面图，应注明剖切符号或索引符号。

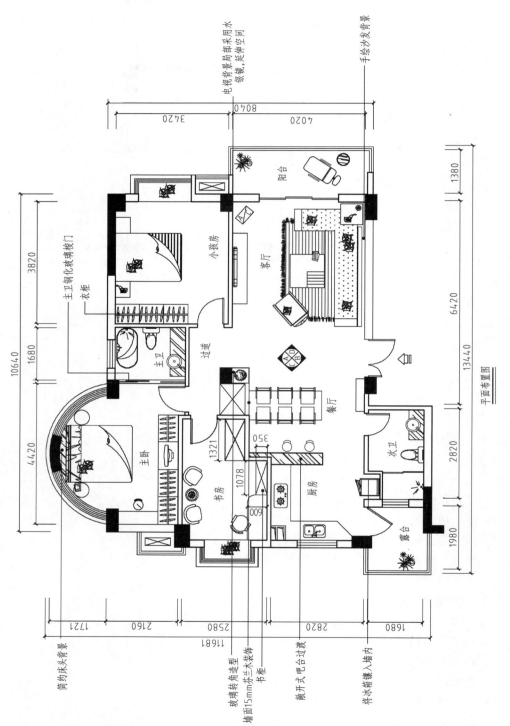

图 12-2　某住宅平面布置图

平面布置图

电视背景局部采用水银镜,延伸空间

手绘沙发背景

阳台

小孩房

客厅

主卫钢化玻璃梭门

衣柜

主卫

过道

次卫

主卧

书房

厨房

餐厅

露台

简约床头背景

玻璃转角造型

墙面15mm芬兰木装饰书柜

敞开式吧台合过渡

将冰箱镶入墙内

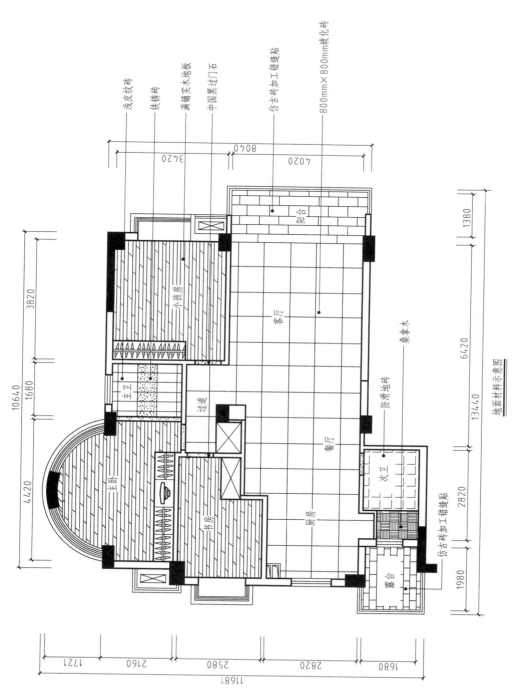

浅灰纹砖
铁锈砖
满铺实木地板
中国黑过门石
仿古砖加工错缝贴
800mm×800mm玻化砖

阳台

3420
8040
4020

1380

小孩房

客厅

3820

主卫

过道

10640

1680

桑拿木

地面材料示意图

防滑地砖

餐厅

书房

主卧

4420

次卫

6420

13440

厨房

2820

仿古砖加工错缝贴

露台

1980

1721
2160
2580
2820
1680

11681

图12-3 某住宅地面材料示意图

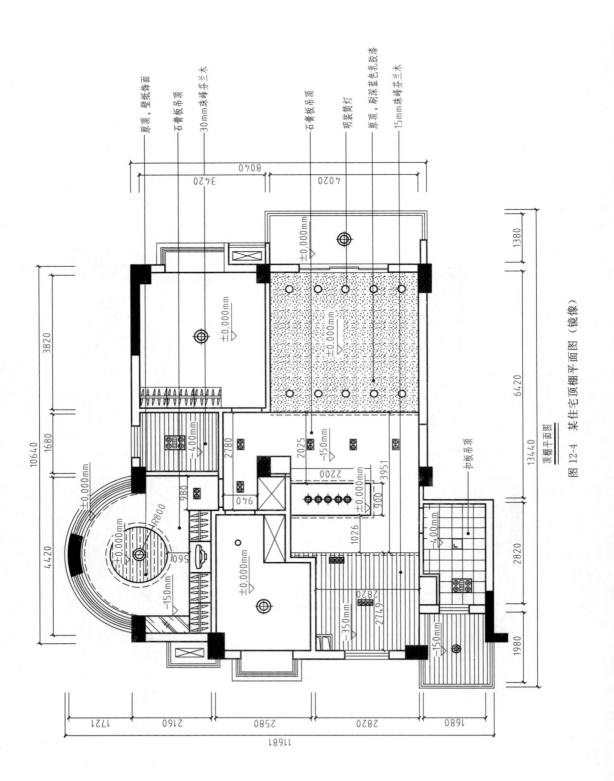

原顶，壁纸饰面

石膏板吊顶

30mm珠峰芬兰木

石膏板吊顶

明装筒灯

原顶，刷深蓝色乳胶漆

15mm珠峰芬兰木

顶棚平面图

图12-4 某住宅顶棚平面图（镜像）

12.2.5　识读装饰平面图的要点

（1）看标题栏，分清是何种平面图；

（2）通过原始平面图和平面布置图，了解房屋装修前后功能区域的划分及变化；

（3）通过平面布置图了解房间的使用功能及建筑面积，使用面积；

（4）通过平面布置图了解室内家具、陈设、电器、厨房用品、卫生洁具、绿化等的平面布置及装饰风格；

（5）通过地面材料示意图和顶棚平面图了解各界面所用的装饰材料种类、规格、形状及界面标高。

12.2.6　用 AutoCAD 绘制平面图

【例 12-1】　绘制图 12-2 某住宅平面布置图。

解　绘图步骤：

（1）设置绘图环境

①【格式】→【图形界限】

以总体尺寸为参考，设置图形界限为 25000×20000。

②设置图层及线型　注意在图层设置时，将打印颜色统一设置为黑色。

③设置绘图比例　绘制建筑平面图时，采用 1∶1 的比例直接绘制图形，出图时选择 1∶100 的比例打印。

④设置字体和字样。

⑤图框和标题栏　按 A4 幅面（297×210）绘制图框和标题栏，制作成外部块存盘。以"图框、标题栏"为文件名存盘。

（2）绘制轴线及定位线

将轴线层置为当前，打开正交，使用直线命令，绘制一条超过总长的水平线和一条超过总宽的垂直线，然后使用"偏移"命令得到其他轴线和定位线。

利用"剪切"或"打断"等命令编辑轴线，使轴线长度合适。

（3）绘制墙体和柱子

将墙体层置为当前，在定位轴线的基础上用"多线"命令绘制墙体，使用多线编辑、修剪等命令，完成门洞、窗洞的绘制。

将柱子作为当前层，根据尺寸绘制并填充柱子，尺寸相同的柱子可利用"阵列"或"复制"命令画出。

（4）绘制门、窗

将门、窗层置为当前，创建不同尺寸的门、窗图块，利用"旋转""镜像"等命令，将图块分别插入门、窗所在的位置。

（5）绘制家具、陈设、电器、绿化等

将家具层置为当前，利用基本绘图命令（如直线、圆、矩形等）和基本编辑命令（如复制、剪切、倒角）绘制出平面布置图中的各种家具、陈设、电器、绿化等。

（6）标注尺寸，注写文字

将标注层置为当前，设置正确的标注样式，利用"线性标注"及"连续标注"等命令对平面布置图进行尺寸标注。

注写文字时，选择字体和高度，利用"文字编辑"命令注写文字内容。

（7）输出图样

①出图前，认真检查，做到无错误，布图合理。

② 将外部块（图框、标题栏）放大 100 倍插入，填写标题栏，存盘。

③ 在打印设置中，将打印纸设置为 A4（横幅），按 1：100 的输出比例打印图形，打印区域最好采用窗选。

12.3 装饰立面图

装饰立面图是对建筑物的各个立面及表面上所有的构件，如门、窗等的形式，比例关系和表面的装饰进行的正投影。它主要反映室内空间垂直方向的装饰设计形式，尺寸与做法，材料与色彩的选用等内容，是确定墙面施工的主要依据。其常用比例为 1：30、1：50。

室内装饰立面图的外轮廓线用粗实线表示，墙面的装饰造型及门窗用中实线表示，其他图示内容、尺寸标注和引出线用细实线表示。

12.3.1 装饰立面图图示方法

如图 12-5～图 12-10 所示。

12.3.2 装饰立面图图示内容

（1）以室内地坪为标高零点，标明各界面（地面、墙面、顶面）的高度及衔接方式和相关尺寸；

（2）墙面的装饰造型及装饰材料的说明；

（3）墙面上的陈设及设备的形状、尺寸和安装尺寸；

（4）吊顶顶棚的装饰结构、材料及相关尺寸；

（5）图名，详图索引符号及相关说明。

12.3.3 识读装饰立面图的要点

（1）首先看平面布置图，在平面布置图中按照投影符号的指向，从中选择要识读的室内立面图；

（2）在平面布置图中明确该墙面位置有哪些固定家具和室内陈设，以及它们的定形、定位尺寸；

（3）了解立面的装饰形式及变化；

（4）注意墙面装饰造型及尺寸、材料、色彩和施工方法；

（5）查看立面标高、其他细部尺寸、索引符号等。

12.3.4 用 AutoCAD 绘制立面图

【例 12-2】 绘制图 12-5 某住宅餐厅、客厅 A 立面图。

解 绘图步骤如下：

（1）设置绘图环境

① 设置图形界限为 15000×10000。

② 设置图层及线型。

（2）绘制立面索引图

在平面布置图上复制一份餐厅、客厅 A 立面的平面布置图，用来表达观察方向。

（3）绘制辅助线

结合餐厅、客厅 A 立面的平面布置，定位立面尺寸，绘制定位辅助线。

（4）绘制立面形状

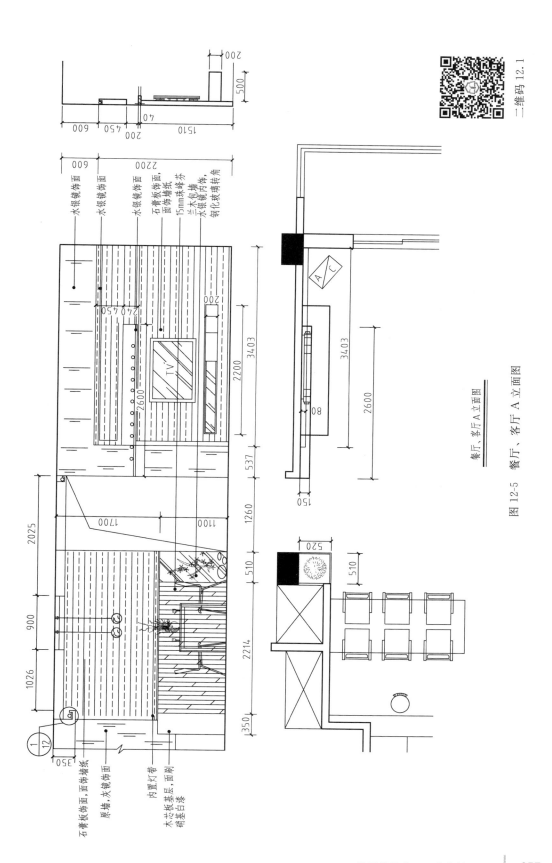

水银镜饰面
水银镜饰面
水银镜饰面
石膏板饰面，面饰墙纸
水银墙饰面
兰木板墙饰，15mm踩峰芬
水银包镜内墙，钢化玻璃转转角

石膏板饰面，面饰墙纸
原墙，灰镜饰面
内置灯带
木芯板基层，面刷聚胶白漆

餐厅、客厅 A 立面图

餐厅、客厅 A 立面图

图 12-5　餐厅、客厅 A 立面图

二维码 12.1

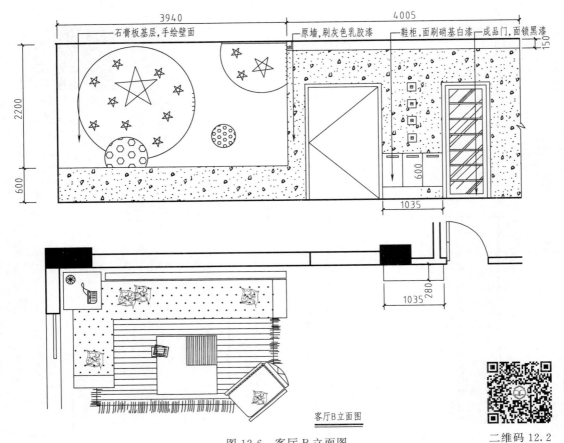

石膏板基层,手绘壁面　　原墙,刷灰色乳胶漆　　鞋柜,面刷硝基白漆　　成品门,面锁黑漆

客厅B立面图

图 12-6　客厅 B 立面图

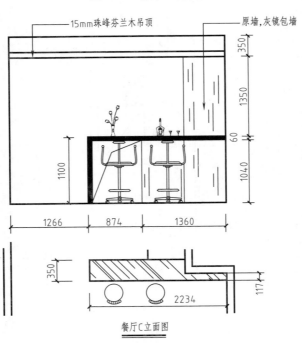

15mm珠峰芬兰木吊顶　　原墙,灰镜包墙

餐厅C立面图

图 12-7　餐厅 C 立面图

二维码 12.2

二维码 12.3

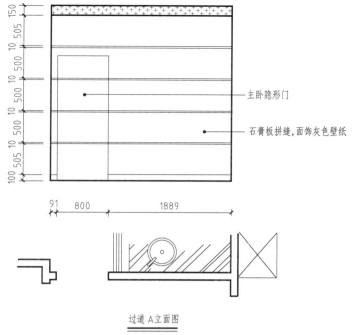

过道 A立面图

图 12-8　过道 A 立面图

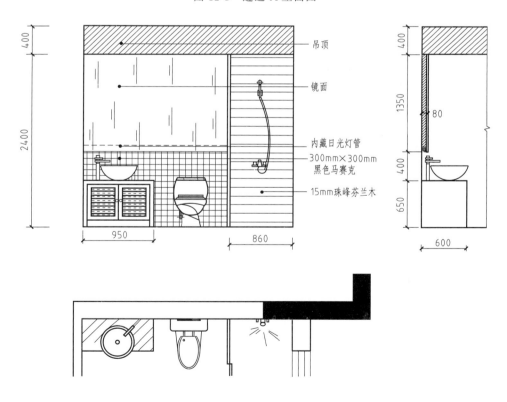

次卫B立面图

图 12-9　次卫 B 立面图

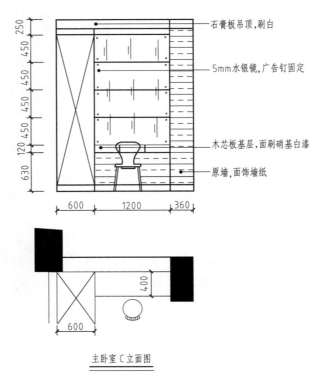

石膏板吊顶,刷白

5mm水银镜,广告钉固定

木芯板基层,面刷硝基白漆

原墙,面饰墙纸

主卧室C立面图

图 12-10　主卧室 C 立面图

在辅助线的基础上使用绘图及编辑工具，绘制立面造型并删除不必要的线段。

（5）图案填充

利用填充命令对可见材料的部分进行填充。

（6）标注尺寸、注写文字

利用尺寸标注工具给立面图标注尺寸。利用文字编辑命令为立面图添加文字说明。

（7）标注详图索引

对立面图的构造及施工方法，需表达清楚时，要标注索引符号。

（8）检查图形，存盘

12.4　装饰详图

由于装饰平面图常用的比例为 1∶50、1∶100，装饰立面图常用的比例为 1∶30、1∶50，画出的图形较小，其细部尺寸及施工方法反映不清晰，满足不了装饰施工和细部施工的需要，所以需放大比例（采用1∶1、1∶10 的比例）绘制出细部图样，形成装饰详图。

装饰详图与装饰构造、施工工艺有着密切的联系，是对装饰平面图、装饰立面图的深化和补充，是装饰施工以及细部施工的依据。

装饰详图包括剖面详图和节点大样图。在装饰详图中剖切到的物体轮廓线用粗实线表示，未被剖切到的但能看到的物体用细实线表示。

12.4.1　装饰详图图示方法

如图 12-11～图 12-14 所示。

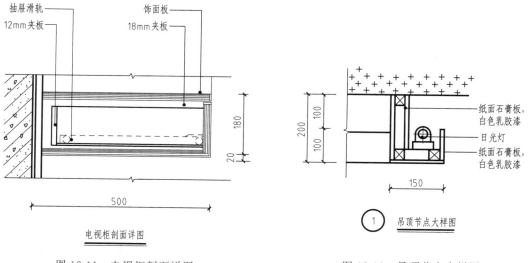

图 12-11 电视柜剖面详图

图 12-12 吊顶节点大样图

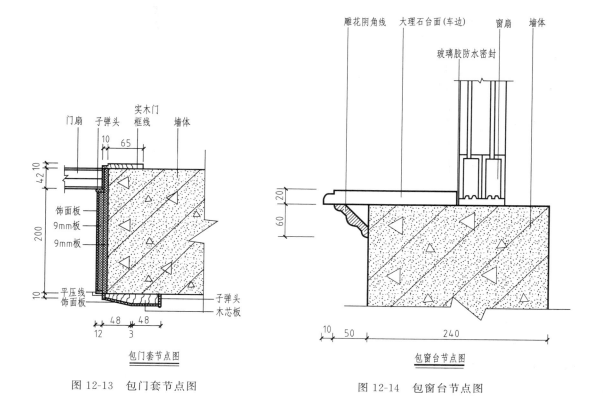

图 12-13 包门套节点图

图 12-14 包窗台节点图

12.4.2 装饰详图图示内容

（1）装饰造型样式，材料选用及详细尺寸；

（2）装饰结构与建筑结构之间的连接方式及衔接尺寸；

（3）装饰配件的规格、尺寸和安装方法；

（4）色彩及施工方法说明；

（5）索引符号、图名、比例等。

12.4.3 识读装饰详图的要点

（1）通过图名，索引符号找出与其他图纸的关系；

（2）结合装饰平面图和装饰立面图，确定装饰详图的位置；

（3）读懂装饰详图，了解装饰结构与建筑结构的关系；

（4）认真查阅图纸，了解剖面详图和节点大样图中的各种材料的组合方式和施工要求。

12.5 家 具 图

家具是人类文化的重要组成部分，也是人们生活中不可缺少的必需品。它不仅使生活增添方便和舒适，而且也为工作创造了条件。家具在居室陈设中有着重要的地位，它既有实用功能，又是居室中的装饰品，对居室的风格和美化起着关键的作用。所以，家具图同样是装饰设计中的重要内容。

常见的家具图包括立体图、三视图、节点图。

（1）立体图

一般采用正等测图（轴测图），有很强的立体感，能直观地表达家具的形状和样式，但不能直接反映家具的真实形状和大小。

（2）三视图

能全面反映家具的造型及尺寸，但图形缺乏立体感。

（3）节点图

表达家具的细部尺寸及连接方式。

12.5.1 家具图图示方法

如图 12-15、图 12-16 所示。

12.5.2 家具图图示内容

（1）家具的图名及安装说明；

（2）家具的设计风格、造型及尺寸；

（3）家具的材料、制作要求、加工方法；

（4）家具的装饰要求和色彩要求；

（5）家具的内部结构，接合方式。

12.5.3 识读家具图的要点

（1）通过图名，了解家具的用途；

（2）结合平面布置图，了解家具的放置位置；

（3）结合平面布置图、顶棚平面图，分析家具的风格与居室风格是否一致；

（4）结合地面材料示意图、顶棚平面图，分析家具的色彩与室内色彩是否协调；

（5）结合立面图，了解家具与地面、顶面的关系。

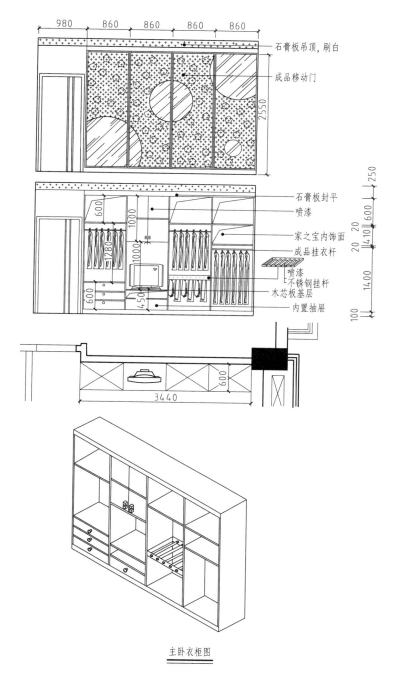

图 12-15　主卧衣柜图

主卧衣柜图

石膏板吊顶, 刷白
成品移动门
石膏板封平
喷漆
家之宝内饰面
成品挂衣杆
喷漆
不锈钢挂杆
木芯板基层
内置抽屉

980　860　860　860　860

2550

3440

600

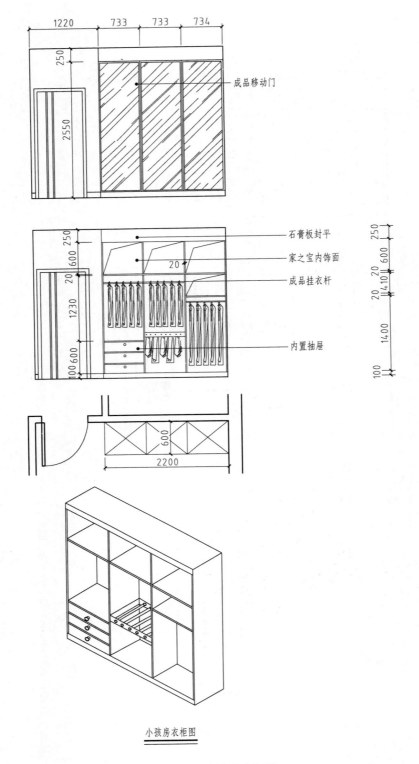

成品移动门

石膏板封平

家之宝内饰面

成品挂衣杆

内置抽屉

小孩房衣柜图

图 12-16　小孩房衣柜图

能力训练

一、填空题

1. 一套完整的装饰施工图由_____、_____、_____、_____组成。

2. 装饰平面图由_____、_____、_____、_____组成。

3. 顶棚平面图采用_____投影法绘制。

4. 装饰平面图常用的比例为_____、_____；装饰立面图常用的比例为_____、_____。

5. 装饰详图是_____、_____的依据。

二、简答题

1. 简述装饰设计与建筑设计的关系。

2. 装饰平面图和建筑平面图有什么区别？

3. 简述装饰平面图的识读要点。

4. 装饰立面图与建筑立面图有什么区别？

5. 简述装饰立面图的图示内容。

6. 绘制立面图有何作用？

7. 简述用 AutoCAD 绘制立面图的绘图步骤。

8. 什么是装饰详图？

9. 家具图由哪些图样组成？

10. 简述家具图的识读要点。

模块四

BIM 应用

学习单元十三　BIM 技术入门与三维建模

13.1　概　　述

13.1.1　BIM 的基本概念

　　BIM 全称是"building information modeling"，译为建筑信息模型，是由 Autodesk 公司在 2002 年首次提出，并在全世界范围内得到认可，现已在建筑领域中得到广泛应用。对于 BIM 的定义目前有多种解释，较为完整的是美国国家 BIM 标准（National Building Information Modeling Standard，NBIMS）的定义："BIM 是设施物理和功能特性的数字表达；BIM 是一个共享的知识资源，是一个分享有关这个设施的信息，为该设施从概念到拆除的全寿命周期中的所有决策提供可靠依据的过程；在项目不同阶段，不同利益相关方通过在 BIM 中插入、提取、更新和修改信息，以支持和反映各自职责的协同工作"。

　　通俗来讲，BIM 可以理解为利用三维可视化仿真软件将建筑物的三维模型建立在计算机中，三维模型中包含了建筑物的几何尺寸、标高等各类几何信息，还包括建筑材料、采购信息、钢筋类别、耐火等级等非几何信息，是一个建筑信息数据库。项目的各参与方在协同平台上建立 BIM 模型，根据所需提取模型中的信息，及时交流与传递，从项目可行性规划开始，到初步设计，到施工与后期运营维护等不同阶段进行有效管理，显著提高效率减少风险与浪费，这就是 BIM 技术在建筑全生命周期的基本应用。

13.1.2　传统 CAD 与 BIM

　　CAD 绘制的文件可直接导入 Revit 软件中，这样既可以节约时间，又能够提高工作效率。在 Revit 软件中导入 CAD 文件有两个命令，分别是"链接 CAD"和"导入 CAD"。如果使用"链接 CAD"命令，将 CAD 文件链接到 Revit 项目时，Revit 将保留指向该文件的链接，被链接的 CAD 文件进行了修改，则所有修改都会显示在 Revit 项目中。如果使用"导入 CAD"命令，导入的 CAD 文件仅作为 Revit 里的一个构件，不具备链接关系。

13.1.3　BIM 应用软件基础知识

这里主要介绍在 Revit 环境中，导入或链接 CAD 文件，完成建筑模型的基本创建。

13.1.3.1　熟悉 Revit 软件环境

双击 Revit 软件桌面图标，打开软件，进入到软件界面，如图 13-1 所示，在软件界面左边，包含有"项目"和"族"。

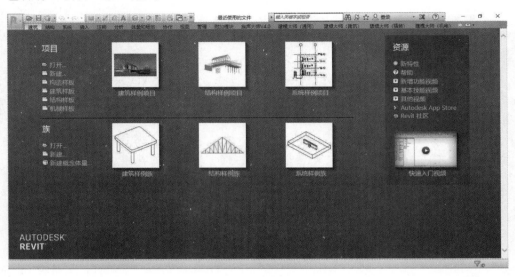

图 13-1　软件界面

（1）"项目"中包括四个样板，分别为：构造样板、建筑样板、结构样板和机械样板，在绘图建模过程中根据项目需要选择相对应的样板。

选择"建筑样板"打开后，进入到软件的操作界面，如图 13-2 所示。

图 13-2　软件操作界面

· 功能区：包括建筑、结构、系统等选项卡，提供创建项目或族所需的全部工具。

- 属性选项板：可以查看和修改用来定义图元属性的参数。
- 项目浏览器：列出模型中包含的所有视图。双击视图标题可在绘图区域中打开该视图。
- 绘图区：绘图区域显示当前项目的视图。

（2）"族"界面下有："打开""新建""新建概念体量"。

点击"打开"或"新建"命令，可在项目外部编辑可载入族或使用样板文件创建可载入族。

13.1.3.2 Revit 中的基本概念

（1）图元要素　软件的基本构架主要由以下五种图元要素构成：

① 主体图元：包括墙、楼板、屋顶、天花板、场地、楼梯、坡道等。主体图元可进行参数设置，如墙可以设置构造层、墙的厚度、高度等。

② 构件图元：包括窗、门和家具、植物等三维模型构件。

③ 注释图元：包括尺寸标注、文字注释、标记和符号等。

④ 基准面图元：包括标高、轴网、参考平面等。

⑤ 视图图元：包括楼层平面图、天花板平面图、三维视图、立面图、剖面图及明细表等。

（2）"族"的概念　"族"是一个包含通用属性（称作参数）集和相关图形表示的图元组。所有添加到 Revit 项目中的图元都是使用族创建的，不使用族，无法在 Revit 中创建任何对象。

属于同一个族的不同图元的部分或全部参数可能有不同的值，但是参数的集合是相同的。族中的这些变体称作族类型或类型。在 Revit 中族有以下三种：

① 系统族：系统族可以创建要在建筑现场装配的基本图元。例如：墙、屋顶、楼板、风管、管道等。

② 可载入族：可载入族是用于创建在建筑内和建筑周围的建筑构件，例如窗、门、橱柜、装置、家具和植物等；在建筑内和建筑周围的系统构件，例如锅炉、热水器、空气处理设备和卫浴装置等；或常规自定义的一些注释图元，例如符号和标题栏。

③ 内建族：在当前项目中为专有的特殊构件所创建的族，不需要重复利用。

13.2　Revit 基础建模实例

13.2.1　标高与轴网

13.2.1.1　绘制标高

使用"标高"工具，定义垂直高度或建筑内的楼层标高，为每个已知楼层或其他必需的建筑参照（如第二层、墙顶或基础底端）创建标高。要添加标高，必须处于剖面视图或立面视图中。在功能区"建筑"或"结构"选项卡下的工具面板中可找到"标高"工具，如图13-3 所示。

添加绘制标高时，会创建一个关联的平面视图，如图 13-4 中所示，在立面视图中添加了"标高 1""标高 2"，在楼层平面视图中会对应生成"标高 1""标高 2"的楼层平面图。

图 13-3　"标高"工具图标

（1）在项目浏览器中，找到"立面（建筑立面）"，双击任意立面，切换到立面视图中，视图立面中默认已有标高1、标高2，可直接修改使用。在楼层平面中对应有标高1、标高2的楼层平面视图。如图13-4、图13-5所示。

图 13-4　项目浏览器　　　　　　　　　　　图 13-5　视图中默认标高

（2）绘制标高。选择"建筑"选项卡下面的"标高"命令，在立面视图中，单击鼠标并水平移动光标绘制标高线，当标高线达到合适的长度时单击鼠标确定。放置光标以创建标高时，如果光标与现有标高线对齐，则光标和该标高线之间会显示一个临时的垂直尺寸标注，如图13-6所示。

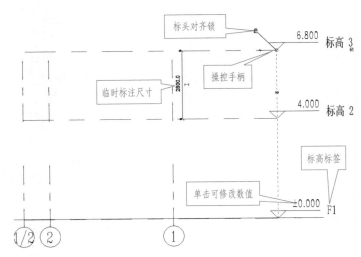

图 13-6　标高的修改设置

·标头对齐锁：锁定状态下移动标高线范围，则所有对齐的轴线都会随之移动。

·临时标注尺寸：可单击临时尺寸标注，键入新值，以移动标高。

·操控手柄：选择标高线，单击蓝色尺寸操纵柄，并向左或向右拖曳光标，调整标高线的尺寸。

·标高标签：单击标签框可重命名标签。

也可通过"复制"工具，来复制创建不同的标高。选择视图中的"标高2"，在"修改｜标高"标签栏中单击"复制"工具图标，并在选项栏勾选"约束"和"多个"选项，如图13-7所示。

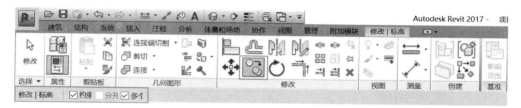

图 13-7　"复制"工具图标和"约束""多个"选项

在"标高 2"上单击捕捉任意一点作为复制参考点，然后垂直向上移动光标，直接用键盘输入间距值 2850 后按【Enter】键确认，完成复制的新标高，如图 13-8 所示。

图 13-8　复制标高

★ 注意：复制的标高是参照标高，因此标高标头都是黑色显示。

在项目浏览器中的"楼层平面"项下也没有对应创建新的平面视图，需要为复制的标高新建平面视图。在"视图"标签栏下的"平面视图"按钮

图 13-9　"平面视图"/"楼层平面"图标

中，选择"楼层平面"，如图 13-9 所示。在弹出"新建楼层平面"面板中，选择"标高 3"，单击【确定】，完成平面视图的创建，如图 13-10 所示。在"项目浏览器"的"楼层平面"项中会看到新建的平面视图"标高 3"，如图 13-11 所示。

图 13-10　"新建楼层平面"面板

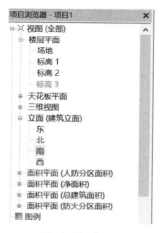

图 13-11　显示"标高 3"平面视图

在项目浏览器中双击"立面（建筑立面）"项下的"南"立面视图，在南立面视图中，发现"标高 3"标头变成蓝色显示，直接复制标高而不新建平面视图，标高的标头是黑色显

示的，如果是"绘制"的标高，系统会自动创建相应平面视图。

按照学习单元十施工图案例（图 10-25）创建的标高如图 13-12 所示。

图 13-12　创建的案例标高

13.2.1.2　导入或链接 CAD 文件，拾取轴网

（1）导入 CAD 文件。点击"插入"选项卡，选择该选项卡下面的"导入 CAD"或"链接 CAD"工具图标，如图 13-13 所示。选择处理好的 CAD 图纸（学习单元十图 10-4），并设置导入格式，如图 13-14 所示，在 Revit 视图中会显示导入的图纸，如图 13-16 所示。

图 13-13　"插入"选项卡

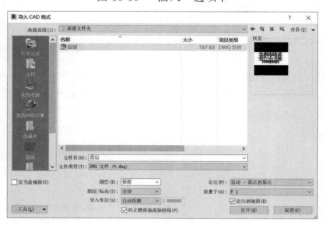

图 13-14　"导入 CAD 格式"对话框

（2）将图纸对齐到项目基点。在项目中，可能需要将各专业模型链接整合的情况，这需要各专业模型在链接时的项目基点位置完全一致。项目基点默认在视图中不可见，需设置其可见。单击属性栏的"可见性/图形替换"，在弹出对话框中勾选"场地"下面的"项目基点"，如图 13-15 所示。设置好后，视图中会显示项目基点图标。对齐好图纸后，也可再去

掉"项目基点"的设置勾选，将其隐藏。

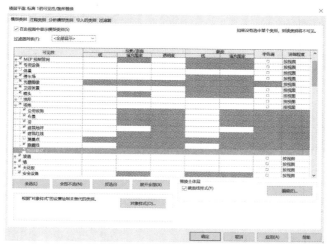

图 13-15　"可见性/图形替换"设置面板

选择导入的图纸，图纸上会显示锁定图标，单击锁定图标，解除锁定，图纸在锁定状态下是无法移动的。使用移动工具选择①轴与Ⓐ轴交点，捕捉对齐到项目基点，对齐以后，再次单击锁定图标，将图纸锁定。如图 13-16 所示。

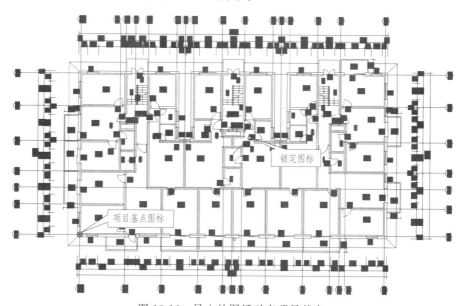

图 13-16　导入的图纸对齐项目基点

（3）拾取轴网。单击"建筑"选项卡中的"轴网"命令图标，如图 13-17 所示，在"属性"选项板中单击"编辑类型"，设置轴网"类型属性"中的"轴线中段"为"连续"，也可设置轴网颜色等其他属性，如图 13-18、图 13-19 所示。

图 13-17　"轴网"命令图标

图 13-18　轴网"属性"选项板

图 13-19　轴网"类型属性"面板

设置好轴网属性后，在"修改｜放置轴网"选项卡下的"绘图"面板中选择"拾取线"工具，如图 13-20 所示。

图 13-20　"拾取线"工具图标

使用"拾取线"工具，在 CAD 图纸上依次拾取轴线。拾取的第一根轴线默认编号为 1，后续轴号按 1、2、3、4、5…自动编号；绘制纵向轴线时，需要将第一根轴线的轴号改为 A，后续会自动按 A、B、C…自动编号，非连续编号的轴线可拾取后再修改轴号。（注意：Revit 软件不能自动排除"I"和"O"轴网编号，需要手动排除。）

完成轴线的拾取后，选择导入的 CAD 图纸，单击鼠标右键，在弹出菜单中选择"在视图中隐藏/图元"，将图纸隐藏。如图 13-21 所示即为从 CAD 图纸上拾取的轴网。

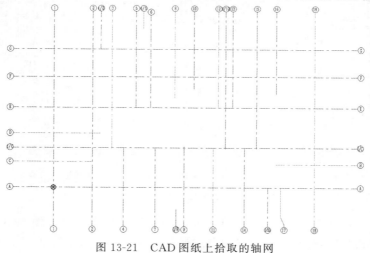

图 13-21　CAD 图纸上拾取的轴网

（4）调整轴线。对拾取或绘制的轴线，可进行相应调整，具体如图 13-22 所示。

· 隐藏/显示框：显示/隐藏轴线编号。

· 线段边界：拖动蓝色圆点，可调整轴线末端位置，改变长度。

· 标头偏移：单击"标头偏移"拖曳控制柄，将编号移动偏离轴线。

图 13-22   轴线的调整设置

轴线各调整效果如图 13-23 所示。

图 13-23   轴线的调整效果

13.2.2   墙体建模

在软件功能区的"建筑"和"结构"标签选项卡下都提供了"墙"工具，可在建筑模型中通过选择"墙：建筑"或"墙：结构"来创建非承重墙或结构墙，如图 13-24 所示。创建墙时，可以在"属性"选项板中指定其类型。墙族有三种，分别为基本墙、叠层墙和幕墙，每一种墙族下又有不同族类型，可根据实际选择创建，如图 13-25 所示。

图 13-24   "墙"工具图标

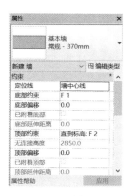

图 13-25   选择墙类型

当激活"墙"工具时，功能区会切换到"修改 | 放置墙"选项卡，选项卡下提供有绘制、修改等工具面板，"绘制"面板中提供有直线、矩形、多边形等绘图工具，"修改"面板中提供有移动、复制、偏移、对齐、镜像等工具，如图 13-26 所示。

图 13-26   "修改 | 放置墙"选项卡

在"属性"选项板中可更改、设置墙实例属性来修改其定位线、底部限制条件和顶部限制条件、高度和其他属性，如图 13-27 所示。在"属性"选项板中单击"编辑类型"可更改墙的类型属性来修改其结构、功能和其他属性，如图 13-28 所示。

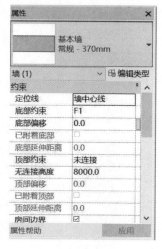

图 13-27　设置实例属性

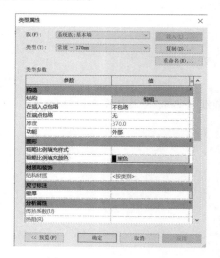

图 13-28　设置类型属性

放置在视图中的每个图元都是某个族类型的一个实例。图元有 2 组用来控制其外观和行为的属性：类型属性和实例属性。

· 类型属性：修改类型属性的值会影响该族类型当前和将来的所有实例。

· 实例属性：修改实例属性的值将只影响选择集内的图元或者将要放置的图元。

（1）在项目浏览器中，切换到"楼层平面"视图中，双击"F1"楼层平面，绘图区显示为 F1 平面视图，如图 13-29、图 13-30 所示。再点击功能区建筑标签下的"墙:建筑"命令。

图 13-29　项目浏览器中楼层平面

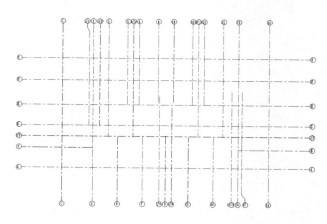

图 13-30　绘图区显示的 F1 平面视图

绘制墙体前，可在视图中将隐藏的 CAD 图纸显示出来，参照 CAD 图纸来绘制墙体。在"视图"控制栏中点击"显示隐藏的图元"图标，如图 13-31 所示。在视图中选中图纸，单击鼠标右键，在右键菜单中选择"取消在视图中隐藏图元"，再关闭"显示隐藏的图元"图标。

（2）设置墙体属性。选择"墙：建筑"命令，在"属性"选项板中单击"编辑类型"，在弹出的"类型属性"面板中单击【复制】按钮，复制创建新的墙类型并重命名，再单击【编辑】按钮，在"编辑部件"面板中设置墙体结构厚度为 370mm。如图 13-32、图 13-33 所示。

图 13-31 视图控制栏"显示隐藏的图元"图标

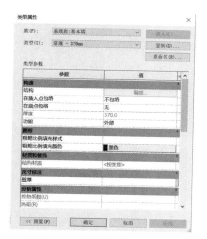

图 13-32 墙体类型属性面板

图 13-33 "编辑部件"面板

在"属性"选项板中设置墙体的实例属性，如图 13-34 所示。

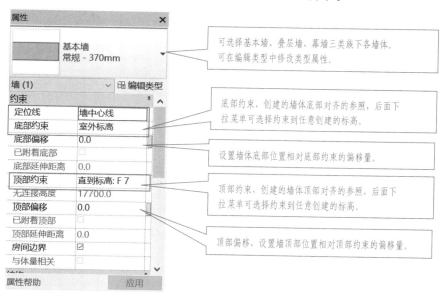

图 13-34 "属性"选项板中墙体的实例属性

（3）绘制墙体。在"属性"选项板中，设置墙定位线为"墙中心线"，案例图纸中外墙的墙中心线与轴线有 65mm 的偏移距离，可在选项栏中，先设置"偏移量"为"65.0"，如图 13-35 所示，图最下方为选项栏，根据当前工具或选定的图元显示条件选项。

在视图中绘制外墙（无需考虑门洞、窗洞，后续添加门窗构件时，Revit 将自动剪切洞口并放置门窗），如图 13-36 所示。

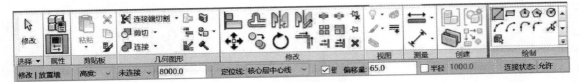

图 13-35 设置"偏移量"

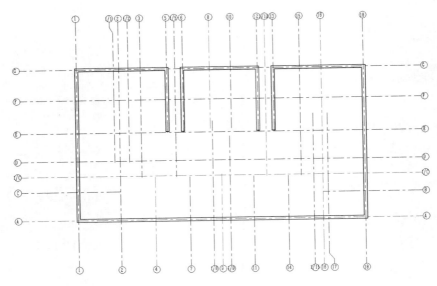

图 13-36 绘制的外墙

按照墙体设置的方法，绘制建筑其他墙体部分，如图 13-37 所示。

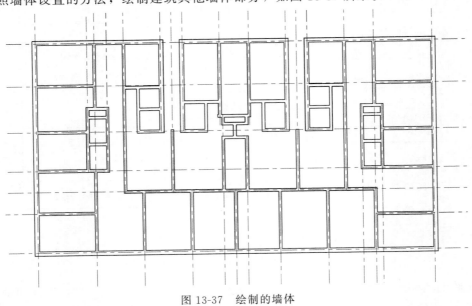

图 13-37 绘制的墙体

（4）在三维视图中观察模型。在功能区中切换到"视图"标签，在"创建"面板中单击"三维视图"工具，绘图区会切换到"三维视图"，如图 13-38 所示。按住键盘【Shift】键的同时，按住鼠标中键在视图中上下左右拖动鼠标，可旋转视图，如图 13-39 所示。

图 13-38　"三维视图"工具图标

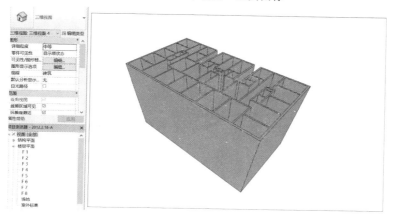

图 13-39　三维视图效果

13.2.3　门窗建模

门窗是基于主体的构件，可以添加到任何类型的墙内，对于天窗，可以添加到内建屋顶。可以在平面视图、立面视图或三维视图中添加门窗。选择要添加的门窗类型，然后指定门窗在主体图元上的位置。Revit 将自动剪切洞口并放置门窗。

在功能区的"建筑"选项卡下，有"门""窗"等工具，如图 13-40 所示，可使用"门""窗"工具在墙中放置门窗。

图 13-40　门窗工具图标

13.2.3.1　创建窗

设置窗类型，修改其类型属性与实例属性。选择"窗"工具，在"属性"选项板中，单击"编辑类型"打开"类型属性"面板，单击【载入】按钮，可加载族类型，如图 13-41～图 13-43 所示。

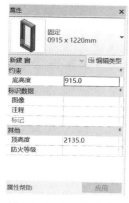

图 13-41　"属性"选项板

图 13-42　"类型属性"面板

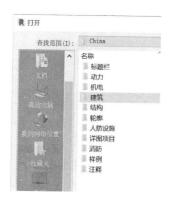

图 13-43　载入打开文件

在"类型属性"面板参数中，修改高度、宽度值使尺寸符合案例中窗 C-1。在 F1 平面视图中放置窗，并调整位置和方向，如图 13-44、图 13-45 所示。其他窗设置创建方法相同。

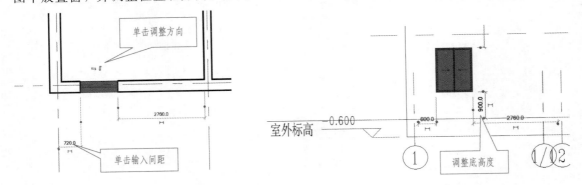

图 13-44　平面视图中调整位置　　　　图 13-45　立面视图中调整位置

按照同样方法绘制其他窗，如图 13-46 所示。

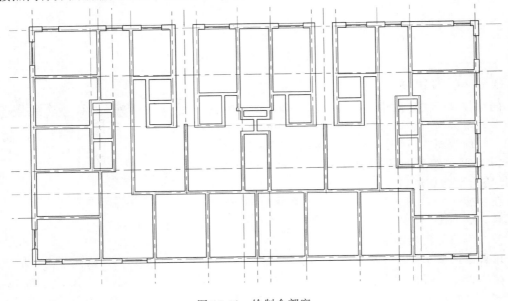

图 13-46　绘制全部窗

13.2.3.2　创建门

门的创建与窗类似，设置门类型，修改其类型属性与实例属性。选择"门"工具，在"属性"选项板中，单击"编辑类型"打开"类型属性"面板，单击【载入】按钮，可加载族类型，如图 13-47～图 13-49 所示。

在类型属性面板参数中，修改高度、宽度值使尺寸符合案例中门的尺寸要求。在 F1 平面视图中放置门，并调整位置和方向，如图 13-50 所示。同样方法绘制其他门，如图 13-51 所示。

完成一层门窗的创建后，其他层的门窗可通过复制来完成。首先在 F1 楼层平面图中框选所有对象，在功能区选择"过滤器"，"过滤器"设置面板中再勾选"门""窗"，然后【确定】。如图 13-52、图 13-53 所示。

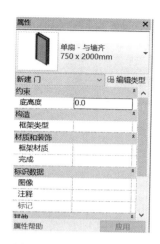

图 13-47 "属性"选项板

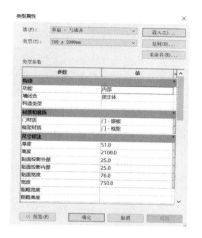

图 13-48 "类型属性"面板

图 13-49 "载入"打开文件

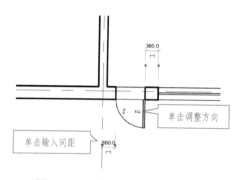

图 13-50 平面视图调整位置及方向

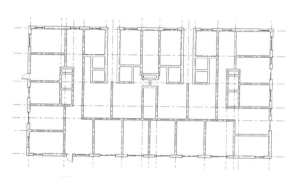

图 13-51 平面视图门窗整体效果

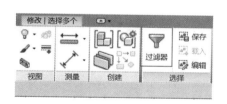

图 13-52 "过滤器"图标

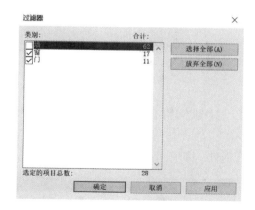

图 13-53 "过滤器"设置面板

　　确认通过过滤器选择了所有门窗后，在功能区选择"复制"图标，然后粘贴"与选定的标高对齐"，在弹出"选择标高"面板中复选需要复制的标高，【确定】完成复制，如图 13-54、图 13-55 所示，注意首层、标准层、顶层门窗设置的区别，根据图线作相应调整。

　　在三维视图中观察创建的整体效果，如图 13-56 所示。

图 13-54 "复制""粘贴"图标

图 13-55 "选择标高"设置面板

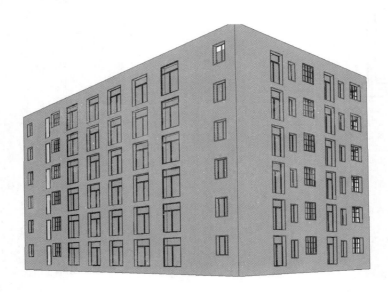

图 13-56 门窗整体效果

13.2.4 其他构件的建模

在功能区的"建筑"选项卡下,还提供了"楼板""楼梯""屋顶"等工具,用于创建相应的建筑构件,如图 13-57 所示。

图 13-57 功能区"建筑"选项卡工具

本学习单元重点介绍传统 CAD 在 BIM 软件中的辅助应用,读者可以参考墙体、门窗建模的思路,完成建筑物其他构件的建模,如图 13-58 所示。

图 13-58　建筑模型效果

二维码 13.1

能力训练

一、填空题

1. BIM 全称是"building information modeling"，中文译为_____。

2. 在 Revit 中族有三种，分别为_____、_____、_____。

3. 在打开 Revit 软件新建项目时，软件提供四种项目样板，分别为_____、_____、_____、_____。

4. Revit 中图元要素主要包括主体图元、构件图元、_____、_____、_____。

5. 在 BIM 的应用中，常见的 BIM 应用软件有 Revit、_____、_____、_____等。

二、思考题

1. 简述 BIM 的含义。

2. 简述 Revit 建模的基本流程。

3. 简述 Revit 中创建轴网的方法。

4. 简述建模中创建门、窗的方法。

5. 简述 Revit 中标高的设置。

参 考 文 献

[1]　丁宇明，黄水生，张竞主编. 土建工程制图. 第 3 版. 北京：高等教育出版社，2012.

[2]　左晓明主编. 工程制图. 北京：机械工业出版社，2004.

[3]　顾世权主编. 建筑装饰制图. 北京：中国建筑工业出版社，2000.

[4]　乐荷卿，陈美华主编. 土木建筑制图. 第 4 版. 武汉：武汉理工大学出版社，2011.

[5]　赵大兴主编. 工程制图. 第 2 版. 北京：高等教育出版社，2009.

[6]　巩宁平，陕晋军，邓美荣主编. 建筑 CAD. 第 5 版. 北京：机械工业出版社，2019.

[7]　何斌，陈锦昌，王枫红主编. 建筑制图. 第 7 版. 北京：高等教育出版社，2014.

[8]　陈彩萍主编. 工程制图. 第 4 版. 北京：高等教育出版社，2018.

[9]　房屋建筑制图统一标准（GB/T 50001—2017）.

[10]　总图制图标准（GB/T 50103—2010）.

[11]　建筑制图标准（GB/T 50104—2010）.

[12]　建筑结构制图标准（GB/T 50105—2010）.

[13]　建筑给水排水制图标准（GB/T 50106—2010）.

[14]　暖通空调制图标准（GB/T 50114—2010）.

[15]　混凝土结构施工图平面整体表示方法制图规则和构造详图（现浇混凝土框架、剪力墙、梁、板）
（16G101-1）.

[16]　房屋建筑室内装饰装修制图标准（JGJ/T 244—2011）.